—

그동안 만났고, 지금 만나고 있는
모든 청소년에게 이 책을 바칩니다.
한 명 한 명이 제시하는 새로운 수수께끼들은,
그들을 더 깊이 이해할 수 있는
과제를 선사해 주었습니다.

—

사춘기_ 자아를 만나는 신성한 여정

베티 스텔리 지음 하주현 옮김

1판 1쇄 2024년 11월 15일

펴낸이 [사] 발도르프 청소년 네트워크 도서출판 푸른씨앗

편집 백미경, 최수진, 안빛 | **디자인** 유영란, 문서영
번역 기획 하주현 | **마케팅** 남승희, 이연정 | **운영 지원** 김기원
등록번호 제 25100-2004-000002호 **등록일자** 2004.11.26.(변경 신고 일자 2011.9.1.)
주소 경기도 의왕시 청계로 189 **전화** 031-421-1726 **페이스북** greenseedbook
카카오톡 @도서출판푸른씨앗 **전자우편** gcfreeschool@daum.net

 www.greenseed.kr  @greenseed-book

값 25,000원
ISBN 979-11- 86202-87-6 (03590)

사춘기

자아를 만나는 신성한 여정

차례

들어가는 글

청소년기 여정을 시작한다는 것은 어디에 가 닿을지 모르는 상태로 풍랑이 이는 바다에 배를 띄우는 것과 같다. 배가 뒤집히지는 않을까? 방향을 제대로 찾을 수 있을까? 배의 키는 어디에 있을까? 화가 토머스 콜Thomas Cole(1801~1848)은 〈인생 항해The Voyage of Life〉라는 제목으로 훌륭한 그림 4장을 그렸다. 워싱턴 D.C.의 내셔널 갤러리에 가면 원화를 볼 수 있다.

첫 번째 그림의 제목은 **유년기**다. 황금빛 배에 어린아이가 앉아 있고 천사가 배를 보호하며 인도한다. 낙원 같은 주변 세상은 희망과 아름다움으로 가득하다. 정신세계가 살아서 현존한다. 그림의 전반적 분위기는 둥근 곡선과 보호다.

두 번째 그림은 **청년기**다. 젊은이가 배 위에 서 있다. 멀리 보이는 성을 향해 팔을 뻗고 있고, 정면을 바라보는 시선이 지배적 분위기다. 세상은 아름답고, 젊은이는 무엇이든 손에 넣을 수 있다.

유년기

청년기

장년기

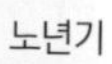

노년기

세 번째 그림은 **장년기**다. 배의 키는 부서졌다. 배는 빠른 속도로 급류를 향해 돌진하는 중이다. 배에 탄 사람은 무릎을 꿇고 기도를 드린다. 그는 자기가 어디로 가고 있는지, 풍랑에서 살아남을지 알지 못한다. 주변 세상은 어두워졌다.

네 번째 그림은 **노년기**다. 배의 키는 부서진 그대로지만 급류는 사라졌다. 저 앞에 천사가 있다. 자세히 봐야 할 정도로 작지만 분명히 반대편 물가에서 천사가 노인을 정신세계로 안내하기 위해 기다리고 있다.

이 책에서 우리는 청소년기의 특성을 탐색할 것이다. 하지만 전체 인생 항해라는 맥락에서 바라볼 때만 청소년기의 의미를 온전히 이해할 수 있음을 기억하자.

초기, 중기, 후기 청소년기

초기 청소년기 혹은 전사춘기(대략 11~14세)에는 신체적, 심리적 변화가 시작되긴 했지만 아직 아동기적 특성이 남아 있다. 아이의 수호천사가 아직 곁에 있는 시기라고도 할 수 있다. 중기 청소년기는 14~16세, 16~18세의 두 단계로 나눌 수 있다. 토머스 콜의 '청년기' 속 젊은이는 전반부에 속한다. 허공에 뜬 성을 가리키며 희망에 부풀어 있지만, 아직 의식이 분명히 깨어나지는 않았다. 많은 일을 해보고 싶지만 어떻게 해야 하는지, 그 일을 위해 어떤 능력이 필요한

지는 아직 알지 못하기 때문에 이 단계 청소년들은 매우 불안정하다. 중기 후반부에는 내면에서 엄청난 변화가 벌어진다. 여전히 허공에 뜬 성을 가리키며 전진하는 자세를 취하지만, 이제는 저 멀리에 급류가 기다리고 있음을 어렴풋이 감지한다. 위험이 도사리고 있지만 가능성도 충분하다는 것을 안다. 점차 내면으로 향하는 중기 청소년기(16~18세)의 아이들에게 세상은 빛으로 가득 찬 동시에 어둠으로 가득 찬 곳이 되기도 한다. 시인 윌리엄 블레이크William Blake(1757~1827)는 청소년기에 나타나는 양극성을 이렇게 표현했다.

> 기쁨의 씨실과 슬픔의 날실이 잘 짜여
> 신성한 영혼을 위한 의복이 된다:
> 비애와 시름 밑에는 언제나
> 기쁨의 두 겹 비단 실이 깔려 있다.

『순수의 전조Auguries of Innocence』에서 배의 방향을 조정하는 키는 무엇일까? 그것은 바로 고차 자아다. 이 시기에 부모와 주변 어른들이 작별을 고하거나 뒤로 물러날 때 아이의 고차 자아가 배의 방향타를 잡기 위해 전면에 나선다.

후기 청소년기(대략 18~21세)를 거치면서 항해의 흥분 속에 평화가 찾아온다. 어디에 바위가 있고 소용돌이가 있는지, 물이 잔잔한 곳과 폭포가 떨어지며 급류를 만드는 곳이 어디인지, 차갑고 맑고 깊은 물이 흐르는 곳이 어디인지를 조금 더 잘 분별할 수 있다. 이런 인식의 발달은 21세 무렵 정점에 이른다. 방향타를 단단히 잡은 청년은 이제 항해의 다음 단계로 도약할 준비를 한다.

나는 이 단계들을 거치며 성장하는 청소년기를 **'신성한 여정'**이라 부른다. 한 사람의 일생에서 고차 자아가 모습을 드러내는 과정에서 신성한 힘이 발현되는 시기이기 때문이다. 아무리 엉망진창처럼 보여도 이 시기 청소년들에게는 손으로 잡을 수 없는, 신비로우면서 신성한 힘이 활동하고 있다는 느낌이 있다. 청소년에게 방향을 제시해 주는 사람, 의미 있는 만남, 목표와 방향을 감지하는 느낌, 이 모든 것이 삶에서 작용하는 신성한 힘의 표현이다.

이때 청소년 주변에 어떤 사람, 어떤 관심사, 어떤 책, 어떤 음악, TV와 영화 속 어떤 이미지, 어떤 활동이 존재하는지에 따라 정말 많은 것이 달라진다. 인생의 급류를 통과할 때 생명을 부지하게 해 줄 황금 동아줄은 어디에 있을까? 춤, 운동, 도예 공예, 작가, 교사, 코치, 이웃, 혹은 연인이 그 역할을 해 줄까? 때때로 청소년들은 인생의 수렁에 빠졌을 때 반대편 기슭에 오르기 위해 청소년은 어떤 동아줄을 움켜쥐어야 할까? 동아줄은 많은 가닥을 하나로 꼰 것이다. 청소년들의 경험 역시 엄청나게 다양하고 무수히 많은 가닥으로 이루어진다.

청소년기 여정을 시작할 때 아이들 앞에는 무한한 가능성이 열려 있다. 크고 작은 모든 선택마다 하나의 가능성이 닫히고 새로운 문이 열린다. 한참 시간이 지나 거리를 두고 뒤를 돌아볼 때 비로소 그 과정에서 탄생한 문양을 볼 수 있다.

청소년의 내면에서는 가족으로부터 유전된 요소와 개인이 자유롭게 선택할 수 있는 요소가 팽팽한 긴장을 이룬다. 주변 어른들은 그 상태를 못 본 척 눈감으며 어서 이 시기가 지나가기만 바라서는 안 된다. 그것은 수많은 가능성과 경이로 가득 찬 길이기 때문이다. 청소년의 부모, 교사 혹은 친구가 된다는 것은 우리에게 허락된 가장 가치 있는 관계 중 하나다. 청소년이 우리의 어떤 말이나 어떤 활동, 어떤 몸짓을 기억할지, 어떤 경험에서 의미를 찾을지 알 수 없기 때문이다. 청소년들은 사방에 안테나를 부착한 채, 모든 순간에 모든 감각을 열고 세상을 관찰한다. 이것이 진실인가? 이 사람은 위선자인가? 이 사람의 행동은 일관성이 있는가? 이 사람은 진심에서 우러난 말을 하고 있는가? 이 사람은 계속 성장하고 변화하는 존재인가? 이 사람은 자기 잘못을 기꺼이 인정하는가? 이 사람은 인생을 포기하고 아무렇게나 살고 있는가?

우리 어른들이 자신의 고차 자아와 접촉을 유지한 채 분명하고 명확한 목표를 갖고 인생의 방향을 조정해 나갈 때, 청소년들에게 성장하며 앞으로 나아가는 길을 보여 줄 수 있다. 아이들은 우리가 걸어온 길을 그대로 따르지는 않을 것이다. 하지만 험준한 바위 사이로 거친 물살이 소용돌이치는 좁은 물길을 빠져나갈 방법이 존재한다는 것은 배울 수 있다. 우리가 가르치는 과목, 직업, 사는 장소, 함께하는 인간관계에 진정한 열정을 가질 때, 그 열의는 주변 사람에게 전염되고 청소년들에게 영감으로 작용한다. 우리가 보여 주는 헌신적 태도에서 청소년들은 자제력이 무엇인지, 어려운 시기를 헤쳐 나갈 때 필요한 끈기가 무엇인지 보고 배울 수 있다. 어른들의 행동이 청소년들에게 미치는 영향을 결코 가볍게 여겨서는 안 된다.

파르치팔 이야기는 한 소년이 정성스러운 보호를 받는 어린 시절을 거쳐 성배의 왕이라는 지극히 높은 자리까지 성장하는 과정을 그린 중세 전설이다. 이야기 속에 깊이 박힌 정신적 진리는 시대와 장소를 초월한 보편적 진실이며, 우리 인생의 수많은 측면을 비추어 알게 해 준다. 우리는 이 책에서 『파르치팔』에 등장하는 가족 관계, 사랑, 화해, 배신, 충동성, 충성심 같은 몇몇 주제를 택해서 현재를 사는 우리 인생과 청소년들의 인생에서 그 주제들이 어떻게 반영되는지 살펴볼 것이다.

파르치팔 전설은 청소년기를 중심으로 아동기에서 성인기에 이르는 과정을 이해하는 데 특히 도움이 된다. 동화나 전설을 읽고 공부할 때 모든 등장인물이 우리 내면의 일부를 대변하는 존재라고 생각하면 동화에서 인생을 만날 수 있다. 파르치팔 전설도 마찬가지다. 이는 단순히 어린 소년이 여러 사람을 만나면서 어른으로 성장하는 과정을 그린 이야기가 아니라, 남성적 측면과 여성적 측면을 모두 갖춘 인간 영혼의 이야기다. 파르치팔 이야기책을 펼치는 것은 인간 발달의 여정으로 들어가는 문을 여는 것과 같다. 이야기의 길을 따라가면서 우리는 인생 교훈을 배우는 동시에, 온전함을 향한 여정에서 어떻게 해야 우리가 고차 자아 혹은 진정한 '나'를 담는 그릇, 즉 성배가 될 수 있는지를 깨달을 수 있다.

16장 혹은 16권으로 구성된 전체 이야기는 우리가 청소년들이 겪는 과제를 알아보고 이해하도록 안내한다. 어떻게 아이의 배경과 가족사(가문)가 아이를 특정한 운명으로 이끌어 가는지, 어떻게 사랑이 생각 없는 신체 행위에서 자신을 초월한 이타성으로 성숙하는지를 보여 주고 있다. 이 신성한 여정을 릴케Rainer Maria Rilke(1875~1926)는 다음과 같은 시로 표현했다.

한때 날개 달린 기쁨의 활력이
그대를 어린 시절의 어두운 심연 너머로 건네주었듯,
이제는 그대의 인생 위로
상상을 초월하는 거대한 아치 모양 다리를 놓으라,
경이로운 일이 일어나리라, 우리가
가장 가혹한 위험을 통과할 수만 있다면,
하지만 오직 밝고 순수하게 획득한 성취에서만
우리는 경이를 깨달을 수 있으리.
형언할 수 없는 관계 속에서 사물과 함께
일하는 것은 우리에게 그리 어려운 일이 아니다.
문양은 더욱 정교하고 섬세해지리니,
그리고 쓸려 나가는 것으로는 충분치 않다.
숙달된 힘을 갖춰라, 그리고 그 힘을 펼쳐라
그것이 두 모순 사이
간극을 가로지를 때까지... 신은
그대 안에 있는 자신을 알고 싶어 하기 때문에

『사춘기_ 자아를 만나는 신성한 여정』은 내가 평생 추구해 온 두 가지 주제인 인간 발달(특히 청소년기 발달)과 문학적 표상을 하나로 통합하려는 시도다. 내가 이 두 주제의 관계에 관심을 가지게 된 계기는 대학 1학년 때 수강한 사회학 수업이었다. 그 수업에서 우리는 윌리엄 포크너William Faulkner(1897~1962)의 『팔월의 빛Light in August』과 미시시피 지역 생활상에 관한 사회학 연구를 비교하라는 과제를 받았다. 그때 나는 소설에서 창조한 상이 그래프나 통계 자료보다 훨씬 주제를 풍부하게 표현해 준다는 것을 깨달았다. 두 가지 정보를 결합할 때 훨씬 더 풍부한 내용과 구체적인 정보를 상호 작용하는 방식으로 전달할 수 있었다.

같은 맥락과 의도에서 나는 파르치팔 이야기와 청소년기 성장 과제를 연결, 비교하는 서술 방식으로 청소년들의 삶을 보다 풍부한 결로 묘사하고자 했다. 이 책이 청소년들의 내면에 깊이 공감할 수 있는 토대가 되기를 희망한다.

파르치팔 이야기와 청소년기는 어떤 관계인가?

동화, 신화, 전설이 수백 년 동안 살아남은 한 가지 이유는 그 안에 심오한 진실이 담겨 있기 때문이다. 우리는 그 이야기들을 여러 차원으로 해석하고 이해할 수 있다. 파르치팔 이야기도 마찬가지다. 파르치팔 이야기에서 우리는 수백 년 전이나 지금이나 여전히 유효한 여러 주제를 만나게 될 것이다. 지금 우리의 의식은 그때와 완전히 다른 단계이기 때문에 당연히 차이는 있을 것이다. 이 주제들이 『사춘기_ 자아를 만나는 신성한 여정』의 본문이다. 이야기를 한 겹씩 벗겨내 살피면서 연구한 이 내용을 통해 독자들에게 청소년기를 이해하는 눈이 열리기를 희망한다.

사춘기에 나타나는 변화가 과거에 비해 적어도 2년가량 일찍 시작되고 있다. 그에 비해 정서적 성숙은 항상 그렇게 일찍 시작되지는 않는다. 그러다 보니 신체적 성숙과 정서적 성숙의 간극이 예전보다 더 오랫동안 지속된다. 대중문화, 경쟁심, 인생길을 함께 걸어줄 성숙한 성인의 부재 같은 외부적 영향과 충동적 행동, 관점의 부재 같은 내면적 요인에 과거보다 취약한 상태로 훨씬 오래 머물러야 한다는 것이다. 이 **취약성 간극** 구간 동안 청소년들은 오랜 세월 애써야 복구할 수 있는 종류의 잘못을 저지를 가능성이 높다.

사춘기 3단계를 거치는 동안 청소년들의 생각, 느낌, 행동은 성숙하고 책임 있는 어른의 상태로 다듬어진다. 18~21세 사이에 일어나는 고차 자아의 각성은, 이어지는 10여 년 동안 청년들이 인생의 중요한 선택을 내릴 수 있는 토대로 작용한다.

16~21세 청소년들은 지금까지 일상에서 알아 온 자신을 훌쩍 뛰어넘는, 거대한 존재를 스치듯 조우하기도 한다. 내가 본문에서 고차 자아라는 단어로 지칭한 것을 만나는 그런 경험이다. 그 경험은 찰나의 만남으로 끝날 수도 있고 되풀이되기도 하지만, 한 가지만은 확실하다. 그 체험으로 아이는 달라진다. 그리고 그 뒤로는 이전과 완전히 다른 의식을 갖고 살아가게 된다. 나는 정말 누구인가? 나는 무엇을 위해 여기에 있는가? 같은 질문이 떠오른다. 고차 자아의 각성은 이후에 찾아올 경험, 즉 타인에 대한 각성의 토대이기도 하다.

모든 청소년이 이 신성한 여정을 수월하게 거치는 것은 아니다. 중독(약물, 술, 성, 식이장애, 범죄 행위)에 깊이 빠지면 성숙에 이르는 길에 심각한 장애물이 놓이고, 중독을 극복할 때까지 수십 년 이상 그 여정이 지연되기도 한다. 청소년에게 길을 안내할 적절한 역할 모델이 없거나, 근본적 불안감 때문에 자신을 수용해 주는 타인에게 지나치게 의존하는 경우에는 다른 종류의 어려움이 생긴다. 이러한 장애물을 극복하고 변형시키는 것은 가능한 일이지만, 많은 시간과 노력이 필요하며, 이들을 새로운 경험과 통찰로 이끌어 줄 어른을 만나는 행운이 따라 주어야 한다.

01

아동기와 청소년기에 가족의 역할

제1권

가흐무렛, 전쟁에서 명성을 얻다

파르치팔의 아버지 가흐무렛은 둘째 아들이었다. 관습에 따라 형인 갈로에스가 아버지의 모든 영토와 재산을 물려받았다. 자애로우며 동생을 특별히 아끼던 갈로에스는 물려받은 재산을 동생에게 나누어 주려 했다. 더 넓은 세상으로 나가 이름을 떨치고 싶어 했던 가흐무렛은 감사했지만 형의 제안을 거절하고 모험을 찾아 길을 떠난다. 여행에 도움이 될 명마 다섯 마리와 배 한 척, 금덩이만 감사히 받았다. 형은 기꺼이 재산 일부를 내주고, 어머니는 귀한 비단이 담긴 궤짝을 준다. 가흐무렛은 가족에게서 받은 보물을 가지고 길을 떠난다. 형의 훌륭한 싸움 실력과 귀부인을 대하는 예의 바른 태도에 늘 감탄해 온 가흐무렛은 절제, 겸손, 명예를 중시하는 사람이었다. 그는 지상에서 가장 강력한 통치자인 바그다드의 바루크를 섬기며 봉사하여 명성을 쌓았다. 가흐무렛은 아버지의 문장을 물려받지 않고 자기 고유의 문장을 새로 만든다. 그것은 푸른 초원 위에 하얀 닻이 그려진 모양이었다. 그는 용기 있는 사람임은 입증했지만, 정착할 곳을 찾지 못하고 이리저리 방황하며 수많은 결투를 치른다.

수년이 흘러 가흐무렛은 명성과 명예를 얻는다. 어느 날 배가 폭풍우를 만나 무어인 여왕 벨라카네가 다스리는 왕국의 어느 아프리카 해변에 좌초한다. 그곳에서 그는 아주 어이없는 상황을 목격한다. 의사소통이 원활하지 못해 일어난 비극이었다. 이젠하르트는 여왕 벨라카네의 연인으로, 자기 사랑을 입증하려고 여왕의 적과 싸우다 목숨을 잃는다. 여왕은 매우 상심한다. 백인 그리스도교 집단 8개와 같은 수의 흑인 무어인 집단 사이에 전쟁이 일어났는데 벨라카네는 양쪽 모두에 친한 사람들이 있었기에 둘 사이에서 이러지도 저러지도 못하는 상황에 놓였다. 여왕을 사랑하게 된 가흐무렛은 그녀를 위해 싸우기로 결정한다. 그는 양쪽 진영을 모두 물리치고 균형과 평화를 되찾고, 그녀의 사랑도 얻는다.

그런데 전쟁이 끝나자, 가흐무렛은 지루해졌다. 새로운 모험을 찾아 떠나고 싶은 생각뿐이었다. 가흐무렛은 벨라카네를 목숨보다 소중히 여겼고, 여왕은 아이를 임신하고 있었다. 그럼에도 불구하고 가흐무렛은 여왕이 세례를 받았다면 떠나지 않았을 것이라는 편지를 남긴 채, 어느 날 밤 몰래 떠나 버린다. 편지에서 그는 자기 가문을 언급하며 자기 가문은 대대로 기사 출신이었고 대부분 전쟁터에서 죽음을 맞이했다고 말한다. 여왕 벨라카네는 가흐무렛의 아들 파이레피스를 낳는다. 파이레피스는 절반은 검고 절반은 희었다.

기반 세우기

가호무렛이 집을 떠나면서 가족에게서 받은 보물은 인생의 새로운 장으로 나가는 데 큰 힘이 되어 준다. 나중에는 자기 힘으로 자기 보물을 찾아내야 한다. 모든 사람의 인생에서 본거지는 가족이다. 어디에 살든, 나이를 얼마나 먹든 우리는 가족이라는 보물과 가족이라는 짐을 지고 다닌다. 가족 안에서 우리는 사랑과 보살핌을 처음으로 경험하고, 부모 형제와 따뜻한 눈길을 나누었다. 가족 안에서 우리는 관심과 무관심, 기쁨과 슬픔을 경험했다. 그러나 청소년기에 들어서면서 우리는 가족과의 관계를 새롭게 정립해야 한다.

청소년들은 가족에게서 멀어지기를 원하기도 한다. 가족을 쓸모없고 고리타분한 것으로 치부하고, 부모의 가치관을 거부하며, 가족의 기대나 규칙에 반항하기도 한다. 그러면서도 이 험난한 시기를 지나는 동안 안전한 지지 기반이 되어 줄 가족을 필요로 한다.

많은 영화나 TV 프로그램에서 청소년들에게 부모를 어리석고 불합리한 존재, 귀담아 들을 조언을 줄 리가 없는 존재 정도로 묘사하지만, 청소년들은 부모의 말과 행동을 중요하게 여기고 그들의 조언을 진지하게 여긴다는 것을 수많은 연구 결과가 입증한다. 청소년들이 정체성을 확립하는 기반은 결국 가족이다. 가족 안에서 아이는 생물학적 유전 요소와 가족 구조, 환경의 영향을 경험한다.

생물학적 요소, 인종과 민족, 종교, 경제적 여건

무엇보다 아이는 가족에게서 유전 요소를 물려받는다. 키 때문에 고민이 많은 10대 남학생 중 한 아이는 반에서 작은 축에 속한다며 조바심을 내다가, 집안 남자들이 늦게까지 자라는 편이고 모두 180cm가 넘는다는 사실에 안도한다. 또 다른 아이는 할아버지의 키가 160cm밖에 안 되는 단신이었다는 말을 듣고 자기도 그렇게 될까 봐 땅이 꺼지도록 걱정을 한다.

청소년기에는 질병에 대한 공포를 과장되게 느끼기 쉽다. 그렇기 때문에 유전 요소를 감추지 말고 객관적으로 이해하도록 도와주는 것이 중요하다. 집안에 알레르기나 심장병, 당뇨 같은 질병 경향이 있는가? 그런 체질이나 병을 물려받을 가능성이 있다면 담당 의사에게 알리고 꾸준히 관찰해야 한다. 알코올 의존증이나 정신병, 자살 이력도 알고 있어야 한다.

인종 문제는 파르치팔 이야기 초반부, 가흐무렛과 벨라카네 여왕의 만남부터 등장한다. 저자는 두 사람이 인종적으로 다르다는 사실과 함께, 벨라카네 여왕이 아름답고 마음이 순수하여 가흐무렛이 깊이 사랑하게 되었다는 점을 독자에게 주지시킨다. 사실 이 이야기가 집필된 시대에는 이슬람교에 대한 긍정적 서사를 찾기가 어렵다. 그리스도교와 이슬람교가 유럽 대륙의 패권을 두고 격렬한 전쟁을 벌이던 시절이기 때문이다. 에셴바흐[1]는 이교도 여인을 긍정적으로 묘사한 데서 그치지 않고, 그리스도교와 이슬람교 기사들이 한편이 되어 싸우는 장면과 서로의 기사다운 용맹을 인정하고 존중하는 장면까지 보여 준다.

인종과 국적은 모든 사람의 인생에서 중대한 역할을 한다. 출신 인종과 국가에 대한 자부심을 갖고 있는가, 열등감을 갖고 있는가? 둘 다 있는가? 인종 문제는 정치 문제, 경제 문제와 연동된다. 인종주의는 청소년에게 어떤 영향을 줄까?

아버지가 피부색 때문에 멸시당하는 장면을 목격하는 것은 청소년에게 견딜 수 없는 고통이다. 불평등에 대한 분노로 아이의 영혼이 거세게 요동칠 것이다. 정의와 평등을 위해 싸우겠다는 마음이 미래에 대한 목적 의식이나 야망으로 강렬하게 불타오를 수도 있다. 이런 마음이 어느 방향으로 뻗어나갈지는 타고난 기질이나 성향, 그리고 주변에 본보기로 삼는 사람이 누구냐에 따라 크게 달라진다.

아프리카계 미국인인 리처드는 반 친구들이 공연 중인 극장에 마실 물을 전달해 주려고 들어가다가 입구에서 몸수색을 당했다. 리처드는 자신이 단지 흑인이라는 이유로 자기가 뭔가 수상한 일을 저

1 옮긴이 Wolfram von Eschenbach(1170?~1220)_ 독일의 중세 시인. 『파르치팔』의 저자

지를 거라 단정한 경찰에게 크게 분개했다.

깜둥이, 노랭이, 코쟁이 같은 인종 비하 표현도 깊은 상흔을 남긴다. 청소년들은 상처받았다는 사실을 애써 감출 수도 있고, 공격적으로 반응할 수도 있다. 어느 쪽이든 이런 말은 아이의 영혼에 지울 수 없는 상처를 남긴다.

민족 고유의 신체 특징, 관습, 음악, 음식, 태도도 정체성 구성에 큰 부분이다. 자기 문화와 전통을 자랑스럽게 여기느냐, 부끄럽게 여기느냐는 엄청난 차이를 낳는다. 이민 2세대인 나 역시 다른 아이들과 다르다는 사실을 항상 의식하는 동시에 진짜 미국인이기를 갈망했다. 많은 이민 2세대 젊은이처럼 나 역시 부모님이 자랑스러울 때도, 아버지의 억양이나 미국 문화에 대한 이해 부족을 부끄럽게 여길 때도 있었다. 나는 고국 출신 '동포'들과 동네 슈퍼마켓의 장작난로 앞에 둘러앉아 목청 높여 이야기를 나누는 것이 아버지께 얼마나 즐거운 일이었는지 그때는 알지 못했다. 당시 나에게는 그분들이 마음껏 주고받는 대화가 내가 진짜 미국인이 아님을 끊임없이 상기시키는 낯선 외국어 소리에 지나지 않았다.

그런데 같은 이민자 가정인 친구 집에 놀러 갔을 때 접한 분위기는 완전히 달랐다. 친구의 가족은 모국에 강한 자부심을 갖고 있었고, 항상 친척들로 북적이며 활기와 웃음소리가 넘쳤다. 아이들은 부모님 나라의 언어를 유창하게 구사했다. 내가 그 언어를 거부했던 것과는 딴판이었다. 고국의 문화를 배우고 다양한 전통 음식을 나누어 먹는 여름 캠프나 음악회도 자주 열렸다. 친구는 그런 행사에 열심히 참가했지만 나는 거들떠보지도 않았다. 그곳에서 친구는 소속감을 느꼈지만, 나에게는 이방인의 정체성을 강화시키는 시간일 뿐이었다. 이렇게 나이를 먹은 지금에 와서는 자라면서 경험했던 고국 문화에 자긍심과 감사함을 느낀다. 이렇듯 아이들마다 생물학적, 문화적 정체성의 뿌리인 인종과 민족성을 바라보는 태도는 저마다 다르다.

청소년기는 집안의 종교에 의문을 품는 시기이기도 하다. 가정의 종교 생활에 적극적으로 참여하고 그 가르침에 큰 가치를 부여하는 청소년도 있지만, 부모의 종교를 거부하고 자신에게 의미 있는 다른 종교를 찾는 경우도 많다. 우리가 사는 이 시대에는 청소년이 여러 종교를 접하고 제대로 아는 것이 특히 중요하다. 의미를 제대로 이해하면 다른 종교를 존중할 수 있기 때문이다. 이는 상대를 이해하는 데 지극히 중요한 토대가 된다.

『파르치팔』에서 가흐무렛이 이교도인 벨라카네와 결혼할 때 종교 차이로 인한 문제가 발생한다. 처음에는 그것이 가흐무렛에게 큰 의미가 없었지만, 방랑벽을 주체하지 못하고 다시 모험을 찾아 떠날 때는 종교가 다른 것을 구실 삼아 아내 곁을 떠난다. 그녀는 이교도, 자신은 그리스도 교인이라는 것이다. 물론 이것이 진짜 이유인지는 의문스럽다. 지금까지 아내와 이 문제로 갈등한 적이 없었기 때문이다. 벨라카네는 남편이 원했다면 기꺼이 세례를 받았을 것이라 했다. 이 이야기에서는 이슬람교도와 이교도라는 명칭을 섞어서 사용하고 있다. 중세에는 많은 그리스도 교인이 이슬람교도와 이교도를 구별하지 않고 둘을 동일시했기 때문이다.

우리 시대에, 적어도 북미 지역에서는 종교가 서로 다른 사람들이 결혼하는 일이 상당히 흔해졌음에도, 종교 차이로 인한 가족 갈등은 여전히 존재한다. 부모 양쪽 집안의 종교가 다르거나, 부모가 자기 집안의 종교를 버리고 새로운 종교를 택한 가정에서 자라는 청소년들이 많다. 종교와 완전히 무관한 가정도 있다. 어떤 경우든 청소년들은 종교가 자신에게 어떤 의미가 있는지 이해하려고 애쓴다.

청소년의 삶에 중대한 영향을 주는 또 다른 요소는 가정의 경제적 여건이다. 유복한 가정에서 자란 청소년은 선택의 폭이 넓다. 부모가 자녀의 학교 일에 적극적으로 참여할 가능성이 높고, 캠프나 과외 활동으로 경험의 폭을 넓혀 주려 애쓰며, 졸업 후에는 고등 교육 기관으로 진학하리라 기대하는 경우가 많다. 일류 대학에 들어가려면 성적이 좋아야 한다고 자녀에게 심리적 압박을 주기도 한다.

저소득 가정이나 실직 가정의 아이들에게는 기회가 상대적으로 훨씬 적다. 자녀가 더 높은 목표를 추구하도록 부모가 옆에서 응원하고 기회를 만들어 주지 못하는 경우가 많다. 재정 지원을 받을 기회나 정보를 접하기도 어렵다. 가족 중에 대학을 나온 사람이 한 명도 없을 수 있고, 하루하루 먹고사는 일에 바빠서 아이들의 안목을 넓히는 데 쓸 수 있는 시간과 돈이 없을 수도 있다.

가정의 경제적 여건에 따라 어떤 아이는 돈을 벌어 가족의 생계에 보태야 하고, 어떤 아이는 풍족한 용돈을 누린다. 패스트푸드점 아르바이트 수준을 넘어서는 목표를 꿈꿀 수 없다면 미래에 대한 기대치도 낮아질 수밖에 없다.

주변 사람들 대부분이 가난하면 아이 역시 그렇게 살게 될 확률이 높다. 드물게 이런 상황을 박차고 나오는 청소년이 있다. 이런 경우는 대개 아이의 삶에 개입해서 눈앞의 현실을 뛰어넘을 수 있도록 손을 내밀어 주거나 힘을 북돋아 준 어른이 있기 때문이다. 많은 아이가 이미 몸에 배어 버린 환경을 벗어난 다른 상태를 상상도 하지 못한다. 글로리아는 방과 후에 일을 해서 돈을 벌어야 했다. 그러던 중 기차로 한 시간 떨어진 백화점에서 사람을 구한다는 소식을 들었다. 더 가까운 곳에서 일자리를 찾아볼 생각도 못 하고 매일 늦은 시간에 기차를 타고 출퇴근하는 데 꼬박 두 시간씩을 바쳤다. 몇 년이 흐른 뒤에야 그것이 얼마나 어리석은 짓인지를 깨달았다.

교사는 저소득 가정 청소년들의 삶에 큰 영향을 줄 수 있다. 현장 학습을 기획해서 전혀 다른 환경을 접하게 하거나, 연사를 초빙해서 미래의 가능성에 대한 사고의 폭을 넓혀 줄 수 있다. 인턴 자리를 소개하거나 장학금 정보를 알아보고 신청을 도와줄 수도 있다.

가족의 구성
출생 순서, 입양, 이혼, 죽음 및 가족사

형제자매 간 성별과 출생 순서는 아이들에게 적잖은 영향을 미친다. 파르치팔의 아버지는 둘째 아들이었다. 그래서 그는 형과는 다른, 자기만의 길을 찾기를 원했다. 이런 태도는 둘째 아이에게서 흔히 볼 수 있다. 각자의 개별성과는 별개로, 출생 순서는 아이가 어떤 식으로 사회적 관계를 맺을지, 다른 사람과 어떻게 교류할지, 어떻게 친구를 사귀고 그 관계 속에서 처신할지, 일의 목표를 어떤 식으로 설정하고 추구할지, 그리고 집단 안에서 자신을 어떻게 경험할지에 영향을 준다.

출생 순서에 따른 행동 양식은 유년기에 형성된다. 가족 구조 안에서 차지하는 각자의 위치에 따라 상황에 적절히 대처하는 방식을 찾아내기 마련이다. 재혼 등의 이유로 새로운 가족과 함께 살게 되거나, 자녀가 사망하는 경우에는 출생 순서라는 요인이 더 복잡해진다.

첫째 아이

첫째 아이의 과제는 가족의 탄생이다. 그 특별한 위치로 인해 이 아이들은 부모의 걱정과 기대를 동생들보다 크게 느낀다. 맏이는 부모를 본보기로 인식하고, 자기도 동생들의 본보기가 된다. 맏이는 적극적인 우등생이 많고, 어른들의 기대를 많이 의식하며, 가족의 가치관을 중요하게 여긴다. 성취하려는 의욕이 넘치고, 형제나 반 친구들, 때로는 부모에게까지 잔소리하며 대장 노릇을 하려 든다. 그들은 조직 내 자기 위치를 중요하게 여기며, 다른 사람들이 지시를 따르지 않으면 자존심에 큰 상처를 입는다. 자신만만하고 공격적인 첫째들이 많은 학급은 교사에게 상당한 도전 과제다.

맏이 중에 부모의 기대를 힘겨워하며, 자신이 부모에게 실망만 안기는 부족한 존재라고 느끼는 경우도 있다. 이럴 땐 둘째가 치고 나가 맏이 역할을 맡기도 한다. 이때 두 아이의 성별이 같으면 상황은 매우 까다로워진다. 첫째 아이인 청소년들이 흔히 갖는 불만은

- 우리 부모님은 너무 엄격해요. 제 일거수일투족을 다 꿰고 있기를 원하세요.
- 우리 부모님은 저에게 너무 큰 기대를 갖고 계세요. 제가 맏이고, 그러니까 모범이 되어야 한다는 거예요.
- 저는 첫째라는 이유로 집에서 너무 많은 책임을 지고 있어요. 동생이 숙제와 방 청소를 했는지까지 다 챙겨야 해요. 동생은 부모님께 일러바치거나 저에 대한 거짓말을 하는 걸로 복수를 하지요.
- 저는 가끔 투명 인간이 되어 사라져 버렸으면 좋겠다고 생각해요. 그러면 두 번 다시 '책임'이라는 단어를 듣지 않아도 되겠지요.

둘째 아이

둘째도 부모를 보고 배우지만, 이들이 본보기이자 인생 선배로 주시하는 주요 대상은 첫째다. 둘째에게 행동거지를 가르치고 간섭하는 존재는 부모만이 아니다. 첫째도 두 번째 부모처럼 둘째를 대한다. 이들은 다른 형제들과 자신을 비교하며 행동 수위를 결정하는 경우가 많다. 첫째와 경쟁해서 이길 것 같다는 판단이 들면 열심히 노력한다. 하지만 그만큼 해내지 못하겠다 싶으면 자기가 더 잘해서 관심을 받을 수 있는 다른 분야를 개척한다. 항상 경쟁의 부담을 느끼기 때문에 마음에 분노가 쌓일 수도 있다.

첫째와 둘째의 성별이 같으면 가정에서뿐 아니라 학교에서도 비교당하는 일이 많다. 부모는 교사나 다른 학부모들이 그 아이만의 고유성을 알아보고 올바로 평가하도록 시선을 돌려 주어야 한다. 만나는 사람들마다 첫째가 학교에서 얼마나 뛰어난지를 이야기하고, 자기도 그 기대에 부응하며 살아야 한다면 그 아이의 삶이 얼마나 고달프겠는가!

둘째들은 맏이를 주시하며 되는 일과 안 되는 일을 가늠한다. 태어난 순간부터 첫째와 둘째는 부모의 관심과 시간, 공간을 공유해야 한다. 부모는 첫째 키울 때보다 긴장과 불안이 한풀 꺾였기 때문에 둘째에 대해서는 조바심을 덜 낸다. 한 번 해 봤기 때문에 부모 노릇을 어떻게 해야 하는지 조금은 더 안다. 기대 수준도 좀 더 현실적이고, 무조건 예뻐하며 싸고돌지도 않는다. 결과적으로 둘째에게는 자유롭게 탐험하고 시도할 수 있는 여지가 늘어난다. 필요하거나 원하는 것이 있으면 둘째는 규칙을 슬쩍 어기고 교묘히 빠져나가는 방법, 어른들의 마음을 녹이고 상황을 유리하게 조종하는 길을 찾아낸다.

첫째와 둘째가 성별이 다르면 둘째에게 맏이의 성향이 나타나기도 한다. 예를 들어, 첫째가 딸이고 둘째가 아들이면 둘째가 가족 내에서 장남의 역할을 자처한다. 이 경우에는 남동생이 형을 둔 경우보다 누나에 대해 경쟁심을 덜 느낀다. 어릴 때는 누나가 남동생을 엄마처럼 돌봐 주기도 한다. 하지만 나이 차가 크지 않은 남동생은 청소년기 후반에 접어들면서 누나에게 보호자 같은 태도를 취하곤 한다.

셋째가 태어나면 둘째의 삶은 크게 바뀐다. 동생이 생기면서 둘째는 가운데 아이가 된다. 맏이와 막내 사이에서 중재자 역할을 해야 할 때도 있고, 양쪽의 비위를 맞추기 위해 융통성 있게 구는 법을 터득해야 할 수도 있다. 성별 관계에 따라 사회성이 뛰어나게 발달할 수도 있지만, 사이에 끼어 옴짝달싹하지 못하는 신세라고 느낄 수도 있다.

막내 아이

막내는 둘째일 수도, 셋째나 넷째, 혹은 더 밑으로 내려갈 수도 있다. 막내라는 특성상 이 아이들은 나이가 들어도 가족들에게 늘 아기 취급을 받는다. 막내는 첫째와 다른 방식으로 관심과 사랑을 독차지한다. 부모는 물론, 손위 형제들도 막내를 특별히 대우하며 매사를 가르치고 간섭한다. 이로 인해 막내들은 책임감이 적고 무슨 일에서든 쉽게 빠져나갈 수 있다고 생각하기 쉽다. 주변에서 거는 기대가 크지 않기 때문에 오히려 반항적으로 굴며, 자기도 잘 할 수 있음을 모두에게 증명하려 들기도 한다.

막내는 청소년기에 그동안 자녀를 키우는 과정에서 가족이 겪은 모든 여파를 감내해야 한다. 부모가 형, 누나들을 잘 키웠다고 여길 때는 막내를 여유롭게 대한다. 하지만 제대로 못 했다고 느끼는 경우에는 모든 행동을 주시하며 형, 누나 때와는 다른 결정을 내리려 할 것이다.

막내들은 빨리 성숙한다. 부모가 첫째 때는 성인용 영화를 볼 수 있는 나이, 어떤 TV 프로그램을 볼 수 있는 나이, 이성 친구를 사귈 수 있는 나이 등을 제한하거나, 귀가 시간을 엄격히 관리했을 수 있다. 둘째는 보통 첫째보다 이른 나이에 이 모든 것을 시작한다. 맏이에게 이미 허락한 것을 둘째에게만 규제하기란 쉽지 않기 때문이다. 형이나 누나가 동생을 영화관에 데리고 가기도 하고, 동생이 형이나 누나를 따라 옷을 입고, 흡연이나 음주, 심지어 마약까지 접할 수도 있다. 맏이가 규칙을 잘 지키는 모범생이라면 둘째는 그저 다르고 싶다는 이유만으로 엇나가기도 한다.

상급 과정에서는 집안에서 막내인 아이들이 규칙을 어기고 학업을 소홀히 하면서 탈 없이 넘어가기를 기대하는 경우를 심심찮게 만난다. 막내들은 손위 형제들이 사춘기를 어떻게 보냈는지, 그리고 부모가 어떤 반응을 보였는지에 아주 예민하다. 막내인 한 학생은 이렇게 말했다. "저희 부모님이 형 키울 때는 잘못한 게 많았

대요. 그래서 저한테는 같은 실수를 반복하지 않으려고 엄청 신경을 쓰세요."

외동

외동아이들은 대개 어른에게 둘러싸여 많은 관심을 받으며 자라고, 혼자 있기를 좋아하는 경향이 있다. 한 부모 가정 아이와 양 부모 가정에서 자란 아이의 경험은 완전히 다르다. 한 부모 가정의 외동아이는 서로가 서로의 사회적, 정서적 요구를 충족시켜야 하는 관계이기 때문에 부모와 자식 간 애착이 훨씬 더 끈끈하다. 외동아이는 혼자 노는 법을 알아야 한다. 상상의 친구를 만드는 경우도 많다. 친구가 집에 놀러 왔을 때 장난감이나 간식을 나누는 법도 배워야 한다. 외동은 꼬마 어른같이 행동한다. 혼자 알아서 일을 처리하고, 성실하고 고지식하며, 관심의 중심에 서는 데 익숙하다. 자기가 매우 특별한 존재라고 느끼기도 하지만, 혼자 자랐기 때문에 형제끼리 티격태격 부딪치고 화해하는 관계를 배우지 못해 뭔가 비었다고 느끼기도 한다. 그들은 집에서 딱히 말다툼을 할 일도, 자기 방어를 하거나 공격할 일도, 가족 안에서 다른 아이의 존재를 항상 의식할 필요도 없다. 외동을 키우는 부모에게는 아이의 사회성을 키우고, 타인과 주고받는 법을 배우며, 그들이 세상의 중심이 아님을 깨달을 기회를 만들어 주어야 한다는 특별한 과제가 있다.

입양

입양아는 사춘기에 접어들면서 친부모를 찾아 나서는 경우가 많다. 요즘은 인터넷 덕에 친부모 찾기가 훨씬 용이해졌다. 하지만 친부모를 찾는다고 해서 반드시 좋은 관계가 되리라는 보장은 없다. 낳아 준 부모는 현재 어떤 처지인가? 현재 배우자가 아이의 존재를 알고 있는가? 친부모가 아이를 만나길 원하는가? 친부모에게 다시 한 번 외면당할 가능성까지 포함해서, 맞닥뜨려야 할지도 모를 변수가 너무나 많다. 그러나 사춘기는 내가 누구인지를 아는 것이 아주 중요한 시기다. 어떤 청소년은 이렇게 말했다. "제 생물학적 부모가 누군지도 모르는 상태에서 제가 어떤 사람인지를 어떻게 알 수 있겠어요?"

요즘에는 미혼모나 혼외자라고 해도 옛날처럼 큰 흠이 되지는 않는다. 남편 없이 아이를 갖거나, 결혼하지 않은 채 동거하면서 아이를 낳는 것이 평범한 일이 되었다. 그럼에도 불구하고, 청소년 스스로가 이 상황을 편안하게 받아들일 방법을 찾고, 아버지 혹은 어머니가 누구냐? 어디 계시냐? 같은 질문에 대답할 말을 갖고 있는 것은 중요하다. 비슷한 처지에 놓인 또래와 교류하는 것도 정체성을 찾고 이해하고자 애쓰는 청소년기에 큰 힘이 될 수 있다.

이혼

사춘기는 가족 내 해묵은 문제를 다시 헤집어 놓기 쉬운 시기다. 청소년들은 해결하지 못하고 방치해 둔 오랜 갈등과 문제를 끌어내서 진실을 듣고 싶어 한다. 어렸을 때는 가족 문제의 미묘한 결을 이해할 수 없었고, 가정이란 안전망이 유지되느냐 마느냐가 더 중요했다. 하지만 이성에 대한 관심이 깨어나는 청소년기에는 부모의 문제를 어릴 때와는 다른 시각으로 본다. 이혼한 엄마 아빠가 지금은 서로를 어떻게 대하는지를 유심히 지켜보며, 미래에 자기도 부모의 전철을 밟을까, 누군가와 행복한 관계를 맺을 수 있을까 근심한다.

이혼 가정의 아이는 반으로 쪼개졌다는 느낌을 완전히 떨쳐 버리기는 어렵지만, 청소년기에 이르면 이제껏 몰랐던 부모의 새로운 모습이 눈에 들어오기도 한다. 고등학교에 올라가 일과가 바쁘고 복잡해지면 이혼한 부모와 정기적으로 만나는 일이 갈수록 부담스러워질 수도 있다. 방학은 특히 더 그렇다. 친구들과 시간을 보내고 싶은데 이혼한 부모를 만나느라 시간을 쪼개야 하는 것이 청소년에게 쉽지 않은 일이 될 수 있다.

그렇지만 청소년은 부모가 관심과 지지를 보내는지, 무관심한지에 대단히 민감하다. 아닌 척해도 학부모 회의나 운동 경기, 연극 공연이나 졸업식에 부모가 참석하는지 여부에 신경을 쓴다. 이혼 가정의 청소년은 양쪽 부모의 기대와 요구를 모두 충족시키느라 결코 완전히 치유될 수 없는 상처를 안고 산다. 행복해야 할 명절이나 방학이 이혼한 부모의 갈등 때문에 전쟁으로 끝나기도 한다. 교사로서 나는 더 이상 아이들에게 방학을 잘 보냈냐는 인사를 편하게 던지지 못한다. 양쪽 부모 모두를 기쁘게 해 드리려 최선을 다했지만 결국 아무도 만족하지 못했다는 좌절에 찬 하소연이 쏟아지기 일쑤다.

부모의 이혼이 청소년기에 일어나면 아이는 자기 탓이라고 느끼기 쉽다. 둘 중 한 사람을 택하고 한 사람 편을 들어야 하는 상황은 형언할 수 없는 고통이다. 중간에 끼어 이도 저도 할 수 없는 처지에 빠지기 쉽다. 제레미는 부모가 이혼할 때 아빠 물건을 정리해 새 집으로 옮기는 일을 도와야 했다. 정말 하기 싫었지만 거절할 수가 없었다. 자기 손으로 가족을 찢어 놓고 있는 것 같은 느낌이 들었다. 리타는 벤치에 앉아 훌쩍이고 있었다. 자기가 가족의 불화에 어떤 역할을 했는지, 왜 부모가 이혼까지 하게 되었는지 도무지 이해할 수가 없기 때문이다. 피터는 이혼 법정에서 엄마 아빠 중 누구와 살고 싶은지를 선택해야 했다. 누구를 선택해도 한 사람을 가슴 아프게 만들 수밖에 없다는 생각에 마음이 무거웠다.

어릴 때 부모가 이혼했다면 사춘기 무렵에는 삶의 패턴이 비교적 안정되었을 것이다. 하지만 청소년은 삶의 양식을 어느 정도는 스스로 선택하고 싶어 한다. 딸이 아빠와 몇 년 동안 떨어져 살면서 자주 만나지 못했다면 오랜 세월 아빠에 대한 환상을 품다가 10대가 되면서 아빠와 살겠다고 주장할 수 있다. 이 기대가 현실에서 구현되기란 쉬운 일이 아니다. 아빠의 재혼 가정에 합류하든, 아빠 혼자 사는 집으로 들어가든 두 사람은 다시 서로를 알아가고 적응해야 한다. 허상이 무너진 자리에서 두 사람은 관계를 새로이 쌓아올리기 위해 인내하고 노력해야 한다. 아빠가 딸과 같이 살기 위해 그동안 애써 왔다면 결과는 좀 더 긍정적일 것이다.

재혼 가정

부모의 재혼은 당연히 아이들에게 영향을 준다. 이혼한 친부모뿐 아니라 새엄마나 새아빠를 비롯해서 새로 생긴 형제자매와도 적응해야 한다. 새로운 가족과의 관계가 순조롭다 해도 아이는 정체성에 혼란을 겪는다. 한때 익숙했지만 지금은 부서진 가족 관계를 새로운 구성으로 다시 만들어 가고 있음을 아이는 항상 의식한다.

물론 이런 상황에서 아이가 겪는 갈등과 고통은 재혼 가정을 꾸릴 때 아이가 몇 살이었는가와 새엄마 새아빠와의 관계의 질에 따라 크게 달라진다. 놀라울 정도로 화목하게 지내는 가정도 많다. 하지만 문제는, 가족이 해체되고 새로 형성되는 과정에서 아이가 복잡하게 뒤엉킨 정체성을 내면화하게 된다는 것이다. 아이의 마음 밑바닥에는 소속감과 관련한 긴장이 늘 깔려 있게 된다.

편모 가정

한부모 가정에서 아이를 맡아 키우는 사람은 십중팔구 엄마다. 아버지의 부재는 많은 청소년의 삶에서 중대한 문제다. 아이가 그 상실을 어떻게 받아들일지는 부재의 원인에 따라 큰 차이가 있다.

일찍 세상을 뜬 경우에 아이는 아버지를 아름답게 채색한 기억으로 간직할 수 있다. 나를 버린 것이 아니라 질병이나 비극적 상황이 아버지를 데려간 것이다.

하지만 자살은 사춘기 아이가 가장 감당하기 힘든 상황이다. 왜 나를 버렸을까? 나를 별로 사랑하지 않았나? 무엇 때문에 그런 선택을 했을까? 아버지의 자살은 청소년의 자아 인식에 장기적으로 가장 큰 손상을 입힌다.

아버지가 가족을 버리고 떠난 거라면 언젠가 돌아올지도 모른다는 희망을 품을 수 있다. 한편으로는 아버지가 떠나는 것을 막을 정도로 소중한 존재는 아니었다는 씁쓸함도 남는다. 죽음처럼 관계가 종료된 것이 아니기 때문에 아버지를 찾아 나서기도 한다.

가족을 버리지는 않았지만 이혼과 함께 서서히 존재감이 지워지는 경우도 있다. 이때 청소년은 큰 상실감과 함께 영혼이 뻥 뚫린 것 같은 느낌을 받는다. 특히 남자아이에게 아버지의 부재는 매우 심각한 문제다. 아들은 아버지와의 관계를 간절하게 필요로 하고 갈망한다. 아버지와 온전한 관계를 맺지 못하면 자기가 누구인지 진정으로 알기 어렵고, 남성성의 본보기 또한 갖지 못한다. 아버지 없이 자란 딸들은 남성을 이상화하거나, 모든 남자가 언젠가 자기 곁을 떠날 거라고 생각하기도 한다.

가족사

가족사는 한 사람의 배경을 형성하는 데 중요한 역할을 한다. 여기서 말하는 가족사란 친인척을 포함한 가족 구성원의 자랑스러운 성취, 숨기고 싶은 과거, 괴짜 삼촌, 탐험가였던 증조할아버지처럼 집안 문화에 깊이 스며든 일화와 이야기들을 말한다. 이 모든 기억은 청소년의 자아 감각 형성에 큰 영향을 미친다.

청소년은 가족이 거주하는 도시, 함께 사는 사람들, 사는 동네, 학교, 부모의 직업을 비롯해서 그동안 부모가 해 온 수많은 선택의 결과 속에서 산다. 이 모든 요인이 청소년의 정체성 발달에 영향을 준다. 이런 요소에 대한 태도와 느낌은 아이마다 다르지만, 어떤 경우든 청소년기라는 중요한 시기를 통과하는 과정에서 새로운 성장 가능성으로 작용한다.

여기서 다시 파르치팔 이야기를 떠올려 보자. 가흐무렛의 개별성에서는 모순적 측면이 두드러진다. 타고난 성품은 온건하지만 세상에서 가장 강력한 통치자를 위해 싸우기를 택한다. 전투에서는 명예로운 태도를 취하지만, 아내를 떠날 때는 비겁하게 도망친다. 정주하지 못하고 끊임없이 방랑하지만 방패에 새긴 문장은 닻이다. 그는 어디에서 마음의 평화를 찾을까? 어디에 정착할까? 정착하기는 할까?

청소년에게서도 이런 모순을 볼 수 있다. 고결한 면모도 있지만 형편없을 때도 많다. 이상을 추구하지만 냉소적이다. 남을 돕기 위해 선뜻 나서기도 하지만, 빈둥거리며 손끝 하나 까딱하지 않을 때도 있다. 유쾌 발랄하다가 돌연 뿌루퉁해진다. 한순간 믿음직스럽다가 곧이어 천지 분간 못 하는 위험에 뛰어든다. 사실 인생은 모순으로 이루어져 있다. 성숙을 가늠하는 지표는 세상 그 누구도 철저히 일관된 삶을 살 수 없음을, 우리 성격 속에 모순이 존재함을 인정하는 것이다.

파르치팔 이야기를 따라가면서 우리는 청소년기 발달의 다양한 면모를 만날 것이고, 이를 통해 자아 인식의 여정을 이해하게 될 것이다.

02

청소년기의 관계, 기대, 그리고 경계

제2권

파르치팔의 아버지와 어머니가 만나다

사건은 중세에 동과 서가 만나는 장소인 스페인에서 일어난다. 가흐무렛은 카스티야의 왕인 사촌 카이렛을 만나기 위해 톨레도로 간다. 가흐무렛이 도착해 보니 카이렛은 이미 마상 경기에 출전하기 위해 발라이스로 떠난 후였다. 그는 사촌을 뒤따라가기로 결정한다. 외사촌 카이렛 휘하의 병사들은 용사 가흐무렛을 위해 창 100여 개와 하얀 색 닻이 그려진 비단 깃발들을 만들어 들고 그의 뒤를 따른다. 발라이스의 여왕인 헤르체로이데는 두 왕국과 자신까지 내건 마상 창 시합을 공표한다. 헤르체로이데는 운명을 스스로 결정하려는 강한 의지의 여성이기에 결혼 조건 또한 스스로 결정한 것이다. 많은 기사가 싸움에 나섰지만 모두 실패했다. 가흐무렛은 동방에서 얻은 부를 과시하며 말을 타고 도시로 들어간다. 그 시각 여왕의 궁정에는 아무도 알지 못하는 머나먼 나라의 이방인이 입성했다는 소식이 전해진다. 그의 우아한 태도, 이교도 하인들, 그리고 고상한 자태에 대한 소문들로 궁정은 떠들썩해진다. 엄청난 부를 지닌 이 멋진 기사는 대체 누구인가?

사촌 카이렛은 가흐무렛이 왔다는 것을 알고 기쁨에 들뜬다. 자신에게 도전해 온 왕과의 싸움에 가흐무렛이 힘을 보탤 수 있게 된 것도 기쁜 일이었다. 이들은 가족의 근황을 비롯해 아서 왕의 어머니가 마법의 주문을 쓰는 성직자와 함께 사라졌고, 아서 왕이 그의 뒤를 쫓고 있다는 사연을 알게 된다. 결투에는 아서 왕의 매형인 로트 왕과 그의 어린 아들 가반이 참석한다. 이야기 흐름에서 중요한 역할을 담당할 많은 인물이 결투장에 참석한다.(구르네만츠, 시데가스트, 브란데리델린, 래헬린)

프랑스 여왕인 암플리제는 가흐무렛이 어린 시절에 좋아했던 사람이다. 프랑스 궁정에서 견습 기사로 있을 때, 가흐무렛은 여왕을 자기 이상형으로 택했다. 가흐무렛이 발라이스에 있다는 걸 알게 된 여왕은 사랑의 징표로 반지를 넣은 편지를 보내서 자기 남편이 되어 자기 나라를 다스릴 것을 청한다. 가흐무렛은 그녀의 청을 따라 싸우겠다고 약속한다.

연습 시간 뒤에 치러진 저녁 시합에서 가흐무렛은 뛰어난 활약으로 가장 강력한 기사들을 낙마시킨다. 다른 기사들이 다음날 경기를 치를 필요도 없겠다고 생각할 만큼 그가 승자인 것이 명약관화했다. 이미 그의 기사다운 용기와 남성미에 마음을 빼앗긴 헤르체로이데 여왕은 그가 승자로 선출되었다는 소식을 듣고 매우 기뻐한다. 바로 그때 프랑스 여왕이 보낸 사신이 도착한다. 여왕은 가흐무렛을 더 일찍 안 것도 자신이고, 그를 더 사랑하는 것도 자신이며, 가흐무렛이 여왕의 이름을 걸고 싸우기로 동의했기 때문에 자기 남편이 되어야 한다고 강하게 주장한다. 이 말을 들은 헤르체로이데는 나라에서 가장 높은 법정에서 결정할 문제라고 판단한다.

가흐무렛은 아내에 대한 사랑을 고백하면서, 다른 사람들은 검은 피부 때문에 그녀를 열등하게 여길지 몰라도 자기 눈에는 태양처럼 빛나는 존재라고 말한다. 그러나 남편을 지나치게 염려했던 아내는 그가 자기 곁을 떠나 싸우러 가기를 원치 않았다고 한다. 가흐무렛은 기사들의 전투에 몰두하다 보면 방랑벽이 잠잠해질 것이고, 그런 뒤에 아내에게 돌아갈 생각이었던 것이다. 이제 그는 전투에서 승리를 거두었다.

헤르체로이데 여왕의 아름다움에 끌린다 해도 벨라카네에게 돌아가야 한다. 가흐무렛은 형의 부고를 듣고 비탄에 잠겨 천막으로 돌아간다. 형의 죽음과 아내 벨라카네와 이별할 수도 있다는 사실로 인해 이중의 슬픔에 잠긴다.

헤르체로이데가 결투에서 승리했으니 자신과 결혼할 것을 요구하자, 가흐무렛은 목숨보다 사랑하는 아내가 있다고 항의한다. 자신은 저녁 시합에서만 싸웠고, 마상 창 시합은 취소되었기 때문에 자신을 승자로 볼 수 없다고 주장했다. 그러나 판사는 헤르체로이데의 손을 들어 주며, 벨라카네가 이교도이고 세례를 받지 않았기 때문에 아내라는 사실이 기각된다는 판결을 내린다. 기사도 규칙에 따라 가흐무렛은 그 결정을 받아들여야 했다. 그의 마음은 아내 벨라카네에 대한 사랑, 어렸을 때 기사도 교육을 시켜 준 암플리제 여왕에 대한 사랑, 그리고 헤르체로이데와의 새로운 관계까지 세 갈래로 나뉜다. 그럼에도 불구하고 그 시절의 관습을 따를 수밖에 없었다.
가흐무렛은 헤르체로이데의 남편이자 아내 영토의 왕으로, 얼마 후 그들 사이에서 태어날 아이의 아버지로 정착한다. 가흐무렛이 헤르체로이데에게 자신이 벨라카네를 떠난 이유에는 벨라카네가 마상 창 시합에 참가하는 것을 막았던 것도 있다고 하자, 헤르체로이데는 한 달에 한 번 정도 싸우러 나가는 것에 동의한다.
시간이 흐르면서 그는 수많은 전투에 참가해 싸웠지만, 매번 여왕에게로 돌아온다. 그러나 그의 군주 바루크가 동방에서 곤경에 처했다는 사실을 알게 되자 그를 돕기 위해 떠났다가 전투에서 전사한다.
6개월 동안 헤르체로이데는 남편이 돌아오기를 손꼽아 기다린다.
임신한 상태에서 악몽을 꾸는데, 바로 그 순간 가흐무렛의 부고가 날아든다. 그녀는 슬픔에 겨워 목숨을 끊고 싶었지만, 자신이 죽으면 배 속의 아이도 죽게 될 것이고, 이는 가흐무렛이 한 번 더 죽는 것과 다름없다는 사실을 깨닫는다. 2주 후에 출산을 하는데, 아기가 너무 커서 죽을 고비를 넘긴다. 그녀는 아기 예수를 돌보는 성모 마리아처럼 아이를 사랑하고 돌본다.

관계와 기대 그리고 경계

이제 우리는 파르치팔의 부모가 어떤 사람들인지 알게 되었다. 어머니의 이름은 '마음의 슬픔'을 의미하는 헤르체로이데이고, 아버지는 성품은 고귀하지만 방랑벽이 있는 가흐무렛이다.

불안정과 안정

가흐무렛은 온화하고 겸손하며, 아름다운 용모에 용감하고 고귀한 성품의 소유자다. 이런 묘사는 모험을 찾아 세상으로 나가는 많은 우리 청소년에게도 잘 들어맞는다. 이들도 가흐무렛처럼 선한 의도를 가지고 세상으로 나가지만 처음 먹었던 마음을 지켜 내기 어려운, 복잡한 상황에 처할 것이다. 이제 이들은 정직하지 않은가? 자기 이익을 위해 사람들을 이용하려는 것인가? 처음에 가흐무렛은 방패에 닻을 그려 넣었다. 정착할 땅을 찾고 거기서 안정감을 얻고 싶어 한 것이다. 헤르체로이데와 결혼할 때는 방패의 문장을 아버지의 문양인 표범으로 바꾼다. 이 장면에서 우리는 정착하고 싶은 마음과 모험을 찾아 떠나고 싶은 마음 사이에서 갈등하는 청소년의 상태를 떠올리게 된다.

청소년기의 이성 관계

어떤 아이들은 일찍부터 연애를 시작한다. 두 사람은 함께 인생을 배우며 성숙해 간다. 하지만 청소년기의 이성 관계는 흔히 한쪽이 다른 사람에게 눈을 돌리면서 깨진다. 어른의 관점에서는 한눈판 쪽을 탓하기 쉽지만, 그 아이가 관계에 정착할 준비가 되지 않은 것이 진짜 원인일지도 모른다. 어쨌든 그 관계에서 경험한 것까지 폄하해서는 안 된다. 타인과 친밀한 관계를 갖고 감정을 나눈다는 지극히 중요한 능력이 각성되었을 뿐 아니라, 앞으로 올 관계에서 한층 성숙하게 대처할 준비가 되었기 때문이다. 아이가 겪는 실연의 슬픔은 현실이기 때문에 어른들이 충분히 공감하고 위로해 주어야 한다. 또한 변심한 상대에게 바람둥이 같은 꼬리표를 붙이지 않도록 주의해야 한다. 우리 어른들이 할 일은 한쪽 편을 들면서 행동을 정당화할 구실을 찾아 주거나 비난하는 대신, 아이들이 배워야 할 것을 제대로 배울 수 있도록 두 아이 모두를 응원하면서 귀 기울여 주고, 이 경험의 긍정적 측면을 올바로 바라보도록 도와주는 것이다.

중세에 기사와 귀부인들은 자라면서 배운 기사도의 엄격한 규칙에 따라 행동했다. 서로에게 인사할 때나 결투를 벌일 때, 구애하고 결혼하는 모든 과정을 규범과 의례가 지배했다. 그 시대는 명예가 최고의 가치였다. 젊은이들은 견습 기사 과정을 거치면서 행동 기준을 습득했고, 신분과 상황에 따라 다음에 어떻게 행동해야 한다는 명확한 규범, 품격을 중시하는 태도를 몸에 익혔다.

권위에 대한 양가감정

우리는 모든 행동 규범에 의문을 품는 시대를 살고 있다. 많은 부모가 본인 성장 과정의 경험과 사회 문화적 변화로 인해 아이들에게 규칙을 반드시 준수하라고 고집하지 못한다. 모든 규칙을 아이의 상황과 특성에 맞춰 타협하고 수정할 수 있다고 여긴다. 많은 청소년은 규범의 타당성 자체에 문제를 제기한다. 개인의 자유가 중요한 가치가 되면서 규칙을 케케묵은 관습 정도로 치부해 버린다. 운동 경기나 오페라 극장의 예의범절이나 복장 규정은 무너진 지 오래다. 권위의 냄새를 풍기는 모든 것을 혐오한다. 이는 우리 청소년들에게 큰 상실이다. 청소년들은 외부의 권위와 끝없이 대치하면서도 자신을 지켜 줄 지침을 간절히 원하기 때문이다. 물론 자신과 자녀에게 필요한 행동 기준을 세우고 지켜 나가는 부모들도 있다. 이들은 사회 곳곳에 팽배한 상대주의나 타협의 기류에 맞서 힘겨운 싸움을 한다.

남자아이들에게는 신체 활동이 꼭 필요하다. 기사도의 규율은 이런 필요를 인정하면서 명예롭고 바람직한 행동 양식으로 분출할 수단을 마련해 준다. 현대에서 이에 준하는 것을 찾는다면 운동 경기를 생각해 볼 수 있다. 예를 들어 농구 경기에서는 이 선을 넘지 말 것, 상대의 허리 위로는 손대지 말 것, 특정한 방식으로만 드리블할 것, 심판의 말에 따를 것 같은 규칙이 있다. 이런 규칙을 인정할 때 청소년은 개인적인 감정을 누르고, 코치나 심판, 주심의 말에 복종한다. 여기에는 중간이 없다. 맞거나 틀리거나, 경기에 참여하거나 나가거나 둘 중 하나밖에 없다. 심판에게 항의하면 골치 아픈 문제가 생긴다. 농구 경기에서는 (다른 경기도 마찬가지지만) 코치도 이 흑백 세계를 벗어날 수 없다. 코치가 사춘기 아이처럼 행동하면 심판은 코치도 퇴장시킬 수 있다. 청소년들은 이런 규칙을 배우고 타당성에 의문을 제기하지 않으면서 그에 따라 경기를 한다. 하지만 사회적 행동을 제약하는 규칙은 전혀 다른 태도로 대한다.

규칙은 당연히 합리적이고 이치에 맞아야 한다. 걸핏하면 소송을 제기하는 우리 사회에서는 부모도 청소년 못지않게 권위를 존중하지 않는다. 이런 부모들은 학교 규칙이 자녀의 성장에 어떤 도움이 될지를 생각하기보다 법리를 따지는 시선으로 분석한다. 특히 자녀가 규칙을 어겨 처벌을 받게 되면 학교 규칙의 타당성을 조목조목 따지며 비판한다.

내가 처음 교사로 일할 때는 학교 규정집이 아주 얇았다. 세월이 가면서 학생을 훈육할 사안이 쌓였고, 규정집 어디에 어떤 규칙이 명시되어 있는지 따져 묻는 학부모도 많아졌다. 문서화된 규칙이 늘어나면서 규정집은 갈수록 두꺼워졌다. 다른 학교 교사들과 이런 얘기를 나누다가 그들도 비슷한 상황을 겪고 있음을 알게 되었다. 성적을 고쳐 달라거나 처벌 규정을 바꿔야 한다는 식으로 자기 자녀에게 유리한 방향으로 일을 처리해 달라고 부모가 압력을 가하는 것이다. 학교 규정을 권위의 강요로 여기며 반발하는 부모와 규율을 행동의 기본 틀로 바라보는 부모 간의 의견 차이가 학급 회의에서 대립하는 장면도 드물지 않다.

학부모를 싸잡아 비판하려는 것이 아니라 우리 문화를 돌아보자는 권유다. 나는 지난 40년 동안 사회적 관계에서 규칙을 존중하는 태도나 교양과 예의를 갖춘 상호 관계가 점차 약화되는 것을 경험해왔다. 꾀병임을 알면서도 아파서 결석한다는 확인서에 서명을 해 주고, 최선을 다하도록 격려하기보다는 수단과 방법을 가리지 말고 높은 점수를 따라고 자녀를 다그친다. 운동 시합에서는 건전하고 정당한 분위기를 만들기 위해 엄격한 조치를 취하기도 한다. 최근 어떤 고등학교에서는 부모와 코치, 학생 모두가 참가하는 행동 워크숍을 열었다. 이 과정을 수료하고 일정한 시험을 통과한 사람만 체육관 입장을 허락했다고 한다. 규칙을 존중하지 않는 세태는 언어 사용에서도 드러난다. 비속어나 적절한 문장 구조 사용에서, 청소년과 성인의 언어 구사 수준은 현저히 떨어졌다.

예의범절

고등학생들이 등교하는 모습을 보면 학교에 가는 건지, 해변에 놀러가거나 마당 청소를 하러 가는 건지, 미인 대회에 출전하는 길인지 분간이 안 될 때가 있다. 어느 옷가게나 유행하는 스타일만 가득해서 다른 종류의 옷을 사기도 어렵다. 어떤 학교는 복장 문제를 손쉽게 해결하는 방법으로 교복을 택하기도 한다. 적절한 복장에 대한 학생과 부모의 판단을 신뢰하지 못하거나, 특정 브랜드를 권하게 될 상황을 피하고 싶어서일 것이다.

지난 몇 년간 사람들의 옷 입는 양식이 달라졌다는 기사가 자주 신문에 등장했다. 어떤 설문에서는 미국인들에게 상황마다 어떤 복장이 적절하다고 생각하는지를 물었다. 많은 사람이 평상복과 정장을 구분하는 기준을 잘 모르거나, 아예 둘을 구분하지 않는다고 응답했다. 부활절에 교회에 가는 옷차림이 어떻게 달라졌는지에 관한 기사도 있었다. 모자와 장갑을 완벽하게 갖추고 부활절 예배에 참석하는 시대는 지났다. 어떤 자리에나 청바지를 입는 것이 흔한 일이 되었다. 후줄근한 평상복 차림으로 오페라 공연에 오는 사람들에 대한 불만을 토로하는 기사도 있었다.

특별한 자리에 어떤 차림으로 가는지가 왜 중요한가? 행동 규범이 무너진 상황의 반증인가? 규정에 따라 옷을 입어야 한다는 의무감을 느끼지 않는 것이 구속에서 해방된 것인가? 상황에 따른 옷차림을 요구하는 것이 과도한 간섭이었기에 이제는 아이들과 부모의 판단에 전적으로 맡기게 된 것인가?

복장 문제는 규칙과 취향이 변하고 있음을 보여 주는 하나의 사례에 불과하다. 청소년이 적절한 행동 양식을 익히기 위해서는 어떤 규칙이 필요할까? 수업 시간에 바람직한 행동 원칙을 정립하는 것부터 시작해 볼 수 있다. 이런 것까지 굳이 말로 다 설명해야 할까 싶지만 그래야 한다. "누가 말하고 있든지 귀 기울여 듣는다, 다른 견해를 표현한 사람에게 예의를 갖추어 대한다, 수업 중에 큰 소리로 말하지 않는다, 수업 중에 엎드려 자지 않는다, 수업 중에 음식을 먹거나 먹을 것을 던지지 않는다, 교실 비품에 낙서하지 않는다, 수업 중에 일어나 돌아다니지 않는다, 준비물을 챙겨서 정시에 수업에 들어간다, 숙제를 하고 제때 제출한다." 이렇게 당연한 규칙도 가르치고 상기시켜 주어야 한다.

지난 25년 동안 나는 자주 학생들을 인솔해서 샌프란시스코로 연극을 보러 갔다. 캘리포니아 북부에서는 고등학생들을 위한 낮 공연이 자주 열렸다. 막이 오르기 전에 연출가가 무대에 올라 학생들에게 작품 설명과 함께 공연을 즐겁게 보기 바란다는 인사말을 했다. 그런데 대략 15년 전에 그야말로 충격적인 변화가 일어났다. 연출가가 학생들을 향해 이렇게 말하는 것이다. "이것은 연극 공연이지 TV 화면이 아닙니다. 무대에 오른 배우는 살아 있는 사람들입니다. 여러분이 물건을 던지면 공연에 차질이 생깁니다. 공연 중에 음식을 먹거나 떠들면 배우들이 집중하기 어렵습니다." 인솔 교사들은 학생들 곁에서 줄을 서고 질서를 지킬 것을 지적하고 감독해야 했다. 극장에서 지켜야 할 지극히 기본적인 행동 규범에 대한 인식이 사라진 것이다.

학교 행사나 졸업식에서도 비슷한 문제를 목격하게 된다. 특정 지역에 국한된 현상도 아니다. 어떤 행사든 야유하고 고함지르고 휘파람 부는 행동을 포함해 전반적으로 무례함이 지배적이다. 이는 미국 문화가 품위를 잃어가고 있다는 또 다른 사례다. 고등학교나 대학교 졸업식, 학교 행사, 스포츠 경기에 참석해 보면 행동 기준이 어떻게 달라졌는지 금방 이해할 수 있을 것이다.

캘리포니아주 하원 의원들은 스포츠 팬과 선수 간 폭력 사태를 막기 위해 강력한 조치를 고려하고 있다. 경기 중에 심판이나 선수를 폭행하면 최대 12시간의 분노 조절 교육을 모든 처벌에 부가하는 것이다. 상대에 대한 존중과 예의는 자취를 감추고, 부모들은 장학금을 받고 대학에 들어가려면 무슨 수를 써서라도 이겨야 한다고 자녀를 다그친다. 이런 식의 무례함은 학습된 행동이다. 사회가 달라지면서 생겨난 풍조지만, 정중함의 미덕을 되살리고 지키려는 노력으로 극복될 수도 있다는 뜻이다. 청소년들만 손가락질할 문제는 분명 아니다. 그들은 주변 세상을 모방했을 뿐이다. 우리가 예의와 존중의 기준을 새롭게 세우고 우리 사회에 스며들도록 노력해야 한다. 예의범절을 고리타분한 것으로 여기는 세상이 되었지만, 다시는 중요해지지 않을 거라는 의미는 아니다.

파르치팔과 가반, 아서가 따랐던 기사도 원칙을 모든 시대 모든 사람에게 적용할 수는 없지만, 상황에 맞는 적절한 행동을 하고, 자기가 한 말을 지키고, 공공장소에서 제멋대로 행동하지 않는 것이 바람직하다는 공감대가 사회 전반에 존재해 온 것은 분명하다.

03

아동기의 여정

제3권

파르치팔의 아동기. 파르치팔, 부름을 듣고 모험을 떠난다. 기사도의 규칙을 배운다

파르치팔의 아동기

남편 가흐무렛의 죽음에 절망한 헤르체로이데는 세상과 단절한 채, 아들 파르치팔을 데리고 졸타네 숲에 은둔한다. 그녀는 자기 밭에서 일하는 농부들에게 기사에 대한 이야기를 아들에게 일체 언급하지 못하게 한다. 파르치팔이 왕족 출신임을 알 수 있는 유일한 특성은 직접 나무를 깎아 만든 활과 화살뿐이었다.

파르치팔은 새들의 사랑스러운 노랫소리에 가슴이 알 수 없는 감동으로 부풀어 오르자 새를 쏘아 떨어뜨렸다. 파르치팔은 그때마다 머리를 쥐어뜯으며 울었다. 이로써 내면에 깊은 슬픔이 깨어났지만,

아이들이 보통 그렇듯 어머니에게 설명할 수는 없었다. 헤르체로이데는 파르치팔이 새 때문에 슬퍼한다는 것을 알고는 농부들에게 새들을 죽이라고 명한다. 그러나 몇 마리 새는 도망쳐서 계속 울어댔다. 사람들이 새들을 왜 죽이느냐고 파르치팔이 묻자, 헤르체로이데는 자신이 어째서 신의 창조를 바꾸려하는지 모르겠다며 큰소리로 탄식한다. 이 말을 들은 아이가 묻는다. "어머니, 신이 무엇인가요?" 헤르체로이데가 답한다.
"신은 대낮보다 밝지만 인간의 형상을 입고 계신단다. 아들아, 이 지혜를 명심하고 어려움이 있을 때는 신께 기도를 드려라. 신의가 충만하신 신은 세상에 언제나 도움을 주신단다. 하지만 지옥의 주인이라고 불리는 것이 있다. 그것은 어둠처럼 검고, 신의가 전혀 없다. 이 존재에게서 생각을 돌리고, 불안정하게 흔들리는 것도 경계해야 한다."
자라면서 사냥하는 법을 배운 파르치팔은 많은 사슴을 잡고 노새도 힘들어 할 만큼의 무거운 사냥감을 집으로 가지고 온다.

파르치팔, 부름을 듣다

어느 날 사냥하는 중에 파르치팔은 말발굽 소리를 듣는다. 어머니가 말씀해 주신 악마일 거라 생각하고는 흥분하며 싸울 태세를 갖춘다. "나는 악마에 맞서 싸우겠어, 반드시." 흥분 상태에서 그가 본 것은 악마가 아니라, 갑옷을 입고 말을 탄, 멋진 기사 세 명이었다. 그들의 갑옷은 햇빛을 받아 밝게 빛났다. 곧 그들 뒤로 네 번째 기사가 왔다. 그들은 어떤 여인을 납치하고 달아난 다른 두 명의 기사를 뒤쫓고 있었다. 왕자인 네 번째 기사가 두 명의 기사와 한 여인이 말을 타고 지나가는 것을 보지 못했냐고 묻지만, 파르치팔은 기사들의 갑옷이 눈부시게 빛나는 것에만 정신이 팔려 있었다. 파르치팔은 그들이 틀림없이 신일 거라 생각했다. 기사는 자신들은 신이 아니라 아서 왕의 기사라고 말한다. 파르치팔은 기사들의 금속 갑옷을 보고 묻는다. "그 고리들은 무엇인가요? 왜 그것을 몸에 걸치고 있나요?" 기사는 방어용으로 갑옷을 입는다고 설명한다.

이 사건에 온통 넋이 빠진 파르치팔은 어머니에게 기사를 만난 이야기를 한다. 아들이 기사도를 알지 못하게 하려고 안간힘을 써 온 헤르체로이데는 최악의 악몽이 현실이 되자 두려움에 사로잡힌다. 그녀는 파르치팔의 말을 듣자마자 그 자리에서 혼절한다. 정신을 차린 다음에 아들에게 그걸 어디서 들었는지 묻자, 파르치팔은 숲에서 있었던 이야기를 전부 전한다. 그는 당장이라도 아서 왕의 성에 갈 태세로 어머니에게 말 한 필을 달라고 간청한다. 헤르체로이데는 아들을 막을 수 없다는 것을 깨닫고 어릿광대처럼 우스꽝스럽게 보이는 옷을 입힌다. 사람들의 놀림을 받다가 다시 돌아오기를 바라는 마음에서 한 행동이었다. 그러면서 헤르체로이데는 아들에게 조언한다.

1. 어두운 냇물을 조심하여라. 얕고 맑은 냇물만 자신 있게 말을 타고 건너가거라.
2. 예의 바르게 행동하고, 사람들에게 반갑게 인사를 해라.
3. 머리가 하얗게 센 어른이 네게 행동거지를 가르쳐 주시려 한다면 기꺼이 그분을 따라라.
4. 귀부인의 반지와 환영 인사를 선사받을 수 있다면 그것을 받아라. 서둘러 그녀에게 키스를 하고 품 안에 꼭 안아 주어라. 이는 그녀에게 행복을 가져다준다.

헤르체로이데는 또한 파르치팔이 두 나라를 계승받았지만, 빼앗겼다고 말해 준다. 파르치팔은 "제가 두 나라를 빼앗은 자들에게 복수하겠습니다. 어머니."라고 대답한 뒤 뒤도 돌아보지 않고 길을 떠난다. 정신을 잃고 쓰러진 헤르체로이데는 상심한 나머지 죽고 만다.

여정의 시작 _ 분리

파르치팔은 어두운 냇물에 도착하지만, 어머니 말씀에 따라 깨끗하고 안전한 강인지를 확인하고 나서 건넌다. 개울 건너편에는 초원과 호화로운 천막이 있었다. 그 안에서는 오릴루스 공작의 아내인 예슈테가 잠자고 있었다. 파르치팔은 천막에 들어가 예슈테의 반지를 빼앗고 강제로 키스를 하고, 브로치도 빼앗는다. 그러고는 허기를 느껴 천막에 있는 음식을 먹고 마신다. 예슈테는 반지와 브로치를 돌려 달라 부탁하지만 파르치팔은 거절한다. 다시 그녀에게 키스를 하고는 떠난다.
남편 오릴루스가 돌아온다. 그는 부인이 애인과 놀아났다고 생각한다. 예슈테는 완강히 부인하지만 믿지 않는다. 오릴루스는 두 사람의 관계가 끝났으며, 다시는 같이 식사도 잠자리도 하지 않을 것이라고 말한다. 그뿐만 아니라 예슈테에게 찢어진 옷을 입혀 수모를 줄 것이라고 한다. 물론 파르치팔은 자기 때문에 이런 고통이 생겼는지 꿈에도 모른다.

자신의 이름을 알게 되다

여행을 계속하던 파르치팔은 죽은 기사의 시체를 무릎 위에 올려놓은 한 여자를 만난다. 앞으로의 여정 중에 파르치팔이 세 번 더 만나게 될 이 여인은 지구네이고, 죽은 기사는 그녀의 약혼자 쉬오나툴란더이다.

파르치팔은 충동적으로 묻는다. “누가 그를 죽였습니까? 내가 그를 잡겠습니다.” 지구네가 이름을 묻자 파르치팔은 ‘착한 아들, 귀한 아들, 예쁜 아들’이라고 대답한다. 프랑스어로 된 호칭을 들은 그녀는 그가 누구인지 깨닫는다. “너의 진짜 이름은 파르치팔이란다. ‘한복판을 가로질러’라는 뜻이지. 너의 어머니는 내게 숙모가 된단다.”

지구네는 그에게 이름과 가계도를 알려 준다. “너의 아버지는 안쇼우베 사람이고, 너는 어머니 쪽 영토인 칸볼라이스 지역의 발라이스에서 태어났단다. 그리고 너는 노르갈스의 군주로, 언젠가는 그 왕관을 쓰게 될 것이야. 여기 있는 죽은 제후 쉬오나툴란더는 너를 대신하여 그 땅을 지키다가 살해당한 것이란다.” 지구네는 파르치팔의 영토를 차지한 형제 오릴루스와 래헬린에 관해서도 말해 준다. 파르치팔의 삼촌과 쉬오나툴란더 모두 오릴루스(예슈테의 남편)의 손에 목숨을 잃었다. 쉬오나툴란더는 지구네가 헤르체로이데의 후견인이었을 때 지구네를 섬기는 기사였다.

여행하는 내내 파르치팔은 당장 결투해서 쉬오나툴란더의 죽음에 복수하려 한다. 지구네에게 방향을 알려 달라고 하자, 그녀는 파르치팔을 보호하기 위해 엉뚱한 길을 알려 준다. 그것은 아서의 성으로 가는 길이었다. 파르치팔은 “어머니께서 이렇게 하라고 가르쳐 주셨습니다.”라고 하며 길에서 만나는 모든 사람에게 인사를 건넸다.

저녁 무렵 파르치팔은 집 한 채를 발견한다. 배가 고팠던 그는 그 집에서 음식과 잠자리를 얻기 원했다. 파르치팔이 음식을 청하자 집주인인 욕심 많은 어부는 “난 나 말고는 아무에게도 관심이 없소. 내가 먼저고 내 아이들이 그 다음이요.” 그는 돈이나 귀중품이 있어야만 안으로

들이겠다고 한다. 파르치팔이 예슈테의 브로치를 주자, 갑자기 친절한 목소리로 반가이 맞아들이며 음식과 잠자리를 내어준다.

붉은 기사를 만나다

아침에 집주인에게 방향을 물어 길을 떠난다. 한참 가던 중, 붉은 옷을 입은 기사가 자기 쪽으로 다가오는 것을 본다. 그의 이름은 이터, 컴브랜드의 왕이자 아서 왕의 사촌이며, 명성이 드높은 기사였다. 사람들은 그를 붉은 기사라고 불렀다. 붉은 기사는 아서 왕의 땅을 일부 소유하고 있다. 관습에 따르면 기사가 아서 왕의 거처로 들어가 그의 술잔을 집어 들면 왕국을 자기 소유라고 주장할 수 있다. 그런데 이터는 실수로 포도주를 기노버의 무릎에 흘렸다. 지금 이터는 원탁회의의 대표인 아서 왕에게 도전하기 위해 들판에서 기다리는 중이었다.

붉은 기사는 파르치팔을 매우 친절히 대한다. 그는 파르치팔의 우스꽝스러운 복장에 속지 않고 그 안에 있는 준수한 청년과 그의 앞에 펼쳐질 험난한 삶을 꿰뚫어보았다. 그는 "당신은 비탄에 사로잡힐 것이고, 많은 여자에게 슬픔을 가져다줄 것이오." 라고 말한다. 붉은 기사는 파르치팔에게 자신은 도망치지 않았으며 여기서 기다리고 있을 테니 누구라도 결투를 신청하러 오라는 말을 아서 왕과 부하들에게 전해 달라고 부탁한다. 파르치팔은 그러겠다고 말하고 떠난다. 성에 다다르자 사람들이 주변에 모여들었다. 파르치팔은 그들에게 말한다. "신의 가호가 함께하시길. 제가 집을 떠날 때 어머니께서 이렇게 인사하라고 가르쳐 주셨습니다. 여기 수많은 아서 왕이 계시는군요.

누가 저를 기사로 만들어 주시나요?"
시종 하나가 파르치팔을 원탁이 있는 큰 방으로 안내한다. 파르치팔은 "나는 여러분 중 누가 왕인지 모르겠습니다."라고 말한다. 아서 왕을 소개받은 그는 붉은 기사의 말을 전한다. "제 생각에 그 기사는 결투를 원합니다. 그리고 왕비께 포도주를 쏟아 죄송하다고도 했습니다. 제가 나가서 그와 겨루겠습니다."
아서 왕은 파르치팔이 경험이 없고 어리숙해 보였기 때문에 그런 노련한 기사와 결투하도록 내보내는 것이 내키지 않았지만, 카이에 경이 내보내라고 부추기는 바람에 마지못해 허락한다. 파르치팔이 궁전을 떠날 때 귀부인 쿤네바레가 그를 보고 웃는다. 자존심이 세고 아름다운 그녀는 최고의 명성을 얻었거나 앞으로 얻게 될 사람을 볼 때를 제외하고는 결코 웃는 일이 없다. 카이에 경은 어떻게 저런 바보 같은 젊은이에게서 그런 고귀함을 보는지를 이해할 수 없었다. 화가 머리끝까지 난 그는 쿤네바라를 때린다. 그때 어릿광대 안타노르가 입을 연다. 그는 항상 침묵을 지키다가 쿤네바레 부인이 웃을 때만 말을 한다. 카이에 경은 안타노르도 때린다. 파르치팔은 이 광경을 보고 두 사람이 자신 때문에 고초를 겪는 것을 보고 비통한 심경이 된다. 이는 파르치팔이 자기 행동이 다른 사람들에게 영향을 끼친다는 사실을 각성하게 되는 첫 번째 사건이다.

붉은 기사를 두 번째 만나다

파르치팔은 붉은 기사 이터와 결투하기 위해 떠난다. 붉은 기사는 기사도 훈련을 전혀 받지 못한 어린아이와 싸우고 있음을 깨닫는다.

제대로 공격하면 파르치팔이 크게 다칠 것을 알기에 정면 대결을 피하면서 그를 조랑말에서 떨어뜨린다. 하지만 파르치팔은 격렬히 화를 내며 기사도의 규칙을 어기고 사냥용 창을 던진다. 창은 투구에서 앞을 보기 위해 뚫어 놓은 구멍에 그대로 꽂히고 붉은 기사는 죽는다. 기사가 쓰러지자 파르치팔은 갑옷을 벗기려 애를 쓴다. 그것을 몸에 걸치고 기사가 된 기분을 느끼고 싶었다. 하지만 방법을 모른다. 그는 시신에 대한 일말의 존중도 없이 갑옷을 벗기는 데만 골몰해서 시신을 함부로 다룬다. 친구인 젊은 견습 기사 한 명이 다가와서 갑옷 벗기는 법을 가르쳐 주어야 했다. 갑옷을 분리해 낸 파르치팔은 견습 기사에게 이터가 갖고 있던 술잔을 주며 아서의 궁정으로 돌려보낸다. 어머니가 주신 옷 위에다 갑옷을 입고 기사로서의 삶을 시작한다. 이제 그는 붉은 기사로 알려지게 된다.

기사도를 배우다

견습 기사는 파르치팔에게 늙은 기사 구르네만츠를 만나라고 한다. 그 늙은 기사가 기사도를 가르쳐 줄 것이라면서 찾아가는 길을 알려 준다. 파르치팔은 옛 기억을 떠올린다. "어머니가 백발이 성성한 어르신의 말씀을 따르라고 하셨지." 그는 기사도를 배우기 위해 말을 달려 구르네만츠의 성에 간다. 구르네만츠는 이렇게 말한다. "자네는 어린애처럼 말하는군. 자네 어머니 이야기는 그만하고 다른 것을 생각해 보는 게 어떻겠나? 그리고 지금부터는 내가 하는 충고를 따르게."

1. 부끄러움을 느낄 줄 알아야 하네. 시간이 지나면서 우리는 자기가 한 말이나 행동의 무가치함을 깨달을 때마다 고통스럽게 인정할 줄 알게 된다네.
2. 어려운 처지에 놓인 가난한 사람들에게 연민을 보이게.
3. 적절한 선에서 가난하면서 부유할 수 있어야 하네.
4. 나쁜 태도는 스스로 소멸하도록 내버려 두게.
5. 너무 많은 질문을 해서는 안 되네.
6. 질문을 받으면 사려 깊게 대답하고, 시각, 미각, 후각 같은 감각이 자네를 지혜로 이끌게 하게.
7. 대담함과 함께 자비심을 갖추고, 싸움에서 패한 이를 죽이지 말게.
8. 갑옷을 벗은 후에는 깨끗이 씻어서 단정한 용모가 드러나게 하게.
9. 남자다우면서도 쾌활한 마음을 가지게.
10. 여인들의 사랑을 받아들이고, 그들에게 거짓말을 하지 말게. 거짓말은 사랑에 결코 이롭지 않다네.
11. 남편과 아내는 태양처럼 하나라네. 결혼의 의미를 이해하기 위해 최선을 다해야 하네.

구르네만츠는 성을 방어하는 일에 파르치팔의 도움에 의지하게 된다. 시간이 지나면서 구르네만츠는 파르치팔이 순결하고 사랑스러운 딸 리아세와 교제하기를 바란다. 사실 파르치팔이 리아세와 결혼해서 가문의 일원이 되었으면 했다. 그는 파르치팔이 도와준 덕분에 큰 행운을 얻는다. 구르네만츠는 리아세에게 파르치팔의 키스를 받고 그를 명예롭게 대하라고 이른다. 그는 부끄러움을 무릅쓰고 그녀에게 키스한다. 리아세는 파르치팔의 음식 시중을 들고 보살펴 준다. 이후 2주 동안 우아한 태도로 아버지의 분부를 따른다. 그러나 파르치팔은 '여인의 품에서 그 따뜻함'을 즐기기 전에 싸움에서 뛰어난 성과를 보여야 한다고 생각한다. 리아세에게 끌리지만, 아직 정착할 때가 아님을 깨닫는다.

어느 날 아침, 파르치팔은 구르네만츠에게 성을 떠나는 것을 허락해 달라고 청한다. 구르네만츠는 성문까지 함께 말을 타고 나오면서 세 아들을 잃은 사연을 말해 준다. 파르치팔이 아들과 다름없는 존재이기에, 지금 그는 네 번째 아들을 잃는 것이다. 구르네만츠의 깊은 슬픔을 알게 된 파르치팔은 이렇게 말한다. "스승님, 제가 지금은 세상 이치를 모르지만, 기사다운 명예를 얻고 사랑을 구할 자격이 된다면, 사랑스러운 따님 리아세를 제게 주십시오. 스승님은 너무나 큰 슬픔을 말씀해 주셨습니다. 언젠가 제가 그 슬픔을 덜어 드릴 힘이 생기면, 그때는 혼자서 그 큰 짐을 다 감당하지 않도록 해 드리겠습니다."

아동기 발달의 여정

아이는 아동기와 청소년기를 가르는 문지방을 빈손으로 넘어가지 않는다. 그들의 팔에는 어린 시절의 기억과 경험이 한가득 안겨 있다. 기쁨과 슬픔, 치유된 상처와 치유되지 못한 상처를 안고 온다. 믿음, 의심, 열망, 사랑, 두려움이 담긴 간절한 눈빛으로 온다. 어딘가에 소속된 존재라고 믿고 싶지만, 그곳이 어디인지는 모른다. 어린 시절을 의미 있는 시간으로 느끼고 싶어 한다.

우리 품을 찾아온 청소년들을 이해하기 위해서는 먼저 유년기를 깊이 들여다보는 시간이 필요하다. 이 장에서는 책 전체에서 가장 많은 부분을 할애하여 아동기 발달을 조목조목 깊이, 그리고 넓게 서술할 것이다. 청소년기 발달에 관한 책에서 아동기를 자세히 다루는 이유는 아동기에서 청소년기를 거쳐 성인기로 나아가는 신성한 여정에서 이 첫 번째 단계가 차지하는 비중이 너무나도 크기 때문이다.

아이는 우주의 선물이다. 아이는 태어날 때 앞으로 전개될 모든 정신적, 생물학적, 사회적, 지적, 정서적으로 발달할 가능성을 품고 온다. 모든 아이는 생명의 축복이고, 가능성이며 꿈이다. 아이는 우리에게 묻는다. 당신은 인간 세계로 온 저를 환영하나요? 제가 가진 가능성을 온전히 펼친다는 게 어떤 건지 가르쳐 줄 수 있나요? 제가 완수해야 할 과제를 가지고 정신세계에서 왔다는 것을 알아보시나요?

우리도 아이에게 질문을 던진다. 너는 누구니? 너는 어떤 존재가 되려고 하니? 네가 세상에 온 의미와 과제를 깨닫고 성취해 가는 과정에서 우리가 어떤 도움을 주길 원하니?

부모 자식으로 만났다는 건 과거와 현재, 미래의 사건들이, 그리고 물질과 영혼, 정신 전체가, 나아가 보이지 않는 고차적 힘과 인간이 합의하고 협력해서 일어난 일임을 의미한다. 정신세계에서 나온 아이는 물질세계로 들어가는 길을 스스로 찾아내야 한다. 그리고 우리 어른들은 아이가 내딛는 한 걸음 한 걸음을 뒷받침해 주어야 한다. 이 과정은 21년이 걸린다. 인간은 지구상의 어떤 피조물보다 긴 유년기와 청소년기를 보낸다.

우리 부모들은 물질세계에 막 발을 들인 아이가 무엇을 요청할지, 어떤 능력을 펼치게 될지, 어떤 일에 흥미를 가질지, 어떤 희생이 필요할지, 어떤 기쁨을 누릴지 결코 알지 못한다. 아이를 가족으로 맞아들이며 환영하는 마음의 밑바탕에는 우리가 그 과제를 감당할 수 있으리라는 믿음과 희망이 깔려 있다. 의식적으로든 무의식적으로든 우리는 아이에게서 펼쳐질 지성의 힘에 의존하고, 발달 과정을 존중하겠다는 무언의 약속을 지키게 해 줄 우리의 힘과 미래의 비전에 의존해서 그 길을 함께 걸어간다.

출생부터 3살까지

모든 아이에게는 신체적 요구가 있다. 그들은 음식과 의복, 쉴 곳, 깨끗한 공기와 물, 휴식과 운동을 필요로 한다. 이는 건강한 성장에 꼭 필요한 요소들이다. 모든 아이에게는 정서적 요구가 있다. 다정한 손길과 사랑에 찬 보살핌, 소속감, 보호받는 느낌, 기쁨과 행복, 감정과 의사를 표현하고 교류할 수단이 필요하다. 아이는 몸을 살찌울 양분만큼 정서적 양분도 갈구한다.

생후 첫 3년은 인생을 통틀어 가장 특별한 시기다. 이 시기에 아이는 신체를 능숙하게 사용하는 법을 배운다. 기고, 뒤집고, 앉고, 서다가 마침내 걷기를 배운다. 아이는 잠시도 쉬지 않고 움직인다. 이는 의식 영역 밖에서 이루어지는 움직임이다. 직립 자세로 몸을 일으켜 세우고, 자유롭게 걸음을 내디딜 수 있을 때 우리는 아이와 함께 환호한다. 혼자 걷는다는 건 더 넓은 세계로 나아가는 입장권을 손에 넣은 것과 같다. 오래지 않아 달리기, 한 발 뛰기, 제자리 뛰기 능력도 획득한다. 손이 자유로워지면서 휘젓기, 두드리기, 잡기, 박수 치기, 흔들기 같은 동작이 가능해진다.

이어서 말하기를 배운다. 단음절 소리에서 단어로, 문장으로 발전해 나간다. 소리 내어 단어를 말할 때마다 하나의 상이 떠오르고, 반복할수록 상은 더욱 풍부해진다. 이 시기에 아이는 생각을 밖으로 표현한다는 경이로운 체험을 누린다. 이어서 사고하기를 배운다. 가장하거나 상상하기, 문제에 대한 해결책 찾기, 세상을 만나고 자극에 반응하는 능력이 자란다. 아이는 인간 세계의 사회적 상호 작용의 영역으로 들어선다. 이 시기 아이들에게는 주변 어른들과 의사소통하는 경험이 아주 중요하다. 엄마와 아빠, 다른 보호자가 말을 걸어 주고 답해 주는 과정에서 대화라는 귀한 경험이 일어난다. 눈 맞춤과 미소, 어르고 달래는 소리, 옹알이, 문장을 포함한 모든 주고받음이 대화에 속한다. 이런 상호 작용 속에서 아이는 안정감, 소속감, 신뢰를 느낀다.

어른과 아이가 나누는 대화의 주된 통로는 일상적 의사소통과 이야기 들려주기다. 이런 경험에서 아이는 내면 표상을 쌓아 나가고, 그것이 훗날 사고 능력의 토대가 된다. 이 시기에 경험한 상호 작용의 질은 두뇌 발달에 큰 영향을 주며, 이후 학습 과정의 마중물로 작용한다.

대화에서 느낀 정서적 온기는 사고 과정으로 전이된다. 어떤 표상을 떠올리면 사랑과 든든함의 느낌이 떠오르는 것이다. 아이는 이에 힘입어 표상을 폭넓은 사고 경험과 연결시킨다. 어른과의 만남에서 안정감과 기쁨을 경험한 아이는 주변과의 접촉을 능동적으로 확장하고, 새로운 단어와 문장, 새로운 사고와 의견을 적극적으로 수용한다. 감정과 사고는 상호 작용한다. 긍정적 감정을 주고받을 때 아이는 신체적 안정감과 활력을 느낀다. 신체, 영혼, 정신의 삼중적 관계가 조화를 이루는 과정을 통해 아이의 자아 감각이 성장한다.

TV가 어린아이에게 미치는 가장 큰 해악은 이 과정을 방해한다는 데 있다. TV는 아이가 스스로 내면 표상을 창조하는 힘을 키우는 대신 이미 완성된 상을 보며 즐기라고 한다. 고유한 내면 표상을 만드는 최고의 방법은 다른 사람과 대화를 주고받으며 어울려 노는 것이다. 이는 성장 발달의 다음 단계로 올라가는 데도 필수적이다. TV는 이런 경험을 근본적으로 박탈한다.

“아니야, 내가 할 거야.”라고 말하면서 아이는 자아와 외부 세계의 경계를 인식한다. “싫어!”를 선언하면서 아이는 반듯하고 힘 있게 홀로 서 나간다. 이는 아이가 세상과의 관계를 새롭게 재편하는 중이며, 자아의 힘을 자각했다는 신호다. 고집부리고 떼쓰는 시기의 시작이다. 결국엔 끝나겠지만 그동안 부모는 인내심의 한계를 거듭 확인해야 한다. 성장의 한 국면일 뿐임을 기억하며 멀리 보는 태도가 필요하다.

3살~5살까지

이제 아이에게는 언어와 운동 능력이 생겼다. 새로운 발달 단계로 접어든 것이 놀이에서 나타난다. 지금까지는 친구들이 곁에 있어도 각자 놀았지만 이제는 상황을 상상하며 역할 놀이를 한다. 누가 엄마 할래? 의사 선생님 할 사람? 저녁밥으로 뭘 먹을까? 아기가 아픈가요? 트럭끼리 쾅 부딪쳤다고 하자.

놀이는 아이들의 일이고 공부다. 아이는 주변에서 본 어른의 행동을 모방한다. 어른이 물건을 나르거나 망치질, 바느질, 요리, 운전하는 모습, 화분을 가꾸고 장보는 모습이 아이의 교과서다. 아이는 눈으로 보고 감각으로 경험한 바를 내면에 통합하고 그 존재가 된다. 보고 배운 기준에 따라 세상을 파악한다. 허용되는 것과 금지된 것은 무엇인가? 과자를 먹어도 되나? 이렇게 해도 괜찮나? 아이는 허용 범위 내에서 움직이는 법을 배운다. 놀이는 언어 발달을 위한 맥락을 제공하고, 삶의 경험을 내면화하고 세상을 배우는 원천으로 작용한다.

상황이 바뀔 때마다 '왜요?'라는 거대한 질문을 어른들에게 지치지 않고 던진다. '왜요?'와 '어떻게요?'와 함께 '왜냐하면'이 등장한다. 이 나이 아이들은 물질 세상의 원인과 결과를 연결해 보려 애쓴다. 그러면서 '내가 지금 그림을 그리는 이유는 저녁 식사를 기다리고 있기 때문이에요.' 같은 말을 시도한다.

아이들은 세상을 배우고 알기를 갈망한다. 세상 모든 일에 관심을 기울인다.(할머니, 이제 괜찮아요? 어떻게 해서 나아졌어요?) 말로 문제를 해결하기 시작한다.(네가 이걸 해, 내가 저걸 할게.) 새로운 이치를 깨달을 때마다 자신감이 자란다.(아빠 차가 고장 났어요. 별일 아니에요. 모터만 고치면 돼요.) 농담을 하거나 엉뚱한 장난을 치기 시작하고, 장난과 진지한 행동을 구별할 줄 안다.

새로운 단어와 표현, 문장을 갖고 놀면서 언어가 눈부시게 발달한다. 넘치는 창조적 상상력으로 세상을 변형하기 시작한다. 보자기는 드레스가 되고, 나무토막은 요새, 의자는 비행기나 배가 되고, 도토리는 감자, 물웅덩이는 바다가 된다. 상상과 현실 세계를 자유롭게 넘나들면서도 상상과 실재의 차이를 구분할 줄 안다. 슬픔과 기쁨, 눈물과 웃음 같은 감정의 양극을 오가면서 느낌 영역이 발달한다. 운율 있는 시나 노래를 부르면서 큰 기쁨을 느낀다. 자기 생각과 다른 사람의 생각을 연결하면서 아이는 이 세상의 일원이 되어 간다. 생각과 행동의 상호 연결이 시작된다.

5살~7살까지

현대 아이들은 영유아기를 충분히 누리지 못하고 서둘러 건너뛰는 경우가 많다. 공식적 학습을 가능한 한 어린 나이에 시작할수록 좋다고 믿는 사람이 많아지면서 기술 습득은 가속화되고, 정말로 필요한 핵심 경험들은 무시되기 때문이다.

다섯 살 무렵이면 풍부한 표상으로 이루어진 내면세계가 자라고, 지금까지와는 다른 방식으로 이야기를 이해할 수 있게 된다. 이야기를 여러 번 되풀이해서 들을 때 상은 더 풍부해진다. 단어와 표상 간 상호 관계를 내면화하면서, 아이는 이야기 속 인물처럼 말하고 행동할 수 있고 이를 놀이에 통합시킬 수 있다. 한 이야기가 충분히 스며들 시간을 주지 않고 계속 새로운 이야기를 들려주면, 아이는 이야기의 상을 소화하고 자기만의 방식으로 재창조할 기회를 누리지 못한다. 새로운 것에 눈을 반짝이고 배움에 열의를 보이는 아이들의 특성을 잘못 해석하면, 많지 않더라도 의미 있는 경험을 충분히 소화하는 것보다 새로운 자극을 끊임없이 공급해 주어야 한다고 오해할 수 있다.

대여섯 살 아이는 외부 세계를 관찰하면서 얻은 경험을 놀이에 투사해 볼 수 있어야 한다. 그래야만 그 경험을 온전히 자기 것으로 소화할 수 있다. 소방관이 긴 호스를 꺼내 불길을 겨냥해 물을 쏘는 것을 본 아이는 호스와 비슷하게 생긴 물건을 찾아내서 소방관 놀이를 할 것이다. 이제는 외부 자극을 그대로 모방하기보다 마음속에서 장면을 새롭게 창조한다. 놀이를 통해 사고가 새로운 차원으로 확장될 기회를 얻는 것이다. 소방관 놀이 중에 호스가 짧아서 끄기 어려운 불이 등장할 수도 있다. 아이들은 이 문제를 해결하기 위해 상상력을 동원해 해결책을 만들어 낼 것이다. 보다 어린 아이는 호스로 불을 끄는 동작을 흉내 내는 것이 전부다. 상상의 호스를 내려놓으면 놀이도 끝난다. 상상의 문제를 만들고 해결책을 찾는 과정으로 넘어가지 못한다. 아주 어린 아이는 몸으로 동작을 따라 한 것으로 충분히 만족한다. 하지만 4세, 5세, 6세 아이들이 만드는 상상의 세계는 훨씬 복잡하다.

이 시기에 아이는 무언가를 실행하고 만드는 목적의식적 행위에 힘을 집중하는 경험을 통해 의식이 담긴 의지를 키워 나간다. 어려운 일을 척척 해내는 어른을 경탄의 눈으로 바라보며 놀이와 일상에서 그 행동을 모방한다. 이들에게는 결과와 상관없이 시도하고 실행해 볼 수 있는 따뜻하고 사랑이 넘치는 환경이 필요하다. 새로운 것을 발견하고, 탐험할 수 있는 기회, 친구들과 어울리고, 함께 뛰어놀고, 이야기를 듣고, 노래하고, 텃밭을 가꾸고, 나무를 기어오르면서 세상을 온몸으로 경험할 기회가 있어야 한다. 이 시기에 아이들은 따뜻한 열정과 안전함, 기쁨을 느끼면서 몸이 자라고, 세상을 보는 시선이 무르익고, 감정이 풍성해진다. 이 아이들에게 필요한 것은 리듬과 반복, 안정된 일상이다.

엄청난 속도로 내달리는 현대 사회에서는 아이가 고요함과 평화, 보호받고 사랑받는다는 따뜻한 느낌 속에서 자라는 것이 더욱 중요한 문제가 되었다. 그것이 아이답게 아동기를 보내는 것이기 때문이다. 팔다리와 느낌, 마음을 이용한 직접 체험을 통해 세상을 배울 수 있는 환경이 필요하다. 이야기와 시, 노래에서 풍부한 언어를 접할 때 어휘가 늘고, 의미를 이해하는 능력이 자란다. 빈칸에 답을 써넣는 학습지로는 진정한 독해력을 키울 수 없다.

이들에게 필요한 것은 충분히 움직일 수 있는 공간, 마음대로 그릴 수 있는 빈 종이, 상상으로 쉽게 변형시킬 수 있는 단순한 장난감, 상상 놀이를 마음껏 펼칠 수 있는 자유로운 시간이다. 빈 시간과 빈 공간, 빈 종이 앞에서 아이는 자발적 활동으로 공간을 채우는 능동성을 발휘할 수 있어야 한다. 물론 교사나 부모가 이야기를 들려주고 노래를 불러 주는 것도 필요하지만, 이때도 획일적이고 정형화된 방식이 아니라 자발적 상상과 움직임으로 이야기에 반응할 여지를 주어야 한다. 모든 건강한 인지 능력은 움직임에서 시작한다.

아이에게 추상적 사고를 요구하는 것은 부담을 줄 뿐이다. 사고력이 아직 그 단계까지 발달하지 않았기 때문이다. 이들은 모든 면에서 자라는 중이다. 신체, 사회성, 정서와 인지 능력 모두 차곡차곡 발달할 충분한 시간이 필요하다.

7살~12살까지

7세 무렵 신체 발달은 어느 정도 완성된다. 젖니가 빠지고 영구치가 나는 것이 신체 성숙의 지표 중 하나다. 이제부터 아이는 언어를 주요 수단으로 세상에 다가간다. 지금까지는 모방을 토대로 움직임이 일어났지만, 이제는 공놀이나 줄넘기 같은 리드미컬한 움직임으로 중심이 이동한다.

꼬마야 꼬마야 뒤를 돌아라
꼬마야 꼬마야 땅을 짚어라

줄의 움직임에 맞춰 뛰어오르고, 몸을 돌리고, 땅을 짚으면서 움직임과 언어가 하나로 통합된다. 신체 움직임을 자유자재로 조절하고 통제하는 능력이 자란다.

어릴 때는 "왕자가 말을 타고 숲을 쏜살같이 지나갔다."는 문장을 들으면 그대로 움직여 보고 싶은 충동을 느꼈지만, 이제는 움직임이 내면으로 들어간다. 마음속에서 상을 창조하고 그것을 뜻대로 바꿀 수 있다. 움직임이 내면화되지 않고 어릴 때처럼 보거나 들은 움직임을 외적으로 모방하는 상태가 지속되면 학교생활에서 문제가 발생하거나 과잉 행동 진단을 받을 수 있다.

이 시기에 아이는 감정에 눈을 뜬다. 예술을 통해 다가가야 하는 때인 것이다. 음악이나 미술, 연극 활동에 참여하면서 창조 과정 속에 능동적으로 참여할 기회를 얻는다. 감정을 풍부하게 자극하는 이야기를 들으면서, 감각을 깨우고 상상력을 자극하는 활기찬 내면 표상에 근거한 사고를 키워 나간다. 목표 달성과 결과에만 관심을 둔 채 아이의 느낌을 무시한다면, 아이가 배움의 과정에 주도적으로 참여할 중요한 기회를 놓치는 것이다.

이 나이 아이들은 아직 정신세계와도 밀접하게 연결되어 있다. 이들의 의식은 시적이고 꿈꾸는 상태다. 따라서 자연과 실질적이면서도 상상적 방식으로 관계 맺는 것이 중요하다. 그럴 때 아이들의 느낌, 정신세계 및 자연과의 관계가 풍부해지고 강화된다.

분리_ 전환기를 맞는 9살

8세에서 10세 사이는 대단히 민감한 시기다. 외부 세계와 하나로 연결된 느낌이 약해지고 내면세계를 자각하기 시작한다. 더 이상 무의식적으로 모방하지 않고 존경하는 사람의 안내에 따라 의식적으로 모방한다. 타인에게 의존하지 않고 자기 힘으로 일이 일어나게 할 수 있음을 발견한다. 그래서 자기가 어디까지 갈 수 있는지 한계를 시험해 보기도 한다. 내면에 자기만의 집을 짓고 내부 공간을 어떻게 채울지 궁리하는 것 같다. 동시에 어떻게 행동하고 어떻게 일하는지를 가르쳐 줄 어른을 찾는다. 이런 변화는 필연적으로 부모와의 관계에도 영향을 준다.

이 시기에 아이들은 혼자 있으려는 경향이 강해지는 한편, 주변을 비판적으로 보기 시작한다. 남자아이와 여자아이는 감정을 표현하는 방식이 다르다. 남자들은 바깥으로 시선을 돌리고 외부 세계에 타격을 주려 한다. 경계를 시험하고, 분노와 좌절을 공격적으로 표현하며, 자신을 끊임없이 시험한다. 여자들은 내면으로 향한다. 감정 기복이 커지고, 자신을 날카롭게 비판하며, 친구 무리에 잘 어울리는지를 지나치게 신경 쓴다. 또래 집단의 법칙을 배워야 하는 건 남녀 모두 마찬가지다. 그 세계에서 무엇을 허용하고 금지하는지, 무엇을 받아들이고 배제하는지, 무리의 일원으로 환영받는다는 것이 의미하는 바를 알아 나간다. 자신과 부모의 기대치를 구별하는 법을 배우고, 경계를 시험하면서 허용 선을 넘으면 어떤 일이 생기는지도 배운다. 어떤 행동을 했을 때 엄마와 아빠가 반응하는 방식이 다르다는 것을 알게 된다. 말하자면 상호 관계성 세계의 문자 해독법을 배우고 있는 것이다.

계절 변화를 몸으로 경험하고 그에 따라 생활할 때, 자연은 그들의 믿음직한 안내자가 된다. 물놀이를 하거나 모래성을 쌓으면서, 혹은 텃밭을 가꾸면서 뜨거운 여름 태양을 느끼고, 오이와 토마토를 수확하고 늙은 호박을 쪼개고, 낙엽을 긁으면서 가을의 눈부신 색채를 실감한다. 눈싸움을 하고, 스케이트나 썰매를 타면서 겨울을 만나고, 봄 햇살에 눈이 녹아 생긴 웅덩이를 지나거나 텃밭을 갈고 씨를 뿌리면서 봄을 느낀다. 자연을 깊이 받아들일수록 집에 대한 의식이 확장되고, 내가 사는 좁은 울타리를 넘어 지구 전체를 집으로 받아들이게 된다. 도시에서는 가을바람에 나부끼는 낙엽, 나무 위에 소복이 쌓인 눈, 계절 따라 변하는 아이들의 골목 놀이, 공원에 나온 사람들의 풍경, 여름의 야외 수영장으로 계절을 느낀다.

남자아이의 자존감은 행위를 중심으로 발달한다. 어려운 과제를 잘 해내면 스스로를 자랑스럽게 여기고, 그러지 못하면 하찮게 느낀다. 그들이 무엇보다 갈망하는 것은 아버지나 다른 남자 어른과 함께 일하면서 성취감을 느끼는 순간이다. 남자아이는 조직이나 일의 규칙이 무엇인지, 누가 대장인지, 규칙을 어기면 어떤 일이 생기는지를 배워야 한다. 공정함과 정의도 중요한 문제다.

여자아이의 자존감은 관계를 중심으로 발달한다. 이 시기 여자아이들 사이에서 배신, 왕따, 무시, 모욕 주기 같은 일로 갈등이 벌어지는 경우가 드물지 않다. 투덜대며 징징거리거나 말대답, 고집, 따지기 같은 태도가 나타나기도 한다. 특히 엄마와의 관계에서 자주 그렇다. 빨리 어른이 되고 싶어 하면서도 의존적인 태도를 버리고 싶어 하지 않는다. 친구나 대중 매체의 영향에 취약하다. 남자아이들보다 사람 간의 미묘한 관계를 잘 파악한다. 귀에 들어온 모든 말을 자신에 대한 평가로 해석하기도 한다.

아홉 살 변화기를 지나면 아동기의 다음 단계로 접어든다. 변화기를 어떻게 겪는지는 이후 발달에 적지 않은 영향을 미친다. 자신감을 얻었는가? 별 볼 일 없는 존재라 여기게 되었는가? 인생이 살만하다고 느끼는가? 언제 위험이 닥칠지 모르니 긴장을 늦춰서는 안 되는가? 영화나 잡지에 나온 대로, 혹은 동네 형, 오빠, 누나, 언니들을 흉내 내는가? 아직 어린아이라고 느끼는가?

다음 단계는 이갈이와 사춘기 직전까지다. 흔히 아동기에서 가장 조화롭고 건강한 시기다. 발걸음은 가볍고 활력이 넘치고, 사지를 자유롭게 조절할 수 있다. 정서적 욕구는 개인 차이가 크다. 실망과 욕구 충족 지연에 잘 대처하는가, 불안이 높고 변화를 힘들어하는가에 따라, 다시 말해 자아 감각이 잘 통합되었는지 허약한지에 따라 다른 정서적 지원이 필요하다.

자아 감각이 잘 통합된 아이는 상황 적응력이 좋고, 일의 우선순위를 잘 이해하며, 보상을 기다릴 줄 안다. 다른 사람이 무엇을 좋아하고 싫어하는지를 알고, 타인의 감정을 느낌 속에 포용할 수 있다. 항상 자기 방식을 고집할 필요가 없어지고 문제 해결을 위한 전략을 세울 수도 있다. 지레 포기하지 않고 속상함이나 슬픔을 표현할 줄 안다. 스스로를 다스릴 줄 알기에 자신을 힘 있는 존재로 느낀다. 반면 자아의 힘이 약한 아이들은 무기력감과 피해 의식을 느낀다. 이 아이들은 정당한 수단으로 힘을 얻는 방법을 알지 못한다. 결과를 기다리기 어렵고, 원하는 것을 당장 손에 넣지 못하면 좌절하고 화를 낸다. 불필요한 공격성을 보이거나 시작도 하기 전에 포기해 버린다.

9살~11살까지
아동기의 중심

9살의 전환기를 건너면 조화의 시기로 들어선다. 아동기에서 가장 멋진 시기다! 물질 육체의 성장은 가장 균형 잡힌 상태에 이른다. 정서 영역은 풍요로운 감정이 가득하다. 웃음과 눈물의 양극 사이에서 다양한 감정을 느끼고, 새로운 흥미를 탐색하고, 새로운 기술을 습득해 가는 시기다. 모든 면에서 음악적 특성이 두드러진다. 걸을 때 부드럽게 흔들리는 팔과 발걸음에 리듬이 있다. 달리는 모습도 조화롭고 우아하다. 긴 시 구절을 리듬에 맞춰 암송하고, 느낌을 담아 노래를 부른다. 악기 수업을 시작할 적기다.(물론 더 일찍 시작할 수도 있다) 신체적 호흡은 물론 정서적 측면에서도 들숨과 날숨에 균형이 잡힌다. 새로운 생각에 열려 있으며 창의적이다.

이 시기에 가장 중요한 요구는 인생에 대한 경이와 경외심을 키우는 것이다. 이는 비판적이다 못해 냉소주의로 빠지기 시작하는 나이에 이상을 향한 토대를 안정화시켜 준다. 어른이 되어 슬픔으로 하늘이 캄캄해질 때도, 세상이 끝없는 가능성과 기쁨으로 가득하던 시절을 떠올리면서 다시 해가 떠오르리라는 희망을 품을 수 있다.

자연은 아이들의 큰 스승

동물을 돌보고, 훈련시키고, 동물의 아름다움과 힘에 몰입해 본 경험에서 아이들은 절제력과 책임감을 배운다. 시골만이 아니라 도시의 아파트에서도 얼마든지 가능하다. 아이들은 다른 사람들에게 말하지 못하는 걱정, 근심을 반려동물에게 털어놓고는 한다.

식물을 돌보고 씨앗을 심으면서, 집이나 학교에서 텃밭을 가꾸면서, 과일로 잼이나 주스를 만들고, 꽃을 따고 말려서 차를 만들고, 채소나 과일을 햇빛에 말리고, 천연 염색 재료를 따서 모으고, 허브를 수확하고, 해바라기 씨를 따서 볶는 일에서도 아주 많은 것을 배울 수 있다.

낚시, 등산, 캠핑, 스키, 수영, 연날리기, 요트 여행도 자연을 만나는 좋은 방법이다. 여기서 바람과 물, 산, 숲길, 지형으로 표현되는 자연법칙을 이해하고, 이를 다루는 법을 배운다. 누가 시키지 않아도 광물을 수집하고, 백과사전에서 다양한 암석, 화산, 지진을 찾아보고, 세계 각국의 수도를 암기하는 것을 즐기는 아이도 많다. 이 아이들은 지리와 지질을 자기 나름의 방식으로 이해하는 중이다.

예술과 수공예도 자연을 만나는 좋은 수단이다. 진흙, 나무, 돌, 양모, 물감, 파스텔, 연필로 다양한 작업을 하면서 창조력을 자극한다. 이런 활동으로 유익한 효과를 보기 위해서는 새로운 기술을 충분히 연마할 시간이 필요하다. 기계적 학습이나 속성 과정으로는 창조 단계로 넘어갈 수 없다.

창의적 경험의 핵심은 결과가 아니라 과정에 있다. 재료를 모으고, 재단하고, 필요한 기술을 숙련하는 것과 미리 잘라진 재료를 구입해서 앉은 자리에서 뚝딱 조립하는 것은 완전히 다른 경험이다.

사고의 전환_ 모방에서 상상으로

이 시기에는 사고 능력에 중대한 변화가 일어난다. 지금까지의 모방적 사고가 상을 통한 사고로 고양된다. 아이는 꿈 의식 상태에서 그림으로, 풍부한 감정이 깃든 표상으로 사고한다. 어른에게는 명백한 것이 아이에게는 선명하고 건조한 사실로 보이지 않는다. 이들의 사고는 상상에서 영향을 받는다. 세계 여러 문화에서 전해 오는 위대한 신화와 전설이 이 시기 아이들 영혼의 갈증을 해소하는 데 큰 역할을 할 수 있다. 영웅이 모험을 떠나서 선과 악을 만나고, 연민과 공감을 배우고, 변형을 겪는 이야기에서 아이들의 영혼은 성장에 필수적인 양식을 얻는다. 아이는 느낌이 풍부한 사고를 통해 내면세계를 이해하고자 노력한다. 동시에 외부 세계와도 관계를 맺으려 한다. 이를 위해서는 수업에서 배운 내용을 자신과 직접 관계된 문제로 느낄 수 있어야 한다. 학습은 주관적이기 때문이다. 자연 이야기나 자연 속 동물과 인간의 생생한 묘사는 아이의 상상력을 사로잡는다. 수업 내용을 자기 삶과 연관된 것으로 느낄 때 아이는 배움에 흥미를 갖는다.

느낌이 살아 있는 사고가 이 나이 아이들에게 어떤 영향을 주는지는 아이가 삶을 평가하는 태도에서 짐작할 수 있다. 재난이나 불행한 상황, 질병이 과장 되기도 한다. 이웃집에 도둑이 들었다는 얘기를 들으면, 자기 집에도 도둑이 들어올 거라고 확신한다. 소문은 갈수록 불어난다. 나는 어릴 때 어떤 아이가 백혈병에 걸렸는데, 그 이유가 겨자와 빵만 먹었기 때문이라는 소문을 들은 적이 있다. 당시 내 사고 수준에서는 이치에 맞는 이야기로 들렸기 때문에, 될 수 있는 한 겨자와 빵을 멀리하려 애를 썼다. 이 시기 아이들은 자극적인 상에 아주 취약하기 때문에 안전이나 건강을 위한 주의 사항을 알려 줄 때 겁을 주거나 공포감, 무력감을 조성하지 않으면서 사실을 담백하게 전하는 것이 좋다.

외모에 엄청난 관심을 쏟는 시기이기도 하다. 비현실적인 외모의 배우 사진을 보면서 자기 신체에 불만을 품는 것은 사춘기의 신체 변화가 시작되기도 전에 미래의 신체상에 대한 선입견을 갖게 되었음을 의미한다. 조금이라도 기준에 미치지 못하면 만족하지 못할 것이다. 많은 남자아이가 다른 아이가 무시하지 못할 정도로 힘이 센지, 여자들에게 매력적인지, 너무 마르거나 키가 작거나 뚱뚱하거나 빈약해 보이는 건 아닌지, 얼마나 남자다워졌는지를 걱정한다.

사춘기의 시작
세상과 관계 맺으려는 11, 12살 아이들

나는 어둠 속에서 무언가를 본다.
그것이 무엇인지 나는 알지 못한다.
눈밭에 웅크린 형체.
나는 그것이 적이라 생각했다.
어둠 속에 낮게 도사린.
그런데 눈 깜짝할 새 내 눈앞에 와 있다.
상처 입고 찢어진 채로.
괴물 같은 야수.
난 상처를 치료하러 집으로 데리고 갔다.
집에 가는 길에 그가 다른 길로 접어든다.
이제 나는 그가 누구인지 안다,
도움의 손길,
단 하나의
변치 않을
친구.

루이자 케인Louisa Kane 〈11세〉

남녀 차이가 뚜렷해지기 시작하는 11, 12살 시기를 청소년기 첫 단계로 볼 수 있다. 성별로 인한 차이는 다음 장에서 다루고, 이 장에서는 이 시기에 보편적으로 겪는 문제, 건강한 발달을 가로막는 어려움을 살펴볼 것이다.

사고의 변화_ 상상에서 개념으로

11, 12살 무렵 사고는 또 다른 단계로 넘어간다. 점차 추상적, 개념적 색채가 강해지고, 원인과 결과를 인식하기 시작한다. 신화에서 역사로 관심사가 바뀌면서 이제는 신화적 영웅이 아닌 위대한 역사적 인물의 전기가 아이들의 영혼을 자극한다. 도덕성, 윤리, 의미가 눈에 들어오기 시작한다. 감정에서 자유로운 지성이 피어난다. 지금 배우는 내용을 보다 객관적인 시각에서 바라볼 수 있다. 사고가 대상이나 경험과 분리되기 시작한다. 이제 아이는 주변 세계와 거리를 두고 홀로 서서, 자기가 어떻게 지식을 습득하는지, 어떻게 지식을 다루고, 그 지식을 극복하거나 통제해 나가는지를 알아본다.

이런 사고 변화는 도덕성 발달에 필수적인 단계다. 아이가 역사적 사건을 올바로 이해하고 도덕적 판단을 적용해야 하는 인생 문제를 스스로 이해하기에 필요한 의미 있는 자료들을 공급해 주어야 한다. 이 시기의 주요 특징 중 하나는 신경학적 성장이 폭발적으로 일어나는 것이다. 악기 연주나 외국어 공부는 11살 이전에 시작해야 쉽게 익힐 수 있다. 반면 어려서 한 번도 접해 보지 못한 새로운 능력은 습득하려면 훨씬 많은 노력을 기울여야 한다.

외모와 정체성

여자아이들은 외모에 지대한 관심을 보이며, 이에 관한 사회적 압력에 취약하다. 다른 여자아이를 많이 의식하며 자기가 얼마나 매력적인지 알고 싶어 한다. 지성보다 외모와 인기가 더 중요하다는 대중문화의 속삭임을 수용한다. 주변 세상이 보내는 암시를 알아채는 능력이 남자보다 훨씬 뛰어나다. 똑똑한 아이들은 지금까지 여성 운동이 거둔 모든 성과에도 불구하고 여전히 세상에는 이중 잣대와 여성을 성적 대상으로 바라보는 시선이 존재함을 안다. 아직도 성폭력이 난무하고 특정 집단에 받아들여지기 위해 여자는 더 많은 것을 감내해야 한다는 것을 예리하게 알아챘다.

여자는 관계를 중요시한다. 감정을 세련된 말로 표현하고, 느낌에 관한 어휘를 다양하게 구사하며, 실제보다 더 성숙하다는 인상을 준다. 친구와 자주 대화를 나누고 서로에게 귀 기울인다. 혼자 있을 때는 이런 질문을 자주 떠올린다. '내가 그 아이랑 친한가, 아닌가?' '그 아이는 나를 친구로 생각하나?' '나는 그 아이랑 함께 다니는 걸 다른 아이들이 봐도 괜찮나?' 그들은 어린 시절 환상의 세계를 뒤로한 채, 흥미로우면서도 두려운 거대한 외부 세계로 들어가는 중이다.

남자아이들이 정체성을 찾는 영역은 행동이다. 그들은 문제를 한 방에 해결하기를 원하고, 늘 남보다 한발 앞서고 싶어 한다. 말보다는 주먹이나 몸으로 반응하고, 누가 우두머리인지를 가리는 싸움을 벌인다. 남자는 스트레스를 받을 때 책상을 걷어차거나 욕을 하는 식으로 긴장을 즉시 방출한다. 도움을 청하거나 다른 사람과 의논하는 경우는 극히 드물다. 가능한 한 혼자서 문제를 해결하려 한다. 게임에 참여할 때는 규칙과 벌칙이 무엇인지, 누가 주도권을 쥐는지에 촉각을 곤두세운다. 이 나이 남자아이들의 마음속에는 아무에게도 털어 놓지 못하는 수많은 고민이 있다. 실패에 대한 두려움, 질병, 외모, 난처하게 만드는 부모 등등.

폭넓은 시야

내면세계가 강해지면서 자기중심적 경향이 강해진다. 남자와 여자의 분위기가 뒤바뀌기 시작한다. 남자아이들은 자기 안으로 물러나 내향적인 모습을 보이고, 여자아이들이 외향적으로 변한다. 폭넓은 시야로 세상을 보도록 도와주어야 할 때다.

지금껏 살아온 경험에 근거해 세상을 이해하려고 하지만, 안목이 제한적일 수밖에 없다. 12살이 되던 여름날, 날마다 시골 길가에 앉아 지나가는 차들을 바라보던 나는 낡은 차나 새 차 모두 번호판에 적힌 연도가 같다는 사실을 알아차렸다. 당시 우리 집에는 차가 없었기 때문에 번호판을 매년 새로 등록해야 한다는 것을 알지 못했기 때문에 그 이유가 궁금했다. 몇 주 동안 이 문제를 골똘히 생각했지만 몇 년 동안 답을 찾지 못했다. 어른들에게 물어봤으면 간단히 해결될 문제였지만 물어볼 생각조차 해 보지 않았다.

시야가 넓지 않을 때 흔히 나타나는 또 다른 양상은 미지에 대한 두려움이다. 이 나이 아이들은 학교나 집에서 일어난 문제를 놓고 고민하느라 몇 날 며칠을 뜬눈으로 보내기도 한다. 혼자서만 끙끙대지 말고 어른과 상의해 보라고 권유해 주어야 한다.

이들의 내면세계는 조화롭고 균형 잡힌 9, 10세 시기와 판이하게 다르다. 신체와 느낌의 균형이 깨지고 지각 변동이 일어나고 있음을 자각하면서 형언할 수 없는 외로움을 느낀다. 이 때문에 어릴 적 친구를 멀리하고 전혀 다른 부류의 친구들과 어울리기 시작하는 경우도 있다.

애착 대상의 변화_ 부모에서 친구로

11~12세 아이들은 부모와의 관계를 재정립하려 한다. “엄마, 아빠가 안 된다고 하는 것들을 내 친구들은 다 해요.”라고 항의한다. 자기가 얼마나 책임질 수 있는지, 자유는 어디까지 허용되는지를 파악하는 중이다. 친구 관계가 돈독해지면서 가정이라는 울타리를 넘어서는 경계를 시험하고, 좋아하는 것과 싫어하는 것을 스스로 결정할 재량권을 요구한다. 부모마다 허용할 수 있는 것과 금지할 것에 대한 생각이 다르고, 모든 부모가 자녀에게 동일한 기대를 품지도 않는다는 것을 발견한다. 그리고 부모의 지식과 경험에도 한계가 있음을 깨닫는다.

부모들은 흔히 “말썽을 부려도 집에서만 그랬으면 좋겠어요.”라고 말한다. 집에서는 부모의 인내심의 한계를 시험하고, 자기 멋대로 행동하고, 가족의 전통을 시큰둥하게 여기는 아이가 학교나 다른 집에 갔을 때는 다정하고 배려심이 많다는 칭찬을 듣는 것은 전혀 놀랄 일이 아니다. 자기 삶의 주도권을 주장하는 것이다. 부모가 모든 규칙을 정하고, 그것을 수동적으로 따르는 관계가 아니라 스스로 결정하기를 원한다. “친구들 앞에서 안고 뽀뽀하지 마세요.”라든가 “왜 자꾸 친구들 앞에서 부끄럽게 만들어요?”라며 항의한다. 이제는 친구가 평범함과 ‘멋진 것’의 기준이다.

또래와의 관계도 달라진다. 기량을 겨루는 일에서 서로에게 도전하고, 예리한 사고력을 이용해서 경쟁하고, 조종하고, 깔보고 모욕을 준다. 여자는 친구 관계에서 은근하고 비밀스럽게 힘을 발휘하는 반면, 남자는 드러내 놓고 힘이나 용기를 과시한다. 헐뜯기, 모욕 주기, 불쾌한 농담, 소문내기가 난무하는 시기이기도 하다. 이제는 날것의 힘보다 언어를 이용해서 서로에게 도전하고 우위를 차지하려 한다.

정의는 11~12살 아이들에게 중요한 문제다. 이들은 겉모습을 꿰뚫어 보고, 진짜와 가짜를 구별하는 감각이 살아 있으며, 공정함과 일관성을 원한다. 하지만 자라면서 주변에서 정의나 진실을 접한 적이 없다면 진짜를 판단할 경험치가 부족하다. 특히 부모의 힘 있는 보호와 안내가 부재한 경우에는 대중가요와 청소년 관람 불가 영화, 잡지 속 이미지와 청소년의 불안정한 자아의식을 악용하려는 대중매체에 압도당할 수 있다.

압축 성장_ 8~12살 성장 문화의 변화

아이의 건강한 발달을 위협하는 어려움을 묘사할 때 최근에 자주 등장하는 단어가 ‘압축 성장’이다. 아동기가 점점 짧아지면서 8세 무렵에 끝나 버리기도 한다. 기업들은 8~12세를 '사이 세대tweens[2]'라고 부른다. 아동기와 청소년기 사이에 낀 이들은 아직 어린아이지만 16세처럼 옷을 입고 행동한다.

8~12세 아이들의 건강한 성장을 위해 필요한 문화와 우리 시대에 실제로 존재하는 문화의 간극은 놀라울 정도로 크다. 바로 앞에서 서술한 아동기와 동일한 연령대가 아니라 청소년기 원고가 실수로 섞여 들어온 거 아니냐고 독자들이 오해할 수 있을 정도다. 13~18세 아이들이 겪는 문화적 변화도 엄청나지만, 8, 9, 10, 11, 12세 아이들에게 우리 사회가 무슨 짓을 하고 있는지 짚어 보자니 막막한 심정이 들기도 한다.

소비문화는 이 나이 아이들을 정확하게 겨냥한 음악과 영상, 게임, TV 프로그램, 잡지, 패션, 외식 상품을 생산한다. '사이 세대'는 자기가 16살 수준으로 성숙했다고 여기며, 어떤 이미지를 채택할지에 대한 취향도 확실하다. 그런 물건을 구매할 돈도 넉넉하다.

신체에 대한 상업적 인식이 일찍 깨어난 아이들은 TV나 잡지에 나오는 이미지에 자기 몸을 맞추기 위해 건강한 음식을 거부하거나 식사를 거르기도 한다. 어린아이와 청소년의 섭식 장애가 꾸준히 증가하고 있다. 패션에 민감하고 자신의 신체에 만족하지 못하는 사이 세대 아이들은 선망하는 몸매와 외모를 가진 배우와 모델을 우러러

---

2 옮긴이 '사이'를 뜻하는 단어 between을 응용한 신조어. 10대를 의미하는 teens와 발음이 비슷하다.

보며 자기도 저렇게 되어야 한다고 믿는다. 성숙함과 섹시함을 부각하는, 작은 어른처럼 보이는 옷을 선호하기도 한다.

자전거 타기, 술래잡기, 공놀이, 등산, 달리기, 줄넘기, 산책, 낚시 같은 신체 활동을 즐길 나이에 잘못된 신체 이미지에 갇히면 긴장과 불안, 자존감 하락을 겪을 수 있다. '압축 성장'한 아이들, 즉 아동기를 건너뛰고 사춘기로 돌진한 아이들에게는 이런 건강한 활동이 '근사해' 보이지 않는다. 사이 세대 아이들이 자신을 어린아이로 여기지 않는다는 것은 장난감 회사의 매출 보고서에서도 드러난다. 8~10세 아이들에게 장난감이나 인형, 게임이 예전만큼 팔리지 않는다. 대신 어린이용 고급 화장품과 옷, 전자 제품이 인기 품목으로 떠올랐다. 8, 9세 여자아이들이 '근사한' 물건에 대한 확고한 의견을 갖고, 부모가 쇼핑에 따라오는 것을 달갑게 여기지 않는다.

근심 걱정 없이 세상을 탐색하고, 자기 앞에 놓인 무한한 가능성을 느끼면서 천천히 성숙하는 아동기 대신, 짧은 시간에 음식을 익히는 압력솥 같은 환경에 놓인 아이들은 건강한 성장에 필요한 시간을 박탈당한다. 흔히 청소년기 특성으로 여기는 행동 양식(청소년 범죄, 좀도둑질, 자살, 따돌림, 성행위, 임신, 술과 마약 사용 등)이 이 나이부터 등장한다. 12세 이하를 대상으로 하는 영화나 잡지도 성이나 폭력 같은 선정적 요소가 있어야 잘 팔린다.

무엇이 이러한 때 이른 사춘기적 행동의 발현을 부추기는가? 아이들이 예전보다 일찍 사춘기에 접어들기 때문이라고 말하는 사람도 있다. 초경을 시작하는 평균 연령이 과거 13세에서 11~12.5세로 내려가긴 했지만 이것을 주된 이유라고 보긴 어렵다. 대부분의 13세 아이들은 16세처럼 행동하거나 자신을 성적으로 드러내려하지 않는다. 사실 16세처럼 행동하는 사이 세대 대부분은 사춘기 전 단계 발달도 완료하지 못했다. 그럼 대체 어쩌다 이렇게 된 걸까?

아동 심리학자와 교육자들이 주로 지적하는 두 가지 요소는 대중 매체가 부추기는 화려하고 선정적인 소비 시장과 부모의 부재다. 아이가 다른 아이를 삶의 길잡이로 의지하며 살아 나간다. 부모가 아예 부재하거나 다른 일로 너무 바빠서 아이들이 알아서 삶을 헤쳐 나가야 하는 것이다. 부모는 아이를 방치하는 시간이 길어질수록 아이에 대한 권위를 상실한다. 방과 후에 혼자 잘 지내는 것처럼 보여도 사실은 대중 매체와 또래 집단의 강력한 압력에서 균형을 잡아 줄 어른이 반드시 필요하다. 많은 아이가 적지 않은 시간을 보호자 없이 집에서 혼자 지낸다. 토스터기에 빵을 굽거나 편의점에서 간단한 음식을 사서 전자레인지에 데운 뒤 TV 앞에서 혼자 밥을 먹는다. 대화도, 가정의 소속감도 느낄 기회가 없다.

부모가 늘 집에 없으며, 자기가 무엇을 하든 신경 쓰지 않고 알지도 못한다는 걸 자랑스럽게 말하는 아이도 있지만, 외로워하며 빈 집에 들어가기 싫어하는 아이들도 있다. 방과 후에 수많은 학원을 다니거나 빈둥대며 동네를 배회한다. 돌봐 줄 어른이 부재할 때 아이들은 세상을 잘 아는 것처럼 보이는 친구들에게 의존하기 마련이다.

퇴근 전까지 아이를 돌봐 줄 사람을 찾거나, 안전하고 건강한 활동에 참여하게 하려면 많은 노력이 필요하다. 휴대 전화로 아무리 자주 연락을 주고받는다 해도 혼자서 몇 시간씩 기다려야 한다는 사실은 달라지지 않는다. 버림받았다고 느끼는 아이도 있고, 무섭지만 용감한 척 애쓰는 아이도 있다. 부모의 죄책감을 덜어 주기 위해 능숙하게 거짓말도 한다. "아무 일 없어요. 지금 숙제하고 있어요, 집에는 아무도 없고요."라며 안심시키지만 현실은 딴판이다. 아이가 실제로 무엇을 하고 있는지 부모는 알 길이 없다.

다른 아이의 취향과 행동에 또래 집단의 기준을 강요하며, 유행하는 '그 옷'을 입지 않았거나 '그 가방'을 메지 않은 아이들을 괴롭히는 경우도 있다. 무거운 책가방이 성장기 아이들 어깨에 나쁜 영향을 준다는 기사에서 인터뷰한 남학생은 여자애들처럼 바퀴달린 가방을 끌고 다니는 것은 '폼'이 안 나기 때문에 절대로 하지 않을 거라고 단언한다.

실용을 중시하는 미국 문화의 가치가 갈수록 내실 없고 하찮은 것에 쏠리고, 소비 지향적 물질주의로 흘러간다는 우려의 목소리가 커지고 있다. 이런 흐름을 벗어나지 못하면 우리 모두에게 아주 심각한 문제가 될 수 있다. 이 시기에 도덕성 발달을 촉진하지 못하면 성인기에 건강한 도덕성을 기대하기 어렵기 때문이다.

부모는 어디에?

이번에는 부모의 의식을 살펴보자. 이런 세태에 좌절을 느끼는 부모들은 나름의 방식으로 애를 쓴다. 아이들과 소통을 유지하면서 어떤 일은 양보하지만 어떤 일에는 단호하게 대처한다. 낮에 직장 때문에 곁에 있어 주지 못하는 대신에 저녁에는 친밀한 시간을 보낸다. 옷차림이나 미디어 선택에서 부모의 의견을 명확히 밝히고, 더 확고한 기준을 세울 수 있도록 학교에 도움을 요청한다. 혼자 힘으로 감당하기 힘든 거대한 파도에 휩쓸려 가고 있다고 느끼면서 새로운 학교를 찾거나 홈 스쿨링을 하는 등 최선을 다해 대안을 모색한다.

아이들의 선택이나 행동에 전혀 관여하지 않거나, 도리어 그런 행동을 귀여워하며 부추기는 부모도 있다. 유행하는 물건이나 아이가 고집하는 옷을 원하는 대로 사 주는 등 이런 문제로 힘겨루기 할 필요가 없다며 거의 모든 요구를 수용한다. "사실 이런 건 한때 지나가는 유행일 뿐이에요. 우리도 자라면서 모두 이런 과정을 겪었어요. 그래도 지금 멀쩡히 잘 자랐잖아요." 혹은 "부모가 자기를 아끼고 사랑한다는 것을 느끼게 해 주려는 거예요."

TV 제작자들은 프로그램을 만들 때 10세의 눈높이를 기준으로 삼으며, 성과 폭력, 천박함과 선정성이 있어야 인기를 끈다고 말한다. 부모 자신이 아직 사춘기를 완료하지 못해서 부모 역할에 중심을 잡지 못하는 경우도 있다. 그들의 눈에는 스키니 진에 배꼽이 드러난 짧은 티셔츠를 입은 여자아이가 깜찍하고 섹시해 보인다. 바지를 엉덩이에 걸쳐 입은 어린 터프 가이를 봐도 남자애들이 다 그런 거 아니냐며 웃어넘긴다.

옷차림 외에도 부모의 단호한 기준이 필요한 영역이 있다. 〈카이저 가족 연구소〉가 2005년 3월에 발표한 자료에 따르면 현대 젊은이들은 미디어 앞에서 하루 평균 6시간 반 이상을 소비한다.

미디어 사용이 많은 가정에서 자란 아이들은 TV 시청이나 컴퓨터 게임에 많은 시간을 보내고 책을 적게 보는 경향이 있다. 자기 방에 따로 TV가 있으면 평균 시청 시간이 1시간 반 이상 늘어난다. 많은 청소년은 부모가 TV, 게임, 음악, 컴퓨터 사용 규칙을 정해 준 적이 없으며, 그런 규칙이 있었다면 하루에 두 시간까지 매체 사용 시간을 줄일 수 있었을 거라고 말한다. 어떻게 하면 부모가 자녀 양육에서 확고한 권위를 가질 수 있을까? 우선 컴퓨터 사용 시간이나 게임, TV 시청 시간을 위한 규칙과 컴퓨터를 이용해서 무슨 일을 할지, 어떤 음악을 들을지, 어떤 TV 프로그램이나 비디오 게임을 할 수 있는지에 관한 규칙을 정한다.

우리는 어디서 변화를 기대할 수 있는가? 우리 사회에 건강한 기준을 회복시키려 의식적으로 노력하는 많은 부모는 어떻게 변화에 기여할 수 있는가? 그들은 여러 지역에서 작은 변화를 실천하고 있다. 부모 모임을 조직하고, 아이들에게 명확한 기준을 제시하는 일에 서로를 지원하고, 이런 문제를 논의할 모임을 만들고, 학교에 변화를 일으키기 위해 교사, 행정가들을 만난다. 이들은 힘겨운 싸움을 하고 있으며 우리 모두의 지원이 필요하다.

학교는 어디에?

학교도 애를 쓰고 있다. 교복을 부활시키거나 엄격한 교칙을 제정하고, 교칙 위반 내용에 따라 처벌을 하는 학교들도 있다. 이런 규칙 적용에 동의를 얻기 위해 부모와 논쟁을 벌여야 하는 경우도 적지 않다. 따돌림당한 학생을 보호하지 못했다는 이유로 교사가 비난을 받는 일이 많다. 학교는 지나치게 엄격하지도 느슨하지도 않은 균형점을 찾기 위해 노력한다. 교사 회의에서는 학생 지도 방향을 놓고 기나긴 토론을 한다. 그 과정에서 세대 간 충돌이 일어나기도 한다.

청량음료 자판기와 체육관에 붙은 광고, 공책 표지, 영화와 비디오에서 소비주의와 현란한 선정성이 학교를 장악한다. 이것들은 아이들을 유인하기 위해 광고 업자와 똑같은 말투로 '배움은 멋진 거야' 같은 메시지를 던진다. 이런 달콤한 말에 취한 아이들은 자기가 어른보다 아는 것이 더 많고, 더 나은 결정을 내릴 수 있다는 착각에 빠진다. 상품 판매가 목적이든, 특정 태도를 부추길 목적이든 간에 화면 속 이미지와 배우가 하는 말이 아이들에게 최고의 권위로 작용한다.

교사들은 학생들의 어이없는 태도에 고개를 내젓는다. 과거의 부모들이라면 결코 허용하지 않았을 행동들, 책상 위에 발을 올리거나 음식을 집어 던지는 행동, 교사에게 말대꾸하는 광경이 더 이상 드물지 않다. 부모에게 자녀의 이런 행동을 전하면, 별것도 아닌 일에 과민반응을 보인다고 도리어 흥분하거나, 아이들을 지나치게 통제한다고, 혹은 너무 유약해서 학급을 제대로 통솔하지 못한다고 공격받는 일도 많다.

많은 부모가 자녀를 겁낸다. 행동 규범과 적절한 옷차림, 예의범절에 대한 원칙을 단호하게 주장하기를 두려워한다. 강한 반권위주의적인 태도를 지닌 부모나 교사와 심리학자 중에는 '중산층다운' 행동 규범에 순순히 복종하지 않는 아이에게 개성이 강하다며 찬사를 보내는 사람들도 있다. 학교에 비치된 마약과 비만, 섭식 장애 아이들을 위한 홍보물을 뒤적이다가 '반항적인' 아이를 위한 홍보물을 본 적이 있다. 반항이 새로운 장애로 등극한 것이다.

사회에서 일어나는 모든 변화가 그렇듯 우리에게 필요한 것은 균형점이다. 모든 세대는 이전 세대와 전쟁을 벌이기 마련이다. 60년대는 새로운 이상을 꿈꾸며 지나치게 규범적인 이전 세대에 저항하면서 '무엇이든지 다 허용'된다는 태도의 수문을 열었다. 이런 변화가 우리 삶에 미친 영향들을 온전히 이해할 때만 현재 아이들을 양육하는 태도와 이유를 분명히 알 수 있다.

과거에는 또래 집단과 사회의 압력이 초기 사춘기인 12~15세 아이들에게 해당하는 문제였지만, 오늘날에는 8, 9, 10, 11, 12세 아이들, 그러니까 아직 자아 정체성이나 도덕적 판단을 뒷받침할 사고 능력이 발달하지 않은 나이의 아이들에게 가해진다. 이 나이에는 스스로 판단하는 것이 아니라 다른 사람들이 바람직한 모습이라고 말하거나 장려하는 바에 따라 자아 정체성을 형성한다. 과거에는 부모와 교사를 비롯한 주변 어른들이 사회적으로 적절한 행동과 책임감을 일깨워 주면서 아이들의 정체성 확립을 도왔다. 오늘날에는 그 자리에 대중 매체와 또래 집단이 제시하는 가치가 들어섰다. 아이들의 건강한 발달을 저해하는 이런 흐름들이 가정 깊숙한 곳으로, 아이와 어른들의 마음속으로 비집고 들어와 상식을 뒤엎고 있다. 윌리엄 블레이크는 〈아이의 영혼을 두고 싸우는 천사와 악마〉라는 표제로 그림을 그렸다. 그는 아이들의 영혼을 놓고 우리 안에서 벌어질 전투를 예견했던 것이다.

감사, 경이 그리고 책임감
아이를 인도하는 정신적 힘

파르치팔의 어린 시절을 다시 한번 살펴보자. 현대 부모들은 여기서 무엇을 배울 수 있을까? 헤르체로이데의 행동에서 우리는 무엇을 본받고 무엇을 멀리해야 할까? 파르치팔을 읽으면서 우리는 어린아이들이 무엇을 원하고 필요로 하는지 깨달을 수 있을까?

어린 시절의 보물

파르치팔에게는 직접 만든 활과 화살이 있었다. 그것으로 너무 시끄럽게 우는 새를 쏘아 버리고는 눈물을 흘렸다. 자기 행동으로 인해 영혼이 괴로움에 빠진 것이다. 그는 왜 마음이 아픈지 설명할 수 없었다. 이유를 알았을 때 어머니의 반응은 고통의 원인을 제거해 버리는 것이었다. 아들이 미래에 기사가 될지도 모른다는 불안에 헤르체로이데는 그의 주변 세상을 통제하는 방식으로 대응한다. 아들에 대한 사랑과 그가 잘못될지도 모른다는 두려움이 혼재된 나머지, 아들이 위험으로 가득 찬 바깥 세상에 눈뜨는 것을 막기 위해 수단과 방법을 가리지 않았다.

어머니의 사랑

헤르체로이데는 어머니의 원형이다. 10개월 동안 아이를 품어 키우고, 낳은 뒤에는 안고 젖을 물리며 자기 심장과 아기 심장이 함께 뛰는 것을 느꼈다. 이젠 더 이상 혼자가 아니다. 둘이면서 하나인 존재가 되었다. 아이는 자신의 일부고, 자신 역시 아이의 일부다. 언젠가는 아이가 자라 자기 품을 떠날 것을 머리로는 알지만, 무슨 수를 써서라도 분리를 늦추려 한다. 인생을 살면서 아들이 어떤 고통과 슬픔도 겪지 않도록 막아 주고 싶다. 그 때문에 머리와 가슴이 충돌하고 내적 갈등을 겪는다. 헤르체로이데의 행동은 비합리적이다. 하지만 사랑하는 아들을 높은 담장 안에 가두고 철저히 보호하는 태도는 아들의 고통을 덜어 주려는 마음, 다칠까 걱정하는 마음에서 비롯한 것이다. 갈등과 고뇌 속에서도 헤르체로이데는 처음 아기를 품에 안은 순간부터 할 수 있는 최선을 다해 양육한다. 그녀는 어린 시절 파르치팔에게 세 가지 귀중한 선물을 준다.

첫째, 헤르체로이데는 파르치팔의 신체적, 정서적 욕구를 세심하게 보살펴 주었다. 아들이 건강하게 자라도록 밤낮으로 생명력을 쏟아부었다. 모든 행동의 중심에 아이를 놓았고, 그 보호막 속에서 파르치팔은 튼튼하고 건강하게 자랐다.

두 번째 선물은 자연을 놀이터 삼아 자라게 해 준 것이다. 파르치팔은 자연이 주는 선물을 만끽하며 살았다. 헤르체로이데가 성에 사는 쪽을 택했다면 마상 창 시합을 즐기고 궁정의 안주인 역할을 하며 왕족 출신 남편도 만날 수 있었겠지만, 그 모든 것을 포기하고 숲으로 들어가 은둔 생활을 했다. 많은 부모가 자녀에게 건강한 환경을 제공하기 위해 자기 삶을 희생한다. 아이를 특정 학교에 보내거나, 나무와 개울, 풀밭에서 뛰어놀 수 있는 곳으로 이사하기 위해 직장에서 승진 기회나 경제적 이익을 포기하기도 한다.

헤르체로이데가 파르치팔에게 준 세 번째 선물은 정신적 인도다. 이 사랑은 무한하고 무조건적인 정신의 상징이다. 동물과 인간이 삶을 영위할 수 있도록 모든 것을 내어주는 어머니 대지의 무한한 사랑과도 같다. 아이는 부모의 이런 사랑이나 가르침의 말을 분석하지 않는다. 있는 그대로 받아들인다. 그것은 어머니에게서 흘러나오는 생명수다. 어머니는 아들에게 옳고 그름을 가르치고, 보살핌과 희생의 본보기를 보인다. 부모는 신적 사랑의 대리인이다.

이 세 가지 선물이 모성의 표현이다. 파르치팔은 숲을 떠날 때 이 선물을 지니고 간다. 그는 건강하고 튼튼했으며 자연계에서 편안함을 느꼈다. 세상에는 선과 악이 존재하며, 신은 선을 가져다준다고 배웠다. 가는 곳마다 사람들은 파르치팔의 아름다움을 칭송했다. 그에게 겉으로 드러난 외모를 넘어서는 뭔가가 있음을 알아보았기 때문이다.

헤르체로이데는 아들에게 신이 어떤 존재인지 이야기해 주었다. 신의 위대함과 악마의 어둠을 가르쳤고, 자꾸 말을 바꾸지 말고 신의를 지킬 것을 강조했다. 이 장면에서 우리는 헤르체로이데가 아들을 과잉보호하고 자기 길을 떠나지 못하도록 막으려 했지만, 동시에 평생 간직할 중요한 열쇠인 선과 악을 구별하는 지혜를 전달해 주었음을 알 수 있다.

모든 아이에게는 정신적 욕구가 있다. 어딘가에 소속되고 싶은 욕구, 삶의 의미를 찾고 싶은 욕구, 일상 영역보다 훨씬 큰 세상과 연결되고 싶은 욕구 같은 것들이다. 아이들은 이런 정신적 지향을 담은 질문을 던진다. 우리는 왜 이곳에 존재하나요? 세상은 왜 이런 모습인가요? 내가 왜 그것을 해야 하지요? 돌아가신 할아버지는 어디로 가셨어요? 아담과 하와 이후의 모든 사람이 여전히 천국에 있나요?

아이는 정신세계에서 왔다. 인간의 탄생을 지켜본 사람은 이 세상 것이 아닌 신비를 느끼기 마련이다. 영유아기의 비밀 중 하나는 신체적 욕구가 곧 정신적 욕구라는 것이다. 엄마는 신을 대신하여 아이를 사랑으로 감싸고, 온갖 필요를 충족시켜 준다. 아기는 신체 전체가 감각 기관이다. 아기들은 완전한 수용과 헌신의 자세로 세상을 신뢰하며 주변 모든 것을 흡수하고 모방한다. 아이는 종교적 수준으로 부모를 신뢰하고 그들과 완전히 하나로 결합한다. 부모의 과제는 이 믿음에 부응하는 존재가 되는 것이다. 어린이는 옳고 그름을 배우면서 도덕을 경험한다. 가정은 그들 삶의 중심이며, 정신적 필요를 충족시켜 주는 터전으로 기능해야 한다. 아이의 정신생활을 키워 주려는 부모에게는 두 가지 과제가 있다. 아이가 지상의 삶으로 잘 들어오도록 안내하는 것, 그리고 정신세계와의 연결성을 유지하도록 도와주는 것이다.

첫 7년 동안 삶을 대하는 태도로 키워 주어야 하는 가장 중요한 자질은 감사다. 습관과 의례, 잠자리에 들기 전, 이야기 시간, 식사 시간, 축제를 비롯해서 가족과 함께하는 모든 시간에 감사를 체험하도록 도와줄 수 있다면, 건강한 어린 시절과 정신적 성장을 위한 씨앗을 심어 준 것이다. 부모의 행동은 아이에게 정신적 사랑의 본보기다. 부모가 몸이 아픈 이웃과 가족에게 꽃이나 과일을 들고 문병을 가면 아이는 다른 사람을 돌보는 것이 사랑의 행위임을 배운다. 어려움에 처한 이들을 도울 때 아이는 인간이 어떻게 자기중심성을 넘어서는지에 대한 심오한 도덕적 가르침을 얻는다.

7~12세 아이들은 **경외심**을 키우면서 정신적 성장의 다음 단계로 넘어간다. 어린 시절의 강력한 보호막 느낌이 희미해지면서 아이들은 자주 외로움을 느낀다. 나뭇잎을 헤치며 뛰어다니고 바위에 오르면서 바위를 산이라고 상상하던 시절, 세상과 일체감을 느끼던 그 멋진 날들은 어디로 갔을까? 아이들의 눈이 열리면서 가까운 사람들의 모순과 불완전함을 알아보기 시작한다. 공허함과 고독에 사로잡히기도 한다. 이게 무슨 감정인지 이해하지는 못하지만 이유 없는 불만족과 울적함으로 불편한 심경을 표현한다.

이 시기는 아이가 지상에서 편안함을 느끼게 해 주는 것이 특히 중요한 시기다. 자연을 가까이하는 것으로 상실감을 어느 정도 보완해 줄 수 있다. 물리적 거리가 가까운 것만으로는 충분하지 않다. 자연에 대한 경이감, 경외심을 느끼게 해 주어야 한다. 경외심은 정신세계와의 연결이 약해지는 이 시기에 서로를 이어 주는 실마리가 된다. 정의를 위해 봉사하고 불의를 물리친 위대한 인물의 이야기를 듣거나 읽는 것도 아이의 건강한 가치관 정립에 도움이 된다.

파르치팔은 숲에서 뛰어놀며 어린 시절을 보냈다. 동물이 살아가는 방식을 보고 배웠으며, 사냥 기술을 익혔다. 숲을 돌아다니다 풀피리를 만들어 불면서 시간을 보내기도 했다. 자연계는 이런 방식으로 아이들에게 자신감을 선사한다. 가족이라는 좁은 울타리를 벗어날 징검다리가 되어 주는 것이다. 자연 속에서 아이들은 수많은 경험을 얻는다. 친구들과 나무나 바위에서 숨바꼭질을 하고, 산딸기를 따거나 나무를 타고, 요새나 나무 집을 짓고 터널을 파면서, 개울이나 호수에서 수영하면서 논다. 저녁 하늘을 보며 별을 헤아리기도 한다. 스카우트 같은 동아리 활동, 캠핑이나 배낭 여행, 지도와 나침반만 갖고 길을 찾는 오리엔티어링, 낚시, 동물 흔적 추적하기, 새 관찰, 별자리 관찰, 텃밭 가꾸기, 동물 키우기 같은 체계적 활동에 참여할 수도 있다. 이 모든 활동에서 아이는 자연에 대한 친밀함을 쌓아간다.

자연에서 편안함을 느낀다는 것은 인간-어머니 품을 떠나 지구-어머니 품으로 넘어감을 의미한다. 자연에서 아이들은 용기를 배우고, 두려움을 극복하며, 실생활의 기술을 익히고, 상상력을 넓힐 수 있다. 도시나 시골에 상관없이 자연과 관계 맺고 체험할 수 있다. 가정에서 자연으로 넘어가는 것은 상실이 아니라 확장이며, 아이를 양육, 보호하고 경이감을 선사해 주는 세계가 더 커졌음을 의미한다. 아이는 새로운 과제에 도전하고, 신체의 힘을 체험하고, 신체를 이용해서 물질세계에 흔적을 남기는 여러 방법(나무 조각, 눈뭉치로 집 만들기, 댐 만들기, 돌멩이를 갈아 날카로운 도구 만들기, 길 내기 등)을 탐색하면서 물질 육체를 자유자재로 다루는 법을 배워 나간다.

자연 속에서 아이는 목적의식, 아름다움, 전체성을 체험할 수 있다. 배나 카누를 몰기 위해서는 바람과 물의 흐름을 읽어야 한다. 캠핑이나 야영에서는 지도 읽기와 자립심을 배운다. 텃밭을 가꾸면서 흙과 식물, 동물, 날씨를 이해하는 법을 배운다. 청소년들은 자연 속에서 힘을 키우고 자신감을 얻는다. 그들은 자연의 아름다움에서 경외와 신성을 느낀다.

부모에게 종교가 있다면, 어떤 형태의 **경배**를 가정에 들여올지 결정해야 한다. 그러나 아이들의 정신적 욕구는 주말마다 종교 행사에 참석하는 것을 넘어선다. 일상에서 이어져야 한다. 가족이 특정 종교를 선택하고 실천할 때 아이들은 그것을 의지할 수 있는 중심, 분주한 일상에서 평온을 얻을 수 있는 곳으로 경험한다.(종교에 의문을 품기 전까지는)

타인을 향한 관심과 연민을 키우기 위해서는 타인을 위해 일하는 경험이 필요하다. 양로원 봉사, 이웃의 고장 난 물건 수리하기, 친구와 친척을 위한 물건 만들기부터 시작해 볼 수 있다. 아이가 조용히 혼자 있고 싶어 한다면, 내면에 고귀하고 높은 뭔가가 존재함을 느끼기 때문일 수도 있다. 옳고 그름, 신성한 것과 지상적인 것에 대한 인식이 점차 분명해진다. 그러나 가치 있는 행동을 하는 수준으로 발달하기 위해서는 아직 도움이 필요하다.

아이들은 자라면서, 특히 13, 14세 무렵에는 가족 행사를 우습게 여기며 참여하지 않으려 한다. 하지만 손사래 치는 모습 이면에 그 경험을 갈망하는 마음도 존재한다. 동생이 있으면 손위 형제들을 집안 행사에 참여시키기가 훨씬 용이하다. 적당한 역할을 줄 수 있기 때문이다. 지금까지 부모가 담당했던 일을 나눠 맡을 수도 있다. 아티는 부모가 부활절 아침 준비를 논의할 때만 해도 시큰둥했다. "시시해요. 엄마아빠가 달걀을 숨기는 걸 다 아는데 왜 찾는 시늉을 해야 해요?" 달걀을 직접 숨겨 보겠냐고 제안하자 "뭐 그러던가요."라며 심드렁하게 수락했다. 하지만 막상 달걀을 손에 들자 어디에 숨길까 궁리하며 신이 나서 돌아다녔다. 막내 여동생이 부활절 토끼가 숨겨 놓은 달걀을 발견할 때마다 환호하는 것을 보며 흐뭇한 미소를 지었다.

14~18세 청소년들에게는 정신적 측면의 발달을 위해 과거와 다른 방식이 필요하다. 중국 속담에서는 "젊은이는 미래의 집에 산다."고 한다. 이들은 미래를 내면에 품고 있다. 이 시기 청소년들에게는 여러 욕구가 있다. 사생활을 가지려는 욕구가 생기고, 영웅적 인물을 찾는다. 어른들을 존경하고 싶은 욕구와 그들에게 존중받고 싶은 욕구도 있다. 어른들에게는 지뢰가 사방에 깔린 청소년기를 아이들이 안전하게 건너서 올바른 목표에 잘 도달할지가 가장 큰 관심사다. 과연 이들은 청년다운 이상주의에 불을 붙일까 아니면 오로지 자신만 바라보며 살까?

청소년들은 진리에 깊은 관심을 갖는다. 심오한 질문들이 떠오른다. 나는 누구인가? 내가 여기에 존재하는 이유는 무엇인가? 이들의 정신생활을 촉진하는 방법 중에 세계의 여러 종교를 공부하고 모든 인류에 대한 관심과 존경을 갖게 하는 것이 있다. 다른 사람을 돕고, 어려움에 처한 사람들을 위해 일하는 경험도 필요하다. 정신적 문제를 논할 때 교조적 태도를 취하지 않는 것이 중요하다. 신성함을 갈망하는 청소년이 교조주의나 권위적 태도 때문에 흥미를 잃어버리는 경우도 적지 않다. 이들은 생각의 자유를 존중받으며 스스로 결론에 이르기를 원한다.

책임감 키우기
안고 있기와 놓아주기

헤르체로이데는 사춘기라는 위험천만한 세계로 들어가는 아이의 여정을 걱정스러운 눈으로 바라보는 모든 엄마를 대변한다. 모든 부모는 자녀를 키우면서 한 번쯤 이런 고민을 만난다. 놓아주기의 아픔은 여러 단계로 찾아온다. 학교 입학하는 날, 집 밖에서 자는 첫 학급 여행, 친구 집에 처음 자러 갈 때, 아이에게 처음 영화 선택을 허락할 때, 아이 방에 전화나 TV 또는 컴퓨터를 놓을지를 결정할 때 등등.

6, 7, 8학년을 거치면서 이 문제는 더욱 복잡하고 어려워진다. 더 많은 자유를 얻으려 부모를 밀어내는 아이와 통제권을 잃지 않으려는 부모가 신경전을 벌인다. 부모는 고민한다. '줄을 얼마나 더 팽팽하게 당겨야 할까? 어디까지 양보해야 할까?' 아이도 고민한다. '독립하고 싶어. 내 일은 내가 알아서 결정하고 싶어. 부모의 간섭에서 얼마나 자유로워질 수 있을까?' 부모는 아이가 다칠까, 현명한 결정을 내릴 만큼 철이 들지 않았으면 어쩌지, 강력한 외부 유혹에 길을 잃으면 어쩌나, 아이가 준비가 되었을까? 세상이 아이를 친절하게 대해 줄 거라 믿어도 될까? 같은 두려움에 휩싸인다.

나는 이 질문에 대한 답은 항상 아이의 발달 단계와 직결된다고 믿는다. 아이가 어떤 생각을 갖고 있는지, 정서적으로 얼마나 성숙한 단계에 이르렀는지를 이해하는 부모는 길을 찾을 수 있다. 어떤 경우든 아이를 세상 속으로 내보내는 과정은 점진적으로 일어나야 한다. 가정으로 밀려들어 오는 대중문화의 영향력은 대단히 강력하기에 막는다고 막아지지 않는다. 그럼에도 불구하고 아이의 삶에서 어떤 가치를 가장 강조할지 결정하는 것은 부모의 책임이다.

이는 미디어와 학교, 친구를 통해 들어오는 외부 영향력을 부모가 어느 정도는 통제해야 함을 의미한다. 물론 외부 영향을 차단하는 것이 아니라 내면을 강화시켜야 하는 문제다. 부모는 건강한 가족 문화를 창조하고, 도덕 기준과 소속감을 심어 주고, 젊은 에너지를 분출할 활동을 소개하고, 소속 공동체와의 관계를 건강하게 형성해 주어야 한다. 가정생활에는 기쁨과 활기, 도전과 성취를 느낄 기회가 충분해야 한다. 이 기억이 아이가 성인이 되어 집을 떠날 때 가슴에 간직할 귀중한 보물이기 때문이다.

대중문화는 강력한 메시지를 보내어 아직 대처 능력이 없는 미숙한 아이들에게 하루 빨리 청소년 세계로 들어오라고 유혹한다. 부모도 가끔씩 유행하는 음악을 듣고, 청소년 잡지와 영화, 음악 전문 방송MTV을 보면서 아이들에게 어떤 메시지가 전달되는지 알 필요가 있다. 직접적인 영향은 아니더라도 그 표상들이 아이들의 무의식에 자리 잡기 때문이다. 아이에게 들어오는 해로운 영향을 모두 막을 수 있다고 생각한다면, 아들을 아프게 하는 모든 요소를 제거하고, 아들의 세계를 언제까지나 순수하게 지킬 수 있다고 생각한 파르치팔의 어머니만큼이나 순진한 것이다.

아이가 어릴수록 주변 영향을 더 많이 거르고 조절해 주어야 한다. 9세 무렵까지는 모방 능력이 강력하기 때문에 주변 영향에 아주 민감하다. 게다가 건강한 영향을 주는 것과 그렇지 않은 것을 분별하는 힘은 부족하다. 파르치팔의 어머니도 숲에 들어오는 사람들을 통제하고, 아이에게 상처 주는 요소를 제거하려고 갖은 애를 썼다. 아이가 어릴 때는 이런 행동이 적절하다. 항상 문제는 보호의 손길을 내려놓을 적기가 언제인지를 아는 것이다. 9세부터 사춘기까지 넘어야 할 산이 많다. 이 시기 아이들은 감정적, 정신적으로 실제보다 성숙하게 보여서 깜박 속기 쉽다. 자기 영역을 차츰 넓혀갈 여지는 당연히 주어야 하지만, 아직은 보호가 필요하다.

과잉보호

파르치팔의 어린 시절은 많은 부분에서 현대 아이들의 경험과 비슷하다. 아버지는 부재하고(파르치팔의 아버지는 사망) 어머니는 아들이 아버지와 같은 운명에 희생될까 두려워한다. 아이를 곁에 꼭 잡고 있으려 은둔 생활을 하며 세상을 멀리 한다. 이 모든 노력에도 불구하고 아이는 숲을 지나가던 기사들을 통해 세상의 맛을 보고 만다. 빛나는 갑옷에 황홀해하며, 기사를 어머니가 대낮보다 밝다고 얘기한 신의 모습이라고 여긴다.

현대에는 많은 아이가 한 부모 가정에서 자란다. 파르치팔처럼 대부분 엄마가 아이를 돌보고, 아버지의 존재는 미미하거나 완전히 부재한다. 여기서 아버지의 상실과 어머니의 과잉보호라는 두 가지 상황이 발생한다. 파르치팔 이야기에는 아버지 없이 성장하는 인물이 여럿이기에 이 문제는 따로 다루고, 여기서는 과잉보호 문제에 집중해 보자.

본론에 앞서, 이제부터 하는 이야기는 비난이나 평가가 아니라 우리 시대를 명확히 바라보기 위함임을 일러둔다. 가슴 아픈 일을 겪고, 아이를 잃을지 모른다는 두려움에 사로잡힌 어머니가 아이를 보호하기 위해 모든 수단을 강구하는 것은 충분히 이해할 수 있는 상황이다. 그래도 지나침은 부작용을 낳는다.

아이가 위험에 처할까 걱정하는 것 자체는 타당하고 적절하다. 과거에는 자녀를 성년까지 뒷바라지하면 부모 역할을 다했다고 생각했지만, 지금은 상황이 달라졌다. 사회에 진입하는 시기에 아이들은 수많은 위험에 노출된다. 납치, 폭력, 마약, 술, 성폭력 같은 물리적 위험까지 고려해야 할 수도 있다. 밖에 나가 노는 것이 안전하지 않은 환경이라 TV 앞에 앉힐 수밖에 없는 동네도 많다. 이 경우에는 신체적 위협에서는 안전할지 몰라도 스크린 속 폭력과 야만성에 노출된다. 부모와 아이 사이에 휴대 전화 통화 빈도가 급격히 증가한 현상은 도처에 존재하는 위험 때문에 수시로 연락해야 하는 현실의 투영이다. 휴대 전화로 손길이 닿는 범위가 넓어진다고 느끼면서 부모는 마음의 평화를 얻는다.

보호와 과잉보호는 다르다. 모든 부모는 자기 행동을 이 기준에서 되짚어 보아야 한다. 명확한 위험에 대해서는 당연히 보호해야 한다. 세상의 물리적 위험이나 미디어, 비디오 게임, 컴퓨터로 대중

문화에 과잉 노출되는 상황이 여기에 해당한다. 그러면 과잉보호의 경계는 어디서부터 시작될까? 8살과 15살 아이를 대하는 태도는 달라야 한다. 어린아이를 위한 건강하고 안전한 환경은 부모가 노력해서 만들어 주어야 할 일이지만, 청소년에게는 스스로 결정할 수 있는 여지를 더 많이 허락해야 한다. 그들은 직접 개입하는 것보다 지지와 길 안내를 필요로 한다. 그들은 자유를 동경할 때 책임이 수반됨을 배워야 한다.

혼자 아이를 키우면서 아들과 건강한 균형 관계를 잘 유지하는 어머니도 많다. 이런 어머니는 넘치지 않게 적절한 선에서 아이를 보호하는 경계를 잘 안다. 속사정까지 다 털어놓는 친구처럼 지내며 부담을 주지 않으면서 아들을 동등한 인격체로 대한다. 가까운 친지나 친구를 물색해서 성숙한 남자의 본보기를 경험할 기회를 준다. 이들은 아들을 사랑하고 존중하며, 아들이 난관에 처했을 때 그 속에서 필요한 교훈을 얻도록 옆에서 지지하겠다는 뜻을 분명히 밝힌다.

아들과의 관계가 원활하지 못한 경우도 있다. 가정에 남자 어른이 없다는 이유로 아들을 남편처럼 의지한다. 이럴 때 아이는 이중의 짐을 지게 된다. 어떤 일에서는 적절한 수준 이상으로 엄마의 삶을 속속들이 알게 할 정도로 아들을 가장으로 대한다. 아들을 의지하면서 너무 일찍 책임을 지운다. 반면 아들이 세상에서 저지른 행위에 대해서는 보호하려고만 든다. 아이가 학교에서 문제를 일으켰을 때 이들은 목청 높여 아들을 변호하고 변명을 늘어놓는다. 이런 행동이 아들에게 어떤 메시지를 줄까? "네가 저지른 일의 결과를 감당하지 않아도 돼. 내가 막아 줄게. 필요하다면 엄마는 거짓말도 할 수 있어. 세상의 권위자들(주로 남성)이 너를 핍박하는 걸 가만두고 보진 않을 거야."

이런 일이 되풀이되면 아이는 적절한 행동 경계를 깨닫기 어렵다. 마음대로 행동해도 엄마가 다 해결해 주기 때문이다. 자기 행동에 책임지는 법을 배워야 하는 중요한 시기를 놓치고 미숙한 상태에 머물게 된다. 언젠가는 깨달을 수 있겠지만 훨씬 오랜 세월이 걸릴 것이다. 대학이나 직장 때문에 집을 떠나서도 책임감 있는 태도를 보이기 어려울 것이다. 세상으로 들어가지 못하고 엄마가 돌봐 주는 안전한 보금자리로 돌아올 수도 있다. 세상이 자신에게 맞추는 것을 당연히 여기다가는 직장에 적응하지 못하고 여기저기 전전할 수도 있다. 군대처럼 미성숙한 행동을 전혀 봐 주지 않는 곳에서 상급자에게 대들어 갈등을 빚을 수도 있다.

랄프는 학급 여행 중에 가게에서 물건을 훔쳤다. 학교에서 그 사실을 알고 어머니를 부르자 랄프의 어머니는 펄펄 뛰며 항의했다. 사랑하는 아들이 친구들 앞에서 붙잡힌 것만으로도 충분히 망신을 당했으니 더 이상의 처벌은 불필요하다는 것이다. 학교가 정학 처분을 내리고 사회봉사를 시키자, 화를 참지 못하고 갖은 방법을 동원해 교사들이 학생을 불공정하게 대한다는 소문을 퍼뜨렸다. 나중에 랄프가 자신은 최고 점수를 받기에 부족함 없이 잘했는데 기대만큼 성적이 나오지 않았다고 하자, 아들 편을 들며 절도 사건 때문에 교사들이 일부러 낮은 점수를 준 것이라고 우겼다. 랄프는 세상에 무서울 것이 하나도 없었다. 어머니가 늘 변명거리를 찾아 주고 책임을 교사에게 돌렸기 때문에 최선을 다할 필요를 느끼지 못했다. 대학에 가면서 어머니의 보호막이 사라지자 혼자 힘으로 세상과 맞서야 했다. 힘든 시간을 보내던 그는 결국 마약에 손을 댔다. 랄프의 어머니는 여러 해 동안 아들에게 문제가 있음을 인정하지 않았다. 밑바닥까지 내려가고 친구들이 더 이상 랄프나 어머니의 변명을 들어주지 않는 지경에 이르러서야 아들이 도움이 필요하다는 사실을 깨달았다.

과잉보호는 편부모 가정만의 문제는 아니다. 아버지가 지나치게 권위적인 가정에서도 이런 현상이 벌어질 수 있다. 아들을 남편에게서 보호하기 위해 일이 생겨도 엄마가 감추는 것이다.

존은 약물에 손을 대면서 학업 성적이 바닥으로 떨어졌다. 심상찮은 변화를 눈치챈 교사들은 친구들을 통해 존이 마약을 한다는 사실을 알아냈다. 이 사실을 알리자 어머니가 가장 걱정하며 신신당부한 것은 남편에게 비밀로 해 달라는 것이었다. 진실을 까맣게 모르는 아버지는 수업의 질을 문제 삼으며 학교를 비난했다. 불행히도 어머니의 요구에 발이 묶인 교사들은 존의 아버지에게 이 상황을 알리지 않았다. 이것은 치명적인 실수였고 끔찍한 결과로 이어졌다.

존의 아버지(관찰력이 좋지 못했거나 아이의 문제를 인정하고 싶지 않았던)는 아들을 '형편없는' 학교에서 빼내 다른 곳으로 전학시켰다. 존은 마약을 끊지 못했고 여러 문제를 일으켰다. 결국 약에 취한 상태로 운전하다가 나무를 들이받고 목숨을 잃고 말았다. 이런 비극을 겪은 뒤에야 아버지는 자신이 아들과 제대로 된 관계를 맺지 못했고, 상황을 객관적으로 인지하기보다 교사들을 비난하기 바빴다는 사실을 인정하며 고통스러워했다. 교사들 역시 존의 아버지에게 사실을 알리지 않는 것에 동의함으로써 비극의 한 축으로 작용했음을 자각했다.

과잉보호는 딸들에게도 예외는 아니다. 여성 해방 운동 이전 시대와 비교할 수는 없지만 아직도 자유를 허용하는 문제에서 아들과 딸에게 이중 잣대를 적용하는 가정이 적지 않다. 가정마다 자녀의 나이에 따라 적절한 제약의 기준을 정해야 한다. 청소년기에 들어선 아이에게 학교 행사 참석을 금지하거나, 친구를 집에 초대하고 친구와 놀러 나가는 것을 제지하는 것도 과잉보호의 한 형태다. 17세 딸이 남자친구 사귀는 것을 금지하거나, 데이트 상대와 절대 단둘이 있어서는 안 된다고 하는 것도 마찬가지다. 10대 이전 아이에게는 당연했던 원칙들이 17살이 넘은 아이에게는 과잉보호가 된다.

아이에 대해 지나치게 걱정하는 상황은 일부 가정만의 문제가 아니다. 베이비 부머 세대는 자녀가 실수를 통해 배우고, 자기 행동에 책임지도록 놔두지 못하는 경향이 있다. 많은 대학이 '헬리콥터 부모'들 때문에 골머리를 앓는다. 대학에 간 자식 주변을 맴돌며 상담사나, 교수, 기숙사 사감, 대학교 간호사의 일에 간섭하고 영향력을 행사하기 때문이다.

적절한 보호

과도한 보호와 주변 상황을 관찰하며 주의를 기울이는 것은 전혀 다른 태도다. 지각 있는 부모는 파티에 보호자가 있는지 확인하고, 자녀가 어디에 누구와 함께 가는지 묻는다. 이는 적절한 보호 조치다. 그들은 아이를 믿고 지지하면서도, 안전 확인이라는 부모의 본분을 다하고 있는 것이다.

릴리를 찾는 전화가 왔다. 친구들이 해변에서 열리는 파티에 초대한 것이다. 맥주는 분명히 있고, 마리화나까지 등장할 가능성이 높다. 릴리는 엄마에게 허락하지 말아 달라는 신호를 보낸다. 그러고는 친구에게 대답한다. "우리 엄마는 아주 엄해. 엄마가 안 된다고 해서 나는 못 가겠어. 다음에 보자." 릴리는 엄마를 방패 삼아 원치 않는 상황을 빠져나갈 수 있어 다행이라고 생각했다. 아직은 친구들에게 가기 싫다고 말할 힘이 부족한 것이다.

보호 부족

과잉보호와 반대로, 보호가 당연히 필요한 상황에서 내버려 두는 경우도 있다. 부모의 소신에 따른 선택일 수도 있고, 단순한 무관심이나 방치일 수도 있다. 어떤 부모는 자녀의 행동을 막아서다가 사이가 나빠질 것을 걱정한다. 사춘기 아이의 행동을 제지할 때 감당해야 할 신경전이 부담스러운 것일 수도 있다. 이런 부모 밑에서 자란 아이들은 적절한 행동에 대한 감각을 키우기 어렵다. 대개는 자기 힘으로 눈치껏 세상을 더듬으며 자라야 하지만, 운 좋게 본보기로 삼을 만한 상식 있는 어른이 주변에 있는 경우도 있다. 적절한 보호를 받지 못하는 상황에서도 스스로 건강한 도덕성의 경계를 세우는 아이들도 있다. 하지만 보통은 명확한 경계를 주면서 전적으로 지지해 주는 부모의 권위가 있을 때 잘 자랄 수 있다.

청소년은 자유의 의미를 파악하고자 애쓴다. 나는 어떤 결정을 내릴 것인가? 나만의 규칙을 어떻게 만들 수 있을까? 부모의 가르침이나 기대를 불편해하며 밀어내거나, 자유를 얻으려고 거짓말하거나 상황을 조작하는 경우도 생길 수 있다. 이럴 때 어떻게 대처하는지를 보면 아이들의 성격을 알 수 있다. 성장 과정에서 수많은 실수를 저지르는 건 지극히 당연한 일이다.

건강한 청소년-부모 관계에는 명확한 경계와 적절한 기대가 있다. 자유와 책임에 대한 서로 다른 정의로 인한 갈등도 존재한다. 자녀를 향한 사랑과 지지가 확고하고 공정하며, 부모로서의 책임감이 명확한 가정은 이 시기를 긍정적으로 넘어갈 수 있다. 이 시기에 가장 중요한 것은 얼마나 큰 책임을, 언제 아이들에게 넘겨줄지를 결정하는 것이다. 자녀가 어릴 때 경계를 잘 세워 주지 못한 부모는 이 문제를 청소년기에 훨씬 복잡한 양상으로 다시 만난다. 10, 11살 무렵에 아이들은 감당할 수 있는 범위 이상으로 자유를 얻으려고 부모와 힘겨루기를 벌이곤 한다. 이 시기에 부모의 조치가 부당하다고 항의하고 비난하는 말을 들으면서 백기를 들었는지 꿋꿋이 버텼는지에 따라 청소년기에 주고받을 의사소통의 성격이 달라진다.

부모가 양육 과정에서 과잉보호했건 방치했건, '적당한 정도'로 개입했건 상관없이, 언젠가는 아이들을 놓아주어야 한다. 실수하고,

아픔을 겪고, 마음에 큰 생채기를 남기고, 좋은 기회를 놓치기도 하고, 반드시 치료해야 할 부상을 입을 수도 있는 그 길을 자기 힘으로 걸어가도록.

부모의 조언

헤르체로이데는 떠나는 파르치팔에게 어떤 의도로 조언을 했을까? 우스꽝스러운 복장에 비루한 말을 탄 아들이 조롱과 멸시를 받다가 결국 집으로 돌아올 것을 기대한 것일까? 그녀는 공손하게 행동하고 사람을 만나면 인사하라고 조언한다. 하지만 어리숙한 파르치팔은 그 말을 글자 그대로 받아들인다.

헤르체로이데는 여자에게 자기 뜻을 억지로 강요해서는 안 된다고 가르쳤다. 먼저 여자의 반지와 인사말을 얻어 내야 한다고 당부하긴 하지만, 방법은 알려 주지 않았다. 파르치팔이 들은 말은 “반지와 인사를 얻어 내라. 서둘러 키스하고 품에 꼭 안아 주어라.”였다. 파르치팔은 그 말의 의미를 전혀 이해하지 못했다. 키스하고 안아 주는 것과 먹고 마시는 행위가 그에게는 아무 차이가 없었다. 그는 자기가 무슨 짓을 하고 있는지 알지 못했다. 헤르체로이데의 조언은 너무나 파편적이라 전혀 유용하지 않았다. 아들을 놓아줄 마음이 전혀 없었기 때문에 인생의 다음 단계로 넘어가기 위해 필요한 준비를 도와줄 수 없었던 것이다.

파르치팔에게는 여자를 올바로 대하는 법을 가르쳐 줄 남자가 필요했다. 그가 어머니의 조언에서 제대로 알아들은 내용은 정의를 위해 싸우고, 자기 땅을 빼앗은 사람들에게 복수하라는 것이었다. 이는 그에게 용감하게 행동하고 정의를 위해 일할 근거가 되었다.

일깨워 주는 사람과 소명

지구네는 파르치팔에게 고차 자아를 일깨워 주는 사람이다. 처음에 파르치팔은 충동적이었다. 쉬오나툴란더를 살해한 자들이 어디에 숨었든 찾아내 죽일 생각뿐이었다. 하지만 그들과 자신의 이름을 알고 난 뒤에는 눈에 띄는 변화가 일어난다. 이름과 상황을 알게 된 그는 자신이 어디로 가야할지 지구네에게 방향을 묻는다. 그는 이제 목적 없이 떠돌아다니지 않는다. 하지만 헤르체로이데처럼 파르치팔의 연약함을 알아챈 지구네는 그를 보호할 의도로 엉뚱한 방향, 그러니까 오릴루스와 래헬린에게 가는 길이 아니라 아서 왕의 성으로 가는 길을 알려 준다. 파르치팔은 자신을 아끼는 마음을 깨닫지 못한다. 그는 모든 상황을 액면 그대로 받아들인다.

아이들은 많은 목표를 세우지만(나는 우주 비행사가 될 거야!) 어떻게 해야 그곳에 이를 수 있는지는 알지 못한다. 지금 당장 그 목표가 성취되길 원할 뿐이다.

파르치팔은 붉은 기사와의 결투에 내포된 위험을 전혀 모른다. 하지만 그 도전을 받아들인다. 이것은 용감한 행동인가 무모한 행동인가? 파르치팔은 게임의 규칙, 즉, 기사도의 규칙을 알지 못한다. 그는 준비되지 않은 상태로 도전을 맞이한다.

사회생활을 위한 규칙 배우기

게임의 규칙은 11살 이후 아이들, 특히 남자아이들에게 매우 중요하다. 연구[3]에 따르면 9세 아이들이 게임의 규칙을 받아들이는 태도는 성별에 따라 다르다. 남자아이들은 다음 세 가지를 알고 싶어 한다. 누가 대장인가, 규칙이 무엇인가, 규칙을 어기면 어떻게 되는가. 남자아이들이 노는 곳에 가면 "그건 옳지 않아! 넌 규칙을 어겼어. 아웃이야." 같은 말을 쉽게 들을 수 있다. 여자아이들 놀이에서는 다른 상황이 펼쳐진다. 규칙에는 큰 신경을 쓰지 않는다. 중요한 것은 관계의 질이다. 그들은 우정을 지키기 위해 규칙을 깬다.(베스를 우리 팀에 끼워 주자. 소외감을 느끼게 하면 안 되잖아.)

아이들에게 게임은 단순히 재미만을 의미하지 않는다. 아동기에 놀이는 대단히 중요한 영역이다. 공놀이건 보드게임이건 모든 형태의 놀이에서 아이들은 경계와 질서의 개념을 익히고, 규칙을 지키면 보상이 있다는 것을 배운다.

사춘기를 앞둔 아이들에게 스포츠가 그토록 인기 있는 이유 중 하나는 규칙이 명확하다는 것이다. 부모가 정한 규칙에는 저항하고 도전하지만, 경기의 규칙에는 기꺼이 승복한다. 모든 스포츠에는 경계와 규칙이 있다. 인생도 그렇다. 선 안에서 경기하는 법을 배우는 것이 곧 삶의 기술을 익히는 과정이다. 종목마다 선을 넘으면 안 되거나 선 안에서 공을 쳐야 한다는 식의 규칙이 있다. 규칙은 명확하

----

3 『남자아이 키우기Raising Boys』 스티브 비덜프Steve Biddulph(『아들 키우는 부모들에게 들려주고 싶은 이야기』 북하우스 2003)참고

다. 상황에 따라 결정을 내리는 것은 선수들의 몫이 아니다. 판단은 심판이 한다. 선수는 동의하든 안 하든 그의 결정을 따라야 한다.

중세에는 직업 준비 과정에 세세한 규칙이 있었다. 기사가 되려면 시동과 종자를 거쳐 기사가 되는 단계를 거쳐야 했다. 단계마다 지켜야 할 규칙이 있고 익혀야 하는 기술이 있다. 상업에서는 도제, 장인, 대가의 단계가 존재했다. 단계마다 거쳐야 하는 통과 의례가 있었다.

파르치팔은 붉은 기사의 외모만 보았다. 그는 규칙을 몰랐고 관심도 없었다. 자기가 원하는 것만 생각했다. 그의 생각은 구체적이었다. 나에겐 목표가 있다. 목표를 추구한다. 목표를 달성한다. 그게 전부다. 상황 변화에 따라 다시 생각해 볼 여지 같은 건 없었다.

반면 붉은 기사는 규칙을 안다. 그는 이 소년이 심각한 위협이 되지 못함을 알아보았다. 바보 같은 복장과 대조적으로 내면에서 빛을 발하는 고귀함도 알아보았다. 그는 파르치팔을 다치게 하지 않으면서 요령 있게 말에서 떨어뜨리려 하지만, 상대방에게 일격을 받은 파르치팔은 오로지 되갚아 주어야 한다는 생각뿐이다. 숲에서 지낸 어린 시절의 경험으로 창 쓰는 법을 알고 있던 그는 눈과 눈 사이를 정면으로 공격했는데, 이는 기사도에 어긋나는 행동이었다. 파르치팔은 순간적 충동으로 붉은 기사를 죽이고 만다.

우리 어른들의 과제는 아이들의 외피 너머를 꿰뚫어 보는 것이다. 이 우스꽝스러운 옷차림 속에 어떤 존재가 살고 있는가? 호시탐

탐 규칙을 어기려는 청소년들과 달리 우리는 규칙을 지킬 수 있는가? 우리도 여전히 권위에 반항하고 규칙을 어기려 하지는 않는가?

디나는 집에서 파티를 열었다. 10학년 아이들이 참석하는 이 파티에 맥주가 나올 거란 말이 돌자, 10학년 담임인 로웰은 디나 어머니에게 전화를 걸어 사실 여부를 물었다. 디나 어머니는 "맞아요. 아이들이 좋아할 거예요."라고 대답했다. 로웰 선생님은 미성년자에게 주류를 제공하는 것은 불법이며, 운전해서 돌아갈 때 사고가 나면 어머니에게 책임이 돌아간다는 사실을 주지시켰다. 디나의 어머니는 선생님이 상관할 바가 아니라고 대꾸했다. 다른 학부모들에게 파티는 학교 행사가 아니며, 디나 어머니가 법을 지키는지 유의해 달라고 알리는 것이 교사가 취할 수 있는 최선의 조치였다.

파르치팔의 미숙함은 붉은 기사의 시신을 다루는 태도에서도 드러난다. 그는 인간에 대한 존중 없이 갖고 싶던 갑옷에만 집중한다. 갑옷을 어떻게 벗겨야 하는지 모른 채 함부로 밀고 당긴다. 붉은 기사의 시신을 대하는 태도에서 그는 어린아이와 다를 바 없다. 저지른 일에 대한 인식도, 뉘우침도 없다. 욕구 외에는 아무것도 눈에 들어오지 않는다.

파르치팔은 비난받아야 할까? 그는 자기가 무슨 짓을 저지르고 있는지 이해했을까? 16~17세 이전까지는 인과 관계를 정말로 이해하지 못하며, 그 나이가 되어도 완벽히 이해하는 것은 아니다.

구르네만츠에게 기사도를 배운 다음에야 파르치팔은 비로소 자기 행동에 책임을 지기 시작한다. 어떤 행동이 적절하고 어떤 행동은 그렇지 못한지를 배운다. 규칙을 알게 된 다음에는, 규칙 안에서 살아가려 노력한다. 하지만 파르치팔은 구르네만츠가 가르친 모든 것을 글자 그대로 받아들이고, 그로 인해 어려움을 맞는다. 아직 구르네만츠에게 받은 가르침의 정수를 이해하지 못했다. 조언을 맥락 안에서 고려하지 못하는 것이다. 그는 아직 구체적 사고 단계에 머물러 있다. 그래도 지금은 자기 앞가림은 할 줄 안다. 허용되는 것과 허용되지 않는 것을 구별할 수 있다. 이는 청소년기 초기의 의식 상태를 상징한다. 청소년들에게는 사회관계의 규칙을 가르쳐 줄 구르네만츠가 필요하다. 남자아이들은 대개 사회로 진입할 때 알아야 할 것들을 아버지에게서 배운다. 그러지 못하는 경우에는 교사, 코치, 삼촌 등 아이 삶에서 중요한 남자 어른들이 그 역할을 맡는다.

04

이성에 눈뜨는 청소년

제4권

파르치팔, 콘드비라무어스를 만나다. 그의 가슴이 열리다

파르치팔은 구르네만츠의 성과 사랑스러운 리아세를 떠난다. 이제 기사다운 매너와 솜씨를 갖춘 어엿한 기사가 되었다. 더 이상 바보가 아닌 파르치팔은 리아세와의 아름다운 우정을 떠올린다. 그의 마음은 온통 그 생각뿐이다. 리아세에 대한 그리움에 사로잡힌 그는 고삐를 놓고 말이 이끄는 대로 인적 없는 길과 이름 없는 언덕과 계곡들을 건넌다.

그러다가 곤경에 처한 도시에 이른다. 도시 주위로 군대가 둘러싸고 양측이 격렬한 싸움을 벌이고 있다. "돌아가시오, 돌아가시오."라고 외치는 소리에 놀란 말은 출렁이는 도개교에 멈춰 서서 한 발짝도 나가려 하지 않는다. 말에서 내린 파르치팔은 말을 끌고 다리를 건너

많은 사람이 죽어 누워 있는 들판을 가로지른다. 커다란 성문을 두드리자, 젊은 여자가 나와 적군인지 묻는다. 파르치팔은 “부인은 지금 부인을 섬길 사람을 보고 계십니다. 그대를 섬길 수 있다면 부인의 친절한 인사로 충분한 보답이 될 것입니다. 최선을 다해 섬기겠습니다.”라고 대답한다.

성벽 안의 병사들은 아무것도 먹지 못해 굶주린 상태였다. 여왕 콘드비라무어스는 눈부시게 아름다웠다. 사랑스러운 리아세가 빛을 잃을 정도였다. 구르네만츠의 가르침 덕분에 품위와 매너를 갖추게 된 파르치팔은 질문하지 않고 조용히 자리를 지킨다. 여왕은 그의 침묵을 자신에 대한 경멸로 받아들였지만, 그래도 주인답게 먼저 대화를 시작한다. 두 사람은 콘드비라무어스 여왕과 리아세가 사촌 관계인 것을 알게 된다. 굶주린 사람들 앞에 음식이 나오고 소박한 식사를 나눈 뒤, 파르치팔은 묵을 곳을 안내 받는다.

깊은 밤에 여왕은 파르치팔의 거처를 찾아온다. 사랑을 원해서가 아니라 친구의 도움과 충고를 얻기 위해서였다. 그녀는 눈물을 흘렸고, 위로를 원했다. 파르치팔은 여왕에게 침대에 잠시 누울 것을 권했다. 여왕은 자신을 가만히 내버려 둔다면 파르치팔 옆에 눕겠다고 한다. 여왕은 클라미데 왕이 아버지의 성과 땅을 파괴하고 자신을 불쌍한 고아 신세로 만들었으며, 그것도 모자라 아내로 삼으려 한다고 이야기했다. 그녀는 리아세의 형제 중 하나를 죽인 이 남자와 결혼하느니 차라리 자살할 마음이었다. 파르치팔은 여왕을 섬길 것이며, 클라미데 왕의 부하인 킹그룬이 데려가려 할 때 맞서 지켜 주겠다고 맹세한다.

다음 날 아침 파르치팔은 킹그룬과 첫 칼싸움을 벌이고, 항복을 받아낸다. 파르치팔은 그를 아서 왕의 성으로 보내 쿤네바레 부인에게 항복한다는 맹세를 하게 한다.
그날 밤 파르치팔은 콘드비라무어스와 함께 침대에 들지만, 그녀를 정중하게 대한다. 부부 관계를 갖지는 않았지만 여왕은 그의 아내가 되었다고 생각한다. 여왕은 파르치팔에게 마음과 함께 성과 영토를 내어준다. 셋째 날 밤 두 사람은 드디어 육체 관계를 맺는다.
콘드비라무어스를 아내로 삼을 결심을 한 클라미데 왕은 이제 붉은 기사로 알려진 파르치팔을 전쟁터에서 만난다. 몇 차례 공격을 가한 뒤 승기를 잡은 파르치팔은 클라미데의 목숨을 단번에 끊을 수도 있는 위치에 이른다. 여기서 파르치팔은 첫 번째 시험을 맞이한다. 적을 죽이는 대신 자비를 베풀기를 선택한 그는 클라미데도 아서 왕의 성으로 보내 쿤네바레 부인에게 충성을 맹세하게 한다.
파르치팔과 콘드비라무어스는 서로를 열렬하고 아름답게 사랑한다. 두 사람은 함께한 15개월 동안 흔들림 없이 서로에게 헌신한다.
어느 날 아침 파르치팔은 어머니를 찾아뵙기 위해 길을 떠나도록 허락해 달라고 아내에게 청한다. 그는 모험도 하고 싶어 했다.
콘드비라무어스는 허락하고, 파르치팔은 여행길에 오른다.

사춘기와 성적 성숙

파르치팔은 리아세와의 우정에서 기쁨을 느꼈다. 그녀는 파르치팔의 첫사랑이었다. 누군가를 갈망해 본 경험은 콘드비라무어스와의 관계를 진전시키는 기폭제로 작용했고, 이 관계에서 그는 훨씬 의식적이고 성숙하게 행동했다. 그는 소년에서 남자가 되어 가는 중이다. 이는 이성 친구를 사귈 때 상대를 존중하며 성숙하게 행동하는 좋은 예다. 파르치팔은 콘드비라무어스에게 어떤 보상도 바라지 않은 채 도움을 준다. 그녀는 충고를 얻고자 찾아오면서 예의를 갖춰 행동하고 성적인 접근을 하지 말아 달라고 요청한다. 파르치팔은 그 요청을 존중한다. 처음 만났을 때 파르치팔이 적절한 행동이 무엇인지 고민하며 침묵을 지키는 동안, 여왕은 그의 태도에 혼란을 느끼고 자신에 대한 경멸이나 거절로 간주한다. 여자는 남자의 반응을 이해하지 못할 때 자신을 질책하곤 한다. 파르치팔은 클라미데의 공격에서 그녀를 지킬 것을 맹세한다. 맹세를 지키는 데 성공한 그는 클라미데를 아서의 성으로 보낸다. 적에게 자비를 베푼 것이다.

파르치팔과 콘드비라무어스는 순수한 사랑을 자각했고, 셋째 날 밤에야 동침한다. 정식 결혼식을 올리지는 않았지만 결혼한 것과 다

릅없다고 여긴 콘드비라무어스는 아내의 역할을 수행한다. 파르치팔은 콘드비라무어스를 얼마나 사랑하는지 깨닫고 그녀를 아내로 귀하게 대접한다. 그는 콘드비라무어스가 다스리는 나라의 왕이자 충실한 남편이 되는 책임을 받아들인다. 시간이 지나면서 어머니를 오랫동안 잊고 있었다는 것을 깨달은 그는 어머니를 찾아 떠난다. 콘드비라무어스는 파르치팔의 소망을 존중하고, 그에게 원하는 일을 할 자유를 준다.

사춘기에 접어들면서 청소년들의 감정 영역에도 변화가 일어난다. 권력 다툼이 증가하고, 격렬한 감정이 수시로 폭발하고, 새로운 욕망이 꿈틀댄다. 세상에서 흘러들어 오는 모든 자극에 취약할 뿐 아니라, 신체-생리적 변화, 특히 호르몬 변화가 행동을 크게 좌우하는 시기이기도 하다.

여학생들은 자신 있게 의견을 주장하는 자아를 견지하고자 애를 쓴다. 여학생의 자아는 자주 분열한다. 똑똑한 사람이고도 싶고, 섹시하다는 말도 듣고 싶다. 친절한 대접을 받고 싶으면서도 친구들에게는 잔인하게 굴기도 한다. 관계에서 새로운 역할을 시도해 보기도 한다. 가족을 시시하고 지루하게 여기고 부모를 부끄러워하기도 한다. 자유에 대한 환상을 품고, 한계를 시험한다. 외모와 신체에 집착하고, 빨리 어른이 되기를 원하면서도 젊고 어린 상태를 벗어나고 싶지 않다. 외모는 사회적 소속을 좌우하는 중요한 요소다. 친구들에게는 온갖 이야기를 하지만 어른들에게는 속내를 감춘다. 가장 큰 질문은 '내가 정상인가?'이다. 이들은 끊임없이 자신을 남과 비교한다.

남학생들도 사춘기 변화에 매우 불안해하지만 그런 심정을 말로 털어놓는 경우는 드물다. 신체가 달라지는 것을 당혹스러운 눈길로 바라본다. 사정이나 불시에 일어나는 발기, 자위나 몽정에 혼란을 느낀다. 타인들이 붙이는 이름표(얼간이, 마초, 호모)에 따른 수많은 불안을 느끼고 자신이 무능한 존재일까 두려워한다. 불쾌한 농담이나 상대를 깎아내리는 말을 수시로 던지면서도 자신을 향한 비판에는 예민하게 반응한다. 행동이 서툴고 몸가짐이 어색하며, 키가 크거나 작다는, 힘이 세거나 약하다는 말에 촉각을 곤두세운다. 남학생들은 이 단계를 여학생들보다 보통 2년 정도 늦게 겪지만, 쉽게 상처받고 혼란스러워하며, 자신에게 벌어지는 일을 파악해 보려고 애쓴다는 점에서는 양쪽이 다르지 않다.

사고가 아직 미성숙한 상태라 자기 결정에 따라올 결과를 예상하지 못하는 경우가 많다. 특히 이성 관계에서 그렇다. 성적 욕구를 느끼지만 어떻게 해야 할지 몰라 당황한다. 어쩌다 욕구를 행동에 옮길 수 있는 상황이 되었다 해도 미리 계획하거나 행동의 결과를 예상해 본 적이 없고, 어느 선에서 자제해야 할지 판단할 사고 능력도 부족하다. 사고력이 구체적 단계에 머물러 있기 때문에 건강한 판단을 내리기가 쉽지 않다.

여기에 성적 충동을 자극하는 영화와 비디오, 음악이 합세하면 이것들은 아직 정서적, 지적으로 준비되지 않는 아이들에게 엄청난 압박으로 작용한다. 자기 욕구를 이해하는 것만으로도 벅찬 상황에서 다른 사람의 관점에서 상황을 바라보기란 훨씬 더 힘든 일이다. 공감 능력은 보통 청소년기 중반, 그러니까 16~17세 무렵부터 발달하기 시작한다. 사춘기 초반에 아이들이 흔히 겪는 문제는 한 번 감정이 일어나면 당장 실행에 옮기고 싶은 충동에 사로잡히고, 그로 인해 통제 불능 상황에 빠져드는 것이다. 여기에 술까지 등장하면 상당히 위험한 그림이 나온다.

한 아동 정신과 의사는 사춘기 초반 남자 아이에게 관계의 정서적 측면과 성행위를 연결시키라는 요구는 아이를 전혀 이해하지 못하는 행위라고 조언한다. 아직 그 단계가 아니기 때문이다. 남자아이의 현재 고민은 여자 친구의 감정이 아니라 자기 성기를 잘 다루는 것이다.

현대 문화와 성

청소년들이 성적 욕구를 표출하는 방식은 문화에 따라 다르다. 미국 사회에는 온갖 요소가 혼재되어 있다. 2차 성징은 빨라지는데 정서적 성숙과 결혼 연령은 늦어지고 있다. 대중문화와 미디어는 성을 지나치게 강조하고, 에이즈와 성병, 10대 임신 같은 문제가 도처에 있다.

생물학적 성숙 기간이 길어질 때 여자들은 어떤 위험에 노출되는가?

1900년대 중산층 여성들은 15, 16세에 월경을 시작하고, 비슷한 시기에 학교 교육을 마쳤으며, 20대 초반에 결혼했다. 오늘날에는 12세에 월경을 시작하고, 18세에 고등학교를 마친다. 결혼 연령은 빨라야 25세 이후다. 이는 원치 않는 시기에 임신과 출산을 겪고, 성병에 걸리거나 학교를 중퇴할 잠재적 위험 기간이 훨씬 길어졌음을 의미한다. 어린 미혼모는 10대 이후에 출산한 여성에 비해 학교를 제대로 마칠 가능성이 낮고, 결국 정부에서 주는 빈약한 보조금에 의존해서 살아갈 가능성이 높다.

여성에 대한 사회적 보호는 약화된 반면, 대중문화는 성에 적극적인 태도를 부추긴다. 선정적인 옷을 입고 성적 매력을 과시하라는 메시지를 보낸다. 외모가 전부다. 청소년들의 주머니가 넉넉해지면서 그런 이미지를 구현해 주는 옷을 구입하고, 음악과 영화를 쉽게 소비할 수 있다. 어른들도 그런 이미지를 재생산하는 데 동참한다.(〈J.C.Penny〉라는 브랜드는 엄마가 딸에게 배꼽과 엉덩이가 드러나는 복장을 권하는 광고를 내놓았다가 철회했다) 이런 추세는 아동 의류까지 내려가고 있다. 특히 7, 8세 여자아이들을 겨냥한 시장이 그렇다. 몸매가 드러나는 옷을 입고 유혹하는 포즈를 취한 어린 여자아이가 광고에 등장하고, 음악 전문 방송에서는 10~13세 여자아이들의 선정적인 모습을 방송한다.

어떻게 이런 일이 근절되지 않는가? 대중문화는 이런 사회 문화적 환경 속에서 여자들이 느끼는 불안을 영리하게 이용한다. 여자(성인이나 아이나)는 옷, 화장품, 운동 계획, 말과 행동거지, 혹은 이성 관계에 대한 조언을 대중 매체에서 구하는 경향이 크다. 이렇게 대중 매체에 영향을 받은 여자아이들이 신체와 외모에 극도로 민감해지는 사춘기에 접어들면 자신과 맞지 않고, 구현할 수도 없는 바비 인형 이미지를 내면화한다. 이로 인해 자기 신체에 대한 뿌리 깊은 불만이 싹튼다.

이런 신체상이 범람하는 동시에, 사회의 가치관도 달라졌다. 순결에 더 이상 높은 가치를 부여하지 않는다. 연애는 개인의 선택이지만, 그런 문제에서 개방적인 것이 세련된 태도로 간주된다.

첫 경험을 갖는 나이도 과거에 비해 현저히 낮아졌다. 실제 관계는 갖지 않더라도 예전보다 훨씬 이른 나이부터 성에 대해 생각하고 걱정해야 한다. 가슴이 일찍 커진 아이는 일부 남성들에게 일종의 신호처럼 작용하는 것 같다. 이들은 성희롱이나 성적 괴롭힘의 대상이 되거나 선배 남학생이나 성인 남성에게 원치 않은 성적 관심을 받곤 한다.

여자아이들은 성적 교류가 정서적 친밀함과 서로에 대한 헌신으로 이어질 것으로 기대하는 경향이 있다. 이른 경험이 실망과 정서적 고통으로 이어지기 쉬운 이유다. 동의하에 진행했어도 첫 경험 후에 공허와 상실감을 경험하는 경우가 많다. 성에 적극적인 경우에도 잠자리 상대가 아니라 상대와 연인 관계로 발전하고, 서로의 사회관계 속으로 들어가기를 기대한다.

남자아이들과 성

남자아이들이 성에 대해 갖는 기대는 여자와 다르다. 남성 에너지는 강력하고 의지적이며, 테스토스테론testosterone이 주도하는 긴장과 이완의 리듬으로 움직인다. 20살 무렵의 남자들은 강하고 천하무

적이라는 느낌과 함께 공격성과 지배욕을 느낀다. 충동적이고, 위험을 추구하며, 경쟁적이다. 이들은 한계를 시험하고 권위에 도전하기를 즐긴다. 이성에 대한 생물학적 욕구는 강하지만, 정서적 친밀함을 쌓고 관계를 지속하는 기술은 한참 미숙하다. 댄 킨들론Dan Kindlon[4]에 따르면, "남자아이는 성의 단순함에서 관계의 복잡함으로 이어지는 여정을 거친다. 이는 모든 남자아이의 과제다. 성인 중에도 감정 없는 성행위의 고독한 만족을 넘어 친밀한 관계에 이르는 길을 찾기 위해 애쓰는 사람들이 많다."

이들의 에너지를 문화의 힘으로 다듬어 주어야 한다. 성인 남성들이 남자아이들에게 공감과 애정을 갖고 책임지는 태도를 가르쳐야 한다. 현대 사회의 남자아이들은 폭력과 여성 혐오, 여성의 대상화를 부추기는 대중 매체의 선동을 걸러 내는 법을 배워야 한다.

사춘기 초기에서 후기로 넘어가는 과정에서 남자들은 성 경험을 얻고 싶은 욕망과 실제 행위에 대한 걱정 사이에서 괴로워한다. 남성성을 과시하고 싶은 욕망과 동시에 거부당하거나 상처받을지 모른다는 두려움을 느낀다. 하지만 친구들에게 이런 확신 없는 상태를 들키고 싶지 않다. 그래서 속으로 걱정하면서도 겉으로는 아무렇지 않은 척 행동한다.

청소년기 남자아이들의 성적 발달은 보통 3단계로 진행된다.

---

4 옮긴이 아동 상담 심리학자. 마이클 톰슨Michael Thompson과 함께 미국의 아동 심리학 분야를 이끄는 학자로, 35년 이상 소년들과 그 가족들을 치료하면서 얻은 경험을 공유하고자 'Raising Cain'을 썼다.(『무엇이 내 아들을 그토록 힘들게 하는가』 세종서적 2000)

12~14살의 과제는 자주 통제 불능 상태에 빠지는 신체에 익숙해지는 법을 배우는 것이다. 신발 사이즈는 나날이 커지고 얼굴에는 여드름이 솟아오른다. 변성기가 오고 첫 번째 사정을 경험한다. 성적 환상을 자극하는 야한 잡지를 숨어서 보기도 한다. 매우 불안정한 시기이며, 낯선 느낌을 파악해 가는 과정에서 서툴고 어색한 행동을 보일 수 있다.

다음 단계인 15~16세 시기에는 적극적인 환상을 펼친다. 성을 포함한 이성 관계의 다양한 측면을 탐색하기도 한다.

세 번째 단계(16~17세)에 접어들면 근육이 발달하고, 생식기가 완전히 성숙한다. 춤을 추거나 포옹할 때, 여자 친구와 데이트하거나 음악을 들을 때 성적으로 각성된다. 사회적 관계가 중요해진다. 정서가 깨어나면서 이전보다 깊은 관계를 원하기도 한다.

사춘기는 빨리 시작하고 결혼 연령은 늦어지면서 성 에너지를 조절해야 하는 기간이 길어졌다. 여기에 '한 건 올리라'고 부추기는 사회적 압력까지 가세하면 남자들에게 이 시기가 녹록치 않으리라는 것을 충분히 짐작할 수 있다. 임신, 피임, 성병, 에이즈에 대한 충분한 정보와 조언이 필요한 시기다.

10대 남자아이들은 성에 대한 생각에 자주 빠져든다. 주변에 난무하는 자극적인 이미지도 이에 일조한다. 가장 어려운 문제는 여자가 보내는 사회적, 성적 암시를 정확히 읽어 내는 것이다. 남자들에게 여자의 감정에 섬세하게 반응하고, '싫다'는 말을 존중하고, 자기 뜻을 강요해서는 안 되며, 결코 성기를 무기로 사용해서는 안 된다는 것을 가르쳐야 한다. 이런 조언은 『파르치팔』의 등장인물들에게도 도움이 되었을 것이다. 순탄치 않은 어린 시절을 보낸 아이는 타인의 감정을 알아차리고 반응하는 것이 어렵고, 폭력을 적나라하게 묘사하는 영상에 더 쉽게 영향을 받는다.

많은 동화에서 남성들의 여정을 밖으로 나가는 것으로 묘사한다. 이들은 홀로서기를 하고 고향을 떠나 수많은 시련을 만난다. 장애물을 넘는 과정에서 강해지고 두려움을 내려놓다가 결국 보물을 손에 넣는다. 동물의 형상으로 변하거나, 정체를 확인할 수 없는 상황에도 변함없이 사랑하겠다는 여인의 약속을 시험한다. 그녀의 자존심과 오만에 도전한다. 성공하기 위해서는 돌보고, 공감하며, 공동체를 걱정하는 여성적 자질들을 키워야 한다.

관계를 향한 성장

여자아이들의 여정은 좀 더 내면적이다. 성을 연인 관계의 일부로 보기 때문에 남자가 성적인 신호를 보내면 사귀고 싶어서라고 생각한다. 남자가 관심을 보이는 이유가 성욕인지, 나라는 사람에게 매력을 느껴서인지 구별하는 법을 배워야 한다. 여자아이들은 확실한 근거가 생기기 한참 전부터 연인이 되었다고 상상하고 확신하는 경향이 있다. 남자의 행동을 혼자 해석하고(물론 친구들의 말을 통해서도), 자기 느낌을 근거로 그의 감정을 이해하려 한다.

여자는 남자들처럼 세상에 자신을 증명해 보일 필요를 느끼지 않는다. 그보다 인내, 희생, 믿음, 헌신 같은 내면 자질에 집중한다. 그리고 이런 미덕을 기준으로 자기 행동을 분석한다. "그를 기쁘게 하려면 내가 원하는 것을 포기해야 하나? 그의 의견에 동의해야 나를 받아 줄까? 내 생각대로 얘기해도 괜찮을까? 그가 나를 가르치면서 뿌듯해하도록 아는 것도 모르는 척해야 하나? 내가 아주 똑똑한 사람이어도 날 좋아해 줄까?"

여자는 감정 영역이 신체적 욕망과 연결되어 있기 때문에, 성관계에 동의하기 전에 상대가 자신을 아끼고 사랑해 줄 거라는 확신을 얻고 싶어 한다. 상대가 자신에게 충실하리라 기대하고, 그렇지 않을 경우에는 큰 상처를 받는다. 남자가 화를 내거나 완력을 쓰면 위협을 느끼고 위축될 수 있다. 따라서 그런 외부 요인에 휘둘리지 않도록 힘과 용기 같은 남성적인 자질을 키워 두어야 한다. 겉모습이 아름다운 것만으로는 충분하지 않으며, 내면 자질에 집중하는 법을 배워야 한다. 남자가 존중하는 태도로 진실되게 행동할 때, 여자는 마음을 내어준다.

많은 이야기에 마법에 사로잡힌 상황이 등장한다. 이는 주인공이 주문을 풀고, 참된 자아가 다시 환한 빛을 발하도록 행동하게 만드는 기제로 작용한다. 동화 속 왕자들은 참된 자아를 찾기 위해 공주의 도움을 받아야 하는 경우가 많다. 파르치팔 이야기에도 이런 장면이 자주 나온다.

청소년기 남자들은 단순한 우정과 그보다 친밀한 관계를 구분하는 법을 배워야 한다. 콘드비라무어스는 늦은 밤에 조언을 청하러 파르치팔을 찾아오면서 의도를 분명히 밝힌다. 이런 행동을 유혹으로 받아들이는 남자도 있을 것이다. 여자가 의도를 밝혔으면 남자는 이를 존중하며 그 이상을 강요하지 말아야 한다. 자기 의도를 분명히 알고 주장할 수 있는지도 중요한 문제다. 그렇지 않으면 남자를 혼란스럽게 만드는 이중 메시지를 보내기 쉽다.

반면 청소년기 여자들에게는 자신이 원하는 바와 의도를 명확하게 인식하는 것이 중요한 과제다. 여자는 정말 원하는 일이 아님에도 상대의 성적 요구에 순응할 때가 있다. 사랑받기를 원하고, 받아들여지기를 원하기 때문이다. 하지만 순순히 따르는 태도로 원하는 결과를 얻는 경우는 극히 드물다. 오히려 자기 행동에 스스로 상처입는 경우가 훨씬 흔하다.

10대 임신 방지를 위한 전국 캠페인에서 실시한 2001년도 여론조사에 따르면, 성, 인종, 경제력, 주거 지역에 상관없이 10대 임신이 심각한 문제라는 데 많은 사람이 동의했다. 대다수가 청소년은 성관계를 자제하는 것이 좋고, 하더라도 반드시 피임법을 알아야 한다고 응답했다. 이 조사에서 가장 놀라운 점은 청소년들은 어디서 영향을 받는가라는 항목이었다. 대중 매체의 영향도 분명히 존재하지만, 정작 청소년들은 자기 결정에 가장 큰 영향을 미치는 것이 부모라고 답했다.

청소년들은 어른들이 '적어도 고등학교를 졸업할 때까지는 성관계를 자제하라'는 메시지를 강력하게 주어야 한다고 답했다. 조사에 응한 대부분은 더 기다렸으면 좋았을 거라고 응답했다. 피임을 하지 않은 주된 이유로는 음주와 마약, 상대가 원치 않아서라고 답했다. 놀랍게도 10대 남녀 모두가 피임법 사용에 실패한 주된 원인 중 하나로 상대의 압력을 지목했다.

다음은 청소년이 현명하게 처신할 수 있도록 도우려는 어른들을 향한 제안이다.

1. 성에 대한 당신의 가치관과 태도를 명확히 한다.
2. 자녀와 성에 대해 어려서부터 구체적으로 자주 대화한다.
3. 자녀와 친구들의 행동에 주의를 기울이고 방관하지 않는다.
4. 자녀의 친구와 친구 가족들을 알아둔다.
5. 너무 이르거나 잦은 이성 교제, 혹은 한 사람에게 너무 깊이 빠지는 것을 지양하게 한다.
6. 딸이 나이 차이가 너무 큰 남자와 교제하는 것, 아들이 너무 어린 여자와 깊은 관계로 발전하는 것에 분명한 반대 의견을 밝힌다.
7. 어린 나이에 임신하고 아이를 양육하는 것보다 훨씬 더 매력적인 미래를 보도록 돕는다.
8. 자녀가 좋은 교육을 받는 것이 부모에게 중요한 문제임을 분명히 알게 한다.
9. 자녀가 무엇을 보고, 읽고, 듣는지 관심을 갖는다.
10. 10대 임신을 방지하기 위한 위 조언들은 어린 시절부터 친밀하고 굳건하게 형성된 부모-자녀 관계 속에서 가장 효과적으로 작용한다.

자녀의 10대 임신을 막기 위해 부모에게 전하는 10가지 지침
〈10대 임신 방지 캠페인〉(1998년)에서

청소년기에 이성 친구를 사귀는 것은 미래의 동반자 관계를 위한 연습이자 준비 과정이다. 친구 관계를 통해 경험할 수 있는 여러

특성이 있다. 공유, 신뢰, 주고받기, 신뢰하는 친구의 비판 받아들이기, 대가를 기대하지 않고 헌신하기는 육체 관계가 모든 것을 압도하기 전에 꼭 배워야 하는 자질들이다. 선을 넘은 탓에 근사한 우정이 깨지기도 한다. 그러면 이전의 친구 관계로 돌아갈 수 없다.

천천히 관계 발전시키기

파르치팔 이야기에서 흥미로운 점 중 하나는 콘드비라무어스가 스스로를 파르치팔과 결혼한 관계로 간주하는 것이다. 왜 그럴까? 콘드비라무어스는 '선을 넘지 말라'는 요청을 파르치팔이 존중한 것에 고마움을 느꼈다. 그 행동을 파르치팔의 섬세한 배려로 여기고 깊이 감동한 것이다. 정말 배려한 건지, 달리 어떻게 행동해야 할지 몰라서 그랬는지는 분명하지 않다. 아무튼 감동을 받은 콘드비라무어스는 자신을 포함한 소유물 전부를 그에게 준다. 물론 둘이 부부 관계를 맺은 다음이다. 파르치팔은 아무 생각이 없을 때 그녀는 상상 속에서 부부가 되었다. 여자는 연인과의 관계를 실제보다 낭만적으로 채색하는 경우가 빈번하다. 결혼식 장면을 꿈꾸고, 같이 살 집과 아이들을 상상한다. 남자는 이런 사실을 전혀 모르고 있다가 상대가 무슨 꿈을 꾸는지 깨닫고 화들짝 놀란다. 충분한 시간을 갖고 차근차근 사랑을 쌓아 나가야 부드러우면서도 강한 인연으로 자란다. 파르치팔과 콘드비라무어스의 관계가 무르익는 데는 15개월이 걸렸다. 둘의 사랑이 만개했다고 느낀 뒤에야 파르치팔은 떠날 수 있었다.

파르치팔의 아버지와 벨라카네의 관계와 비교해 보면 선명한 차이를 발견할 수 있다. 가흐무렛은 열정이 이끄는 대로 행동한 반면, 파르치팔은 충분한 시간을 들였다. 가흐무렛은 '벨라카네에게'로 시작하는 편지 한 장만 남기고 야반도주했지만, 파르치팔은 콘드비라무어스에게 어머니를 뵈러 가는 여정에 허락을 구한다. 이는 파르치팔이 아버지보다 성숙한 단계에 올랐음을 보여 준다. 이런 태도는 파르치팔의 인생에 좋은 전조가 된다. 타인을 함부로 대하는 태도와 충동성을 극복하는 것은 남자의 성숙 과정에서 아주 중요한 과제다.

아들과 어머니

어머니를 찾아뵈려는 결심은 파르치팔의 성장에서 중요한 전환점이다. 지금까지는 이런 생각을 떠올리지 못했다. 왜 그랬을까? 준비가 되지 않았기 때문이다. 먼저 그는 인생의 규칙을 가르쳐 줄 남자 스승을 찾아야 했다. 그 다음에는 사랑할 여자를 찾아야 했다. 인생의 두 요소를 온전히 만든 뒤에야 모성적 측면을 되찾는 여정을 떠날 수 있었다. 이제 그는 어엿한 어른으로 어머니께 돌아갈 수 있다. 예슈테를 폭행하거나 붉은 기사와 결투할 때의 무지몽매한 어린애가 아니라 고결한 태도로 싸워 왔다. 자신이 누구인지를 깨달은 상태로 어머니에게 돌아갈 만큼 성숙해진 것이다.

아들과 어머니의 관계는 모순으로 가득하다. 아들은 어머니와의 연결을 갈망하지만, 떨어져 나와야 한다. 파르치팔은 어머니를 떠나기는 했지만, 어머니를 직면해서 관계를 해결하지는 못했다. 그에게는 체험하고 배워야 할 다른 세계가 있다는 것을 가르쳐 줄 아버지가 부재했다. 기사와 잠깐 말을 섞은 것만으로도 숲을 떠날 동기를 얻었지만 정작 어디로 가야 할지는 알지 못했다. 그 후로도 어머니의 그늘에서 벗어나지 못했다. 붉은 기사의 갑옷 속에 어머니가 입혀 준 옷을 그대로 입고, 낯선 이를 만나면 어머니가 가르쳐 준 방식으로 인사를 건넸다.("어머니께서 말씀하시기를...") 그는 어머니의 조언을 글자 그대로 따랐다. 이제는 어머니와의 관계에서 다른 위치에 올라섰다. 풍부한 경험을 갖춘 의젓한 어른이 되었으며, 다음 단계로 나가기 전에 과거를 정리하고 마무리할 준비가 된 것이다.

나는 이 장면에서 파르치팔이 심오한 진리를 무의식적으로 깨우친 것으로 본다. 우리는 부모와의 해묵은 문제를 해결한 뒤에야 자기 운명을 추구할 수 있다. 나이를 아무리 먹어도 부모와 풀지 못한 문제는 잊어버릴 만하면 자꾸 나타나 우리 앞길을 막아선다. 앞으로 나가기 위해서는 돌아가 그 문제를 풀어야 한다. 부모가 이미 돌아가셨더라도 대체할 방법이 있다. 명상이나 부모님과의 내적 대화, 용서도 효과적인 방법이다. 어머니를 찾기로 결심했을 때, 파르치팔은 정신세계의 문지방을 넘어가야 했다. 그는 성배의 성으로 인도된다. 이 경험에서 그는 인생의 핵심 과제를 만난다. 바로 성배를 찾는 일이다.

청소년기의 변화
싫어-어쩌면-좋아

대중문화에 빠져들면서 아이들은 가족보다 친구와 시간을 보내려 한다. 친구가 인생에서 가장 중요한 존재가 된다. 이 시기에는 친구 관계가 달라지고, 어린 시절 우정이 시드는 일이 흔히 벌어진다. "엘리자베스랑은 이제 시시해서 같이 못 놀겠어." "남자애들은 너무 유치해. 애기들 같아. 내가 왜 걔네들과 재미있다고 놀았는지 모르겠어." '누구랑 놀 것이냐'만큼이나 어떤 집단에 속할지도 중요한 문제다.

청소년 중기(16~18세)에 접어들면서 사고 능력에 중대한 변화가 생긴다. 일차원적 사고에서 벗어나 추상적 사고를 펼칠 힘이 생긴다. 더 이상 원인과 결과에 매이지 않고 개념을 파악하기 시작한다. 여전히 자기중심적이지만 다른 사람의 욕구나 감정, 행동이 조금씩 눈에 들어온다. 에너지의 중심이 성기에서 심장으로 이동한다.

16~18세 아이들은 과거를 몰아내고 인간관계의 새로운 세계로 이끌어 줄 지도를 찾는 데 집중한다. 세상의 불완전함에 실망해서 화를 내거나 부정적 태도를 취할 때가 많다. 지금까지 완강히 외치던 '싫어!'가 16~17세 무렵부터 누그러지면서 '어쩌면'이라는 조건

부적 중간 단계로 들어간다. 이제 외부 자극에 즉각 반응하는 대신 차분히 생각해 볼 여지가 생긴다.

자신의 중요성에 대한 인식이 점차 커진다. 세상 무엇도 자기를 꺾을 수 없고, 무엇이든 해낼 수 있으며, 모든 것을 다 아는 천하무적이라 느끼기도 한다. 자기가 세상의 중심이며, 위험에 도전해도 나쁜 일이 일어나지 않을 거라 생각한다.

중기 후반부에 접어들면서 자신을 객관적으로 보기 시작한다. 전에는 외부에 시선을 고정한 채 엉망진창인 것은 세상일 뿐이라고 생각했다면, 이제 자기 문제를 자각한다. 어떤 일에 소질이 있는지, 무엇을 잘하고 못 하는지, 무엇을 가치 있게 여기는지, 어디에 힘을 쏟기를 원하는지를 깨닫는다. 스스로 결정하고, 자신을 비판적인 눈으로 볼 수 있다. 내면에 집중하면서 현실에 눈을 뜬다. 성공에 이르기에 충분한 능력을 갖추었는지 저울질한다. 그러다가 자신감을 잃고 의기소침해지기도 한다. 섭식 장애나 우울증, 자살 같은 심각한 심리 문제를 겪을 가능성이 높은 위험하고 불안한 시기다. 데이트를 신청했다가 거절당하는 것은 하늘이 무너진 것과 다름없다. 인생은 살 가치가 없다. 학교 수업에서 만족스러운 성과를 내지 못할 때도 마찬가지다.

이성에 대한 갈망이 강화된다. 중기 청소년들은 친밀한 관계를 갈망하고, 성행위를 실험하거나 성 정체성에 의문을 품기도 하면서 타인과 감정적, 육체적 접촉을 시도한다. 사랑이 모든 감정의 중심을 차지한다.(사랑이 뭐지? 내가 사랑에 빠졌나?) 이상화된 연인을 갈망한다. 가슴 떨리는 사람, 진짜 첫사랑을 경험하는 시기다. 이상적 갈망의 자리에 현실이 들어서면서 청소년들은 연민과 겸손을 배운다.

아주 힘든 시기지만 아이들은 다시 궤도에 오른다. 기반을 되찾은 아이들은 자발적으로 어른들에게 다가가고, 자기 행동을 열린 마음으로 돌아보고, 타협도 할 수 있다. 어떤 아이는 이렇게 말했다. "부모님과 선생님께 정말 감사해요. 제가 흔들릴 때 바위처럼 단단히 붙들어 주셨어요."

18세면 신체 발달은 거의 완성된다. 이제 신체 속에 제대로 자리 잡았다고 느낀다. 농구 경기를 관람할 때 청소년기 초반과 16, 17세 아이들이 얼마나 다른지 실감할 수 있다. 저학년 선수가 중심인 후보군은 천방지축 망아지들 같다. 아이가 신체의 주인이 아니라 신체가 아이를 끌고 다니는 것처럼 보인다. 다리는 장대처럼 길고, 어깨와 상반신은 둥글고 가늘다. 자기 팔다리에 걸려 휘청대거나 넘어진다. 정규 팀 경기는 완전히 다르다. 근육이 완전히 발달했고, 손끝 발끝까지 움직임을 완벽히 통제하며, 상대의 진행 방향을 예상하며 움직이고, 능수능란하게 공을 다루고 기술을 구사하며 패스하고 골을 넣는다.

보통 16~18세 사이에 거치는 '어쩌면' 단계는 매우 중요하다. 내면세계로 들어가고, 외부 세상을 파악하며, 분명하고 성취 가능한 목표를 세우는 시기다. 17, 18세에는 사고력이 한층 성장하면서 행동을 조절하고 감정을 편안히 표현할 수 있다. 서서히 지혜가 깨어나면서 사고, 감정, 의지를 통합하고 참된 자아가 빛을 발하기 시작한다. 추상적으로 사고하는 힘도 한 단계 발전한다. 이제 자기 생각을 분석하고 통합할 수 있다. 청소년들의 태도는 '어쩌면'에서 '좋아'로 이동한다.

19~20세에는 인생에서 하고 싶은 일이 무엇인지 어렴풋이 감지한다. 이후 수십 년 동안 다른 길을 걷다가 문득 이 시기에 품었던 목표를 떠올리고 돌아오는 경우도 있다. 21세에는 한 주기가 끝나고 성인의 삶이 시작된다.

05

질풍노도의 청소년기

제5권

성배의 성_ 파르치팔은 왜 질문하지 않았을까?

파르치팔은 어머니를 찾아 길을 떠났지만 콘드비라무어스를 생각하면 마음이 무겁다. 고삐를 놓고 말이 끄는 대로 간다. 험준한 지역을 지나고, 쓰러진 나무들을 넘거나 늪을 건너기도 한다. 저녁 무렵 어느 호숫가에 이르니, 부유해 보이는 차림새의 어부가 배 안에 앉아 있다. 파르치팔은 하룻밤 묵을 곳이 있는지 묻는다. 어부는 반경 50km 이내에 성이 한 채밖에 없으며, 그곳으로 가려면 해자를 건너야만 한다고 대답한다. 그는 젊은 기사를 자기 성에 맞이하고 싶어 한다. 그는 길을 따라가면 아무도 알지 못하는 곳에 이르게 되니 부디 조심하라고 충고한다. 어부가 알려 준 대로 길을 따라가던 파르치팔은 커다란 성에 들어선다. 문지기에게 어부가 보냈다고 말하자 환영하며 극진히 대접한다. 성안으로 들어가자 기사들이 말을 돌봐 주고, 갑옷을 벗기고는 먼지를 씻을 물을 준다. 여왕의 망토를 내어주며 그가 입을 옷을 짓는 동안 입고 있으라 한다. 그런 다음 커다란 연회장으로 안내한다.

모든 것이 더할 나위 없이 휘황찬란하다. 사방 벽에는 인간의 다양한 활동상들을 직물로 짠 그림들이 가득 걸려 있다. "수십 개의 촛불이 밝혀진 백 개의 샹들리에가 그곳에 모인 사람들에게 빛을 내려 주고 있다." 연회장 반대쪽 끝에는 성주(호수에서 만난 어부)가 중앙 벽난로를 향해 놓인 긴 의자에 비스듬히 기대앉아 있다. 불이 활활 타오르는 큰 벽난로가 세 개나 있는데도 성주는 벽에 고드름이라도 달린 것처럼 풍성한 모피를 껴입고 있다. 그의 곁에는 빈 의자가 놓여 있다. 성주 안포르타스는 파르치팔에게 들어오라고 한 뒤, 기품 있는 환영 인사를 건네며 옆자리를 권한다. 그는 정중함의 화신이었다.

그러다가 한 젊은이가 피가 뚝뚝 떨어지는 창을 들고 문으로 들어오자, 커다란 슬픔이 주위를 압도한다. 창끝에서 천천히 흘러내리는 피는 손잡이를 지나 젊은이의 소매로 떨어진다. 크나큰 슬픔이 되살아난 손님들이 흐느껴 울자, 애도하는 소리가 성의 연회장을 가득 채운다.

머리에 화관을 쓰고 아름다운 갈색 비단옷을 입은 시녀들이 들어온다. 한 무리의 사람들이 뒤따라 들어와서는 상아 의자와 촛대, 석류석 하나를 통째로 깎아 만든 탁자를 가져와 성주 안포르타스 앞에 놓는다.

리판세 여왕이 성배를 들고 뒤따라 들어온다. 성배를 옮기는 사람은 순수하고 진실해야만 한다. 파르치팔은 자기가 입은 옷이 여왕의 망토라는 것만 생각하면서 그녀를 응시한다. 그녀는 아름다움의 정수였다. 4명의 기사마다 한 명의 집사가 물이 담긴 금 대야를 가져다 놓고, 수건을 든 시동이 뒤따라온다. 기사들은 손을 씻고 비단 수건으로 물기를 닦는다. 견습 기사들이 탁자마다 고기를 썰어 놓고 마실 것을 가져온다. 100명이나 되는 견습 기사가 성배 앞에서 축성 받은 빵과 음료, 그 밖에 여러 음식을 가져온다.
파르치팔은 모든 상황을 주시하면서도 예의를 지키느라 질문을 자제한다. 그는 너무 많은 질문을 하지 말라던 구르네만츠의 말을 기억한다. 안포르타스는 그에게 어떤 싸움에서도 이기게 해 줄 보석 박힌 검과 칼집을 선사한다. 그래도 파르치팔은 아무것도 묻지 않는다. 연회가 끝나고 연회장에 놓였던 모든 탁자와 접시를 치운다. 시녀들은 왕과 파르치팔에게 절을 한 뒤 자리를 떠난다. 모두 걸어 나갈 때 파르치팔은 긴 의자에 기대어 앉아 있는 아름다운 용모의 늙은 성주를 잠깐 쳐다본다. 여전히 어떤 질문도 하지 않는다. 왕은 잘 자라는 인사를 건넨다. 파르치팔은 비단 이불이 깔린 아름다운 침대로 안내된다. 촛불이 켜진 방에서 시동들이 파르치팔의 옷을 벗겨 준다. 시녀들이 들어오자 자신이 아무것도 입지 않았음을 깨닫고 얼른 이불 속으로 들어가 눈만 내놓는다.
시녀들은 마음을 진정시키는 음료를 준 뒤 방을 나간다. 파르치팔은 고통과 고뇌에 시달리며 거의 잠을 이루지 못한다. 눈을 떴을 때 방에는 그가 입을 옷이 단정히 걸려 있고, 말도 떠날 채비가 갖춰져 있었지만, 시중을 들어 주는 사람은 아무도 없었다. 불안한 마음에 그는 성 안팎을 이리저리 뛰어다니며 사람을 찾았다. 화도 나고 슬프기도 한 심정이었다. 말을 타고 도개교를 건널 때 그는 다음과 같이 외치는 소리를 듣는다. "말을 타고 가 버려라. 태양의 저주가 있을지어다. 이 거위 같은 놈. 네가 그 잘난 턱을 움직여 성주께 질문만 했더라면."

파르치팔은 길을 가면서 전사로서의 새로운 삶에 대해 생각한다. 안포르타스가 준 놀라운 검이 있지만, 노력해서 얻은 게 아니기 때문에 겁쟁이 취급을 받을 것 같았다. 이런 생각을 하고 있을 때, 길이 점점 희미해지더니 어디로 가야 할지 전혀 알 수 없게 된 것을 알아차린다. 그때 어디선가 슬픔에 울부짖는 여인의 목소리가 들린다. 가까이 가 보니 여인은 방부 처리된 기사의 시신을 끌어안고 있었다. 파르치팔은 그녀가 사촌인 지구네라는 것을 알아보지는 못했지만, 고통스러워하는 것을 보고는 도와주겠다고 한다. 그녀는 고맙다고 하면서 이 지역은 너무 거친 곳이라고 말한다. 파르치팔이 놀랍도록 멋진 성에서 하룻밤을 보냈다고 하자, 그녀는 거짓말하지 말라며 꾸짖는다. 그러면서 성배의 성은 애써 찾으려는 사람의 눈에는 보이지 않는 곳이고, 성에 들어가는 유일한 길은 부지불식간에 맞닥뜨리는 것뿐이라고 말한다.

지구네는 성배의 성의 역사와 성주 안포르타스의 슬픔에 대해 말해 준다. 파르치팔이 정말로 성배의 성에 갔다면 왕의 고통을 끝낼 수 있었을 것이다. 둘이 서로를 알아보았을 때 파르치팔은 전에 만났을 때보다 지구네의 안색이 창백하고 약해진 것에 놀란다. 지구네는 파르치팔이 차고 있는 것이 성배의 성에서 가져온 검이란 걸 알아보고 그가 질문을 했을 거라고 짐작한다. 지구네는 그에게 검이 가진 특별한 능력을 알려 준다. "이 검은 첫 번째 가격은 견디지만, 두 번째에는 산산이 부서질 것이다. 하지만 동트기 전에 특별한 샘물에 담그면 원래 상태로 돌아온다. 네가 성에서 질문을 했다면 나에게 큰 기쁨이 될 뿐만 아니라, 너는 지상에서 가장 고귀하고 부유한 사람이 될 것이다."
파르치팔은 대답한다. "저는 질문하지 않았어요."
이 말을 들은 지구네는 분노에 찬 저주를 한다. "너는 악한 늑대의 송곳니를 가졌구나!" 파르치팔은 너무 책망하지 말아 달라고 부탁한다. 무슨 잘못이라도 저질렀다면 속죄할 것이다. 그러나 지구네는 더 이상 그와 한마디도 섞지 않으려 한다.
이에 깊은 회한과 자책을 느낀 파르치팔은 식은땀을 흘렸고, 바람을 쐬러 바깥으로 나간다. 길을 걷다가 뼈에 가죽만 남은 앙상한 말을 탄 여인을 만난다. 푹 꺼진 말의 눈은 슬퍼 보였다. 여인은 너덜너덜한 누더기 천으로 간신히 알몸을 덮었지만, 다 가릴 수는 없었다. 그녀는 예슈테였다. 파르치팔을 본 예슈테는 그가 이 모든 고난을 안겨 준 그 젊은이임을 알아본다. 그는 사과하면서, 기사도를 배운 이후로는 그 누구도 수치스럽게 만들지 않았다고 말한다. 그녀가 흐느끼는 것을 보자 진심으로 미안한 마음이 들었다. 외투를 벗어 덮어 주며 그녀를 섬기겠노라 제안한다. 그러나 그녀는 남편 오릴루스가 와서 죽이기 전에 어서 떠나라고 말한다. 기사의 명예를 아는 파르치팔은 도망가지 않는다.
분노에 사로잡힌 남편이 나타나고 두 남자는 막상막하의 결투를 벌인다. 한 사람은 아내를 치욕에서 보호하지 못한 것 때문에, 다른 한 사람은 분노한 남편에게 아내의 결백을 증명해 주기 위해 싸운다. 오릴루스는 나이는 많았지만 노련한 기사였다. 그러나 파르치팔은 힘과 기술로 그를 말에서 떨어뜨린다. 꼼짝 못하도록 쓰러진 나무 위로 몰아세운 파르치팔은 오릴루스에게 여기서 죽고 싶지 않으면 아내를 용서하라고 명령한다. 오릴루스는 차라리 죽겠다고 하면서, 영지 2개를 내줄 테니 목숨을 살려 달라고 제의하지만 파르치팔은 거절한다. 파르치팔은 오릴루스에게 쿤네바레 부인을 찾아가 섬기라고 한다. 또한 예슈테와 화해하지 않으면 살려 두지 않겠다고 분명히 말한다. 죽고 싶지 않았던 오릴루스는 굴복하고, 부부는 화해한다. 그들은 말을 타고 은둔자 트레프리첸트의 동굴로 간다. 그곳에서 파르치팔은 거룩한 관을 두고 예슈테의 결백을 맹세한다. 파르치팔은 말한다. "그때 나는 어리석은 바보였습니다. 어린애에 불과했고, 아직 지혜를 얻지도 못했습니다." 그러면서 천막에서 예슈테에게 빼앗았던 반지를 돌려준다. 그 순간 오릴루스는 아내의 무죄를 진심으로 수용하고, 망토를 벗어 아내를 덮어 준다. 오릴루스는 그날 예슈테를 홀로 두고 갔던 책임을 인정하고, 질투 때문에 큰 잘못을 저질렀음을 시인한다. 파르치팔은 관에 놓여 있던 밝은 색깔의 창을 가져가고, 그들은 각자의 길을 간다. 오릴루스와 예슈테는 목욕을 하고 좋은 옷으로 갈아입은 뒤, 아서 왕의 궁전으로 간다. 오릴루스는 쿤네바레 부인을 섬기겠다고 서약하지만, 놀랍게도 쿤네바레는 오릴루스가 두 오빠 중 한 명임을 알아보고 이를 받아들일 수 없다고 말한다. 그는 신분을 밝히면서, 그녀에게 약속을 이행하여 명예를 지키게 해 달라고 애원한다. 부인은 일단 수락하고 난 뒤에 그를 서약에서 풀어 준다. 원탁의 기사와 부인들은 오릴루스와 예슈테를 따뜻하게 환영하고, 아서 왕은 두 사람이 화해한 것에 기뻐한다.

위험한 시기
사춘기

사춘기 남자아이의 여정

파르치팔, 시험에 들지만 준비되어 있지 않다

파르치팔은 어머니를 찾아 떠나지만 어머니는 이미 세상을 떠난 뒤였다. 정신세계로 이어진 다리를 건너면서도 파르치팔은 자기가 어디로 가고 있는지 모른다. 다른 의식 상태에서 지상이 아닌 세계를 엿본다. 견습 기사들이 내준 옷은 그의 것이 아니라 성배의 여왕의 소유물이다. 스스로 노력해서 얻어 낸 옷이 아니다. 기사들은 파르치팔이 안포르타스에게 왜 고통스러워하는지 묻기를 기대했지만, 그는 아직 그럴 준비가 되지 않았다. 시종 하나가 시험 삼아 조롱을 던지자 파르치팔은 자기도 모르게 주먹을 불끈 쥔다. 그때 그에게 검(현대라면 총)이 있었다면 분명히 뽑았을 것이다. 시종은 "농담입니다. 화내지 마세요."라며 농담인 듯 자기 말을 거둬들인다. 이 장면은 모욕을 당하면 즉각 폭력으로 대응하는 사춘기 남자아이들의 충동성을 보여 준다.

대연회장에서 파르치팔은 지상을 초월한 세계, 소위 '아스트랄계'라 불리는 세계를 목격한다. 그곳에는 순결함과 괴로움, 사랑의 오용, 순수, 희생, 슬픔, 남성적·여성적 고귀함과 아름다움, 비현실적인 기대 같은 영혼력이 한데 모여 흐른다. 그곳에서 무슨 일이 벌어졌는가? 파르치팔은 시험을 받지만, 인간됨의 깊은 고통을 이해할 만큼 성숙하지는 못했다. 엄청난 광경에 압도당한 그가 간신히 떠올릴 수 있었던 것은 질문을 너무 많이 하지 말라는 구네르만츠의 충고뿐이었다.

파르치팔처럼 청소년들은 원인과 결과를 구별하려고 애쓰지만, 감정과 사고를 연결시킬 만큼 성숙하지는 못하다. 어떤 면에서는 아직 여성의 보살핌을 받는 처지다.(여왕이 준 옷) 아직 어른이 되지 못한 것이다. 파르치팔은 밤잠을 이루지 못하고 뒤척인다. 마음속에서 무엇인가 소용돌이친다. 하지만 아침에 그가 보이는 태도는 여전히 자기중심적인 수준을 벗어나지 못한다. 처음 성에 왔을 때는 극진한 보살핌을 받았지만, 지금은 일어났는데 주위에 아무도 없다. 파르치팔은 성안을 뛰어다니며 소리친다. "모두 어디로 갔습니까? 왜 나를 돌봐주지 않지요?" 분노와 슬픔을 느끼지만 그 이유를 알지 못한다.

파르치팔의 시야는 여전히 자신을 벗어나지 못하고, 슬픔이 그를 거세게 흔들어 깨운다. 아직은 이해하지 못하는 무언가가 그의 영혼을 흔들고 있다. 이를 이해하는 단계에 오르려면 반드시 슬픔을 경험하고 그것을 있는 그대로 알아보아야 한다. 거위 같은 놈이라는 소리를 듣고 파르치팔은 혼란에 빠진다. 무슨 일이 벌어진 것인지 도무지 알 수가 없다. 하지만 "내 칼은 노력해서 얻은 것이 아니구나."라고 말할 때 그는 약간이나마 자기 인식에 이른 모습을 보여준다. 이는 파르치팔의 성장에서 중요한 한 걸음이다. 어머니는 찾지 못했지만 자기 자신을 발견하는 중이다.

부모나 교사는 남자아이들이 행위의 결과를 받아들이지 않거나, 책임지려 하지 않고, 분별력 없이 굴 때 좌절한다. 하지만 올바른 처신을 기대하는 어른에게 대놓고 조롱을 퍼붓는 극단적인 상황이 펼쳐질 때도 아이의 마음 깊은 곳에는 올바른 행동을 하고 싶은 소망이 있음을 결코 잊지 말아야 한다. 이들에게는 사랑하는 마음과 단호한 태도를 모두 갖춘, 아이의 더 나은 자아를 믿어 주는 어른들이 반드시 필요하다.

파르치팔의 정서적 성장은 지구네를 다시 만나, 지난번 만남 이후로 그녀가 얼마나 큰 고통을 겪어 왔는지를 깨달으면서 한 단계 높은 차원으로 도약한다. 지구네에 대한 슬픔으로 가득 찬 마음으로, 그는 지구네를 섬길 것을 맹세한다. 이는 그녀를 처음 만났을 때와 사뭇 다른 태도다. 그때는 당장 자리를 박차고 나가 지구네의 약혼자 쉬오나툴란더를 죽인 기사에게 복수하려 했다.

여기서 지구네의 역할은 중대하다. 그녀는 파르치팔이 저지른 짓을 정면으로 마주하게 한다. 그때서야 비로소 파르치팔은 깨어난다. 지구네의 목소리가 높아지자 파르치팔은 너무 다그치지 말라며 어떻게든 속죄하겠다고 한다. 이 장면에서 우리 아이들의 목소리가 들리지 않는가? 진정하세요. 그렇게 야단하지 않으셔도 돼요. 제가 알아서 해결할게요.

지구네는 파르치팔을 세 가지 차원에서 일깨운다. 먼저 가족사를 알려 주어 신체적 정체성을 일깨운다. 저주받은 늑대라고 불러 영혼을 건드려, 성배의 성에서 한 행동을 가슴 깊이 뉘우치게 한다. 또 파르치팔의 정신세계와 도덕성을 자극한다. 이에 파르치팔은 "난 질문하지 않았다."고 말하며 그것이 잘못된 행동이었음을 받아들인다.

비록 질문은 하지 않았지만 파르치팔은 지금 훨씬 더 중요한 것을 배웠다. 필요한 것은 노력으로 얻어야 하며, 그냥 주어지는 것은 없다는 사실이다. 그는 지금 안포르타스의 슬픔과 지구네의 슬픔이라는 표상을 영혼 속에 받아들이고 있다. 지구네의 말 덕분에 자기 행동의 결과에 대한 책임을 인지했고 도덕성이 깨어났다. 문이 열렸고, 이제는 더 이상 과거의 파르치팔이 아니다. 이렇게 그는 성숙을 향한 여정에 나설 준비를 갖춘다.

파르치팔처럼 남자아이들은 목소리, 얼굴 표정, 몸짓을 보고 그 사람의 감정과 그 원인을 알아차리는 법을 배워야 한다. 그들은 강한 척하느라 다른 사람은 물론, 자신의 감정도 알아채지 못하는 경우가 많다. 파르치팔은 지구네가 크게 상심하고 질문을 하지 않은 자기 행동 때문에 눈물을 흘리는 것과 자신의 쓰라린 감정을 연결할 수 있어야 했다. 자책하는 모습을 통해 우리는 파르치팔이 그 연관성을 깨닫기 시작했음을 알 수 있다.

어린 시절에 감정을 숨기고 두려움을 감추도록 배우면서 남자들은 자기 내면과 분리된다. 시간이 지나면서 무엇이든 감당할 수 있는 사람으로 보이고자 쓰기 시작한 가면과 진짜 속마음을 구분하지 못해 어려움을 겪기도 한다. 감정을 인정하고 받아들이기보다 애써 무시하고 부인한다. 그로 인해 본질적 자아에 이르는 길을 스스로 닫아 버린다. 남자아이는 자신의 감정을 편안히 인정하는 동시에 그렇게 하라고 응원해 주는 어른이 필요하다. 성장기에 이런 능력을 키울 때, 성인이 되어 타인의 감정을 알아보고 유의미한 인간관계를 시작할 수 있다.

남자아이들의 여정은 롤러코스터 같은 등락을 무수히 반복하는 기나긴 길이다. 수많은 오해, 미숙한 판단, 타인에 대한 부당한 대우로 가득 찬 위험한 여정이다. 파르치팔에게 이름을 알려 준 사람은 안내자 역할을 한 지구네이다. 그녀는 지금 “이 험한 지역으로 들어가겠다고 나서는 건 현명한 일이 아니야. 이곳을 잘 모르는 사람에게는 심각한 위험이 닥칠 수 있어. 나는 얼마나 많은 사람이 이곳에서 목숨을 잃고, 싸우다 죽었는지를 듣고 보았단다. 돌아가.” 라고 경고한다.

이것이 바로 청소년기의 세계다. 파르치팔은 다시 어린 시절로 돌아갈 수 없다. 그는 이미 다리를 건넜다. 어머니를 다른 세계에 두고 떠나왔다. 아서 왕의 궁전을 향해 길을 나설 때 그는 물리적으로 어머니와 분리되었다. 어머니가 보고 싶을 때는 생각을 통해 정신적으로 연결한다. 파르치팔은 정신적 어머니인 성배의 여왕을 의지한다. 그는 여왕의 옷을 입고 있으며, 여왕은 원하는 것이 무엇이든 내어주는 성배를 가지고 있다. 성배의 여왕은 그를 판단하지 않는다. 그가 준비될 때까지 기다린다.

여기서 우리는 모든 남자아이가 겪는 통과 의례를 만난다. 남자아이는 이별의 큰 강을 건너 어머니의 곁을 떠나야 한다. 고대 사회에서는 부족의 장로들이 와서 아들을 데리고 간다. 어머니에게서 떼어 내 남자의 세계로 데리고 가는 것이다. 파르치팔은 어머니가 주신 모든 가르침을 마음속 보물로 품고 있다. 그는 어머니 없이 자신의 길을 찾아야 한다. 그런 다음에야 어엿한 남자로 어머니에게 돌아가 대면할 수 있다. 콘드비라무어스와 결혼한 파르치팔은 어머니께 돌아가 새로운 관계를 시작하기 전까지는 진정으로 그녀에게 가치 있는 존재가 되지 못한다는 것을 안다. 어머니가 계신 곳은 정신세계이기에 그는 그곳으로 가야한다.

청소년기라는 다듬어지지 않은 세계는 정말로 위험천만하다. 온갖 유혹이 청소년들을 기다리고 있다. 명확한 이성의 세계가 아닌, 감정의 소용돌이, 광풍, 억누를 수 없는 욕망, 헛디딤, 환상, 힘겨루기로 가득하다. 돌아가라! 그러나 청소년들은 다시 돌아갈 수 없다. 이는 그들이 온전한 인간이 되기 위해 넘어야 하는 신성한 여정이다. 파르치팔의 여정은 이제 비로소 시작이다.

남자아이들은 보통 신체적 행동으로 문제를 해결한다

지구네의 질책에 정신이 번쩍 든 파르치팔은 앙상한 말을 탄 예슈테를 만나야 했다. 이 장면을 오늘날의 상황에 대입해 보자. 여자가 싫다는데도 사귀자고 밀어붙이는 사춘기 남자아이가 떠오르지 않는가? 그녀의 남자친구는 그녀가 다른 남자를 유혹했다고 몰아세우며 상처를 준다. 여자는 사귀자고 달려든 남자에게 "가까이 오지 마. 너 때문에 모든 게 엉망이 되었어. 남자친구가 나한테 화가 잔뜩 났단 말이야."라고 말한다. 그는 사과하며 말한다. "그땐 아무것도 몰라서 그랬어. 이젠 그런 식으로 행동하지 않을 거야. 정말 미안해."

여자는 그가 어서 가 버리기를 바란다. 하지만 그는 여자가 안됐다는 마음이 든다. 미안한 생각에 어떻게든 잘못을 만회하고 싶어 한다. 전에는 제멋대로 밀어붙이던 그가 이제는 남자친구를 만나 그녀에게 아무 잘못도 없다는 사실을 알려 주려 한다. 그런데 알려 주는 방식이 둘이 한판 치고받는 것이다. 남자들은 몸싸움으로 문제를 해결하려는 경향이 있다.

남자는 강함과 약함의 관점에서 자기 남성성을 판단하려 든다. 강하면 가치 있는 인간이고, 약하면 형편없는 인간이다. 내키지 않아도 열심히 싸워야 한다. 그렇지 않으면 자존심이 없는 것이다. 체구가 작거나, 몸 쓰는 것보다 지적인 작업을 좋아하는 아이라 해도 싸움에서 자신을 증명해야 할 때가 있다.

파르치팔이 마침내 오릴루스의 주의를 끄는 데 성공한다. 오릴루스는 마지못해 예슈테를 잘못 판단했음을 인정한다. 하지만 오릴루스가 마음을 고쳐먹게 만든 것은 파르치팔이 힘을 입증하고 그를 제압하는 데 그치지 않고, 한 걸음 더 나가는 태도를 보인 데 있었다. 파르치팔은 반지를 돌려주면서 예슈테는 아무 잘못이 없음을 강조하고, 자신이 그때 바보같이 행동했음을 인정했다. 그러자 오릴루스는 그의 설명을 받아들이고, 자기 행동에 책임을 진다. 아이(혹은 성인, 이 경우엔 오릴루스)가 자기 역할을 인정하고 그에 대한 책임을 다할 때 진정한 변화가 일어날 수 있다.

이 장면에서 파르치팔의 행동은 두 가지 측면에서 초기 청소년기와 후기 청소년기의 차이를 보여 주는 좋은 예다. 객관적 시각이 발달하고 타인의 관점을 이해할 수 있게 되면, 몸싸움이 문제 해결의 유일한 방법이 아님을 깨닫게 된다. 잘못을 인정하고 부족한 점을 기꺼이 드러낼 수 있을 때 비로소 변화가 일어난다. 총알이나 로켓 대신 '적'을 이해하고 공감할 때 얼마나 많은 갈등과 불화, 세상 문제들이 해결될지 생각해 보라. 자만심에 휩싸이거나 상처를 입으면 나이와 상관없이 언제라도 사춘기적 유치한 행동이 나올 수 있다.

성배의 성에 있는 사람들은 시간 속에 갇혀 있다. 치유의 질문이 나오지 않자 슬픔에 찬다. 그들은 잠자는 공주의 성에 얼어 버린 사람들과 같다. 공주는 잠들어 있다. 가시덤불을 헤치고 와서 공주에게 입맞춤하여 마법을 풀어 줄 왕자를 모두가 기다린다. 우리의 파르치팔 왕자는 아직 그럴 준비가 되지 않았다. 얼어붙은 성 사람들은 더 기다려야 하고, 소년은 더 자라야 한다. 그는 아직 거위에 불과하다.

검의 힘

지구네는 파르치팔이 새로 얻은 검의 능력을 알려 준다. 이 검은 마법의 샘에 들어갔다 나오면 다시 온전해진다. 그는 아침 햇살이 검에 비치기 전에 바위 밑 샘의 원천에 칼을 꽂아야 한다. 파편들을 한데 모으면 검은 다시 온전해지고, 파편의 접합면들은 이전보다 한층 더 강해진다.

이 검은 파르치팔의 힘의 원천이다. 아이는 어떻게 힘을 재생할 수 있을까? 자기 힘의 근원으로 가야 한다. 그곳은 어둡고(햇빛이 검을 비추기 전), 깊이 감추어진 내면세계에 있다. 세상에서 힘들게 싸우느라 힘이 다 소진되었을 때, 아이는 내면의 자신과 연결함으로써 힘을 회복할 수 있다.

초기 청소년기에서 후기 청소년기로의 변화는 칼을 쓰는 태도에서 드러난다. 파르치팔은 도전하는 자가 누구든 싸움을 마다하지 않던 기사에서, 화해를 통해 평화를 지키는 기사가 되면서 변형을 이루어 낸다. 검sword이 말word로 바뀐 것이다. 이제 그는 평화를 위해 싸우는 전사가 되었다. 성숙한 사람이란 이 변형에 성공한 이를 말한다. 이를 강력하게 구현해 낸 본보기로 넬슨 만델라Nelson Mandela를 들 수 있다. 그는 인종 분리 범죄를 저지르고 있는 사람들에게 보복하는 대신 남아프리카공화국에 진실과 화해 위원회를 설립했다.

사춘기 여자아이의 여정

여학생들은 흔히 남학생들보다 일찍 자아 인식 단계에 들어가며 그들과는 다른 여정을 거친다. 그 여정을 이해하려면 먼저 여성의 본질을 이해할 필요가 있다.

남자는 성장하기 위해 분리와 고독의 단계가 필요한 반면, 여자는 이전보다 훨씬 복잡한 관계망이 필요하다. 이들은 관계망 혹은 연결성의 그물로 성숙한 자아라는 천을 짜 나간다. 여자는 남자보다 일찍, 그리고 서로의 차이를 보다 세밀하게 인식하면서 자아에 눈을 뜬다. 예리한 관찰자인 이들은 사람들이 관계 맺는 방식을 지켜보고, 몸짓이나 말의 뉘앙스의 미묘한 차이에 집중한다. 자신의 신체적, 정서적 욕구뿐 아니라 타인의 감정도 중요하게 여긴다. 여자는 자신의 감정을 훨씬 잘 인식하며, 남자보다 빠르게 공감을 형성한다.

여자들은 자기 정체성이 친밀감과 밀접하게 연결되어 있다고 느낀다. 이들이 관계 문제에 보이는 반응은 독립성에 대한 태도에 비해 훨씬 민감하다. 누군가와 의미 있는 관계를 맺을 때 비로소 자신을 가치 있는 존재라고 느낀다. 다른 사람을 억압하는 힘보다 다른 사람과 함께하면서 얻는 힘을 선호한다. 관계에서 외톨이가 되거나 떨어져 나가는 것을 큰 위협으로 여긴다.

여자들은 다양하고 폭넓은 어휘를 사용해 감정을 표현하며, 경험한 바를 시시콜콜 이야기하기를 원한다. 기왕이면 타인과, 정 어려우면 자기와의 대화를 통해서라도. 문제 해결 과정이나 새롭게 깨달은 바를 말로 표현하고, 느낌과 연결하고, 자기가 한 말을 귀로 들으면서 자신의 사고를 자각해 나간다.

사춘기에 여학생들은 활달하고 외향적인 아이들조차 기분이 가라앉고 아무와도 소통하기 어렵다고 느끼는 시기를 겪는다. 이 모든 변화에 혼란스러워하며 한동안 안으로 물러난다. 엄마보다 선생님이나 코치 같은 다른 여자 어른들을 더 가까운 존재로 여기기도 한다.

일반적으로 여학생들은 경쟁을 편치 않게 여기고 한 팀으로 일하기를 선호한다. 미묘한 감정 변화를 남자보다 잘 파악하기 때문에 공격적인 경쟁 관계에서 남녀 모두 어떤 대가를 치르는지를 알아본다. 여학생도 경쟁에 뛰어들어 뛰어난 성과를 낼 수 있지만, 선택의 여지가 있다면 집단의 목표를 돕거나 관계를 개선하는 일을 선호한다. 하지만 다른 여자 팀원들이 던지는 말이나 몸짓에 민감하기 때문에, 팀 내부에서 경쟁 관계가 생기거나 다른 여자 팀원과 사이가 나빠질 경우 팀에 심각한 문제가 될 수 있다. 반면 남자들은 집단 내 미묘한 감정에 그다지 신경 쓰지 않고, 팀의 협동에 집중한다. 이런 특성은 소속 집단에 대한 강한 충성심으로 나타난다. 남학생들이 경쟁심을 느끼는 대상은 같은 팀원이 아니라 상대편 팀이다.

지구네는 연인이었던 기사의 주검 곁을 지키며 앉아 있다. 죽음 앞에서도 그에 대한 마음이 조금도 흔들리지 않았다. 그녀는 안포르타스의 고통이 끝나기를 간절히 바라고 있었기 때문에 파르치팔의 행동에 관심을 갖는다. 파르치팔과 대화를 나누면서 타인의 필요를 주의 깊게 관찰하고 그에 반응할 것을 강조한다. 지구네는 파르치팔에게 이런 자질이 필요함을 일깨운다. 그리고 내적 각성을 통해서만 그가 파괴한 것을 치유할 수 있다고 가르친다. 여자들은 자신의 고통뿐만 아니라 타인의 고통에도 마음을 쓴다. 자기 행동이 상대에게 상처가 될지 따져 보고, 관계에서 치러야 할 비용이 너무 크면 원하는 것을 포기한다.

여자는 본보기가 될 여성을 찾기 위해 어머니와 떨어질 필요가 없다. 그들은 타고난 모방 능력으로 어머니를 비롯한 주변 여성들을 통합하면서 여성이 어떤 존재인지를 배운다. 엄마와 너무 똑같다고 느끼고 차이를 부각시키려 할 때도 있고, 엄마를 부끄러워하며 거리를 둘 때도 있다. 대개는 일시적 행동이다. 자기가 누구인지를 드러내고 자기 고유의 길을 정하는 과정을 거치기는 하지만, 이를 위해 물리적으로 떨어질 필요는 없다. 남자는 어머니 품을 떠나 남자들의 세계에 온전히 들어가야만 진정한 남성성을 배운다.

여자는 어머니와의 관계에서 타인을 돌보고, 도움을 주고, 사람들의 감정을 알아차리고, 양육하는 여성적 자질을 키운다. 관계에 대한 이야기를 나누면서 사람들의 의도, 동기, 욕구처럼 미묘한 결을 알아보는 눈을 키운다. 그들은 어머니와의 관계 속에서 자기 의견을 주장하는 법, 옳다고 생각하는 것을 말하는 용기를 발굴해야 한다. 이런 힘이 생기면 엄마와 서로 의지하는 동반자 관계로 발전할 수 있다. 자기 목소리를 찾지 못하면 엄마와의 관계에서 짓눌리고 숨막히는 느낌을 받거나, 엄마가 자신을 받아들이고 인정하기를 바라며 오랜 세월을 보낼 수도 있다.

아버지와의 관계도 만들어 가야 한다. 그 관계에서 여자는 흔히 남성적 자질이라 여기는 능력들 즉 자기 힘으로 세상을 헤쳐 갈 수 있다는 자신감, 목표 의식, 문제 해결 능력, 강한 내면적 자질을 키워 나간다. 아버지가 없거나 부녀 관계가 원만하지 않은 경우에는 자기를 힘들게 만드는 남자에게 끌리기도 한다. 그들은 아버지처럼 기댈 수 있는 존재를 찾거나, 남자 친구의 폭력적 행동을 수용하기도 한다. 남녀 관계가 의례 그런 것이라 생각하기 때문이다.

관계에 유능하다는 여자들의 장점에도 그림자가 있다. 문제를 솔직담백하게 말하기보다 에둘러 이야기하고, 상황을 교묘히 조작하고, 뒤에서 험담하고, 갖은 수를 써서 막후에서 사람들을 조종한다. 남을 숨 막히게 하거나 지배하려 든다. 이들에게는 건강한 관계를 성취하는 것이 가장 큰 과제다.

너무 독립적이거나 너무 의존적이면 그 불안정성에서 비롯된 문제를 만난다. 아무에게도 기대지 않겠다고 고집하면서 관계를 향한 기본 욕구를 무시하면, 우울증과 고독감, 외로움 같은 감정으로 이어질 수 있다. 독립적이기 때문에 행복하다는 듯 행동하지만 속으로는 관계의 일원이 되길 바란다. 지나치게 의존적인 경우에는 건강하지 못한 관계를 끝낼 엄두를 내지 못하고 체념해 버린다. 수많은 시련을 겪으며 타인에 대한, 그리고 자신에 대한 분노가 쌓인다. 극단적인 자기희생은 심각한 정서적 문제를 만든다. 독립심과 의존성 사이에서 균형을 찾는 것이 여자의 여정에서 가장 어렵고도 중요한 과제이다.

말의 힘

남자아이들은 화가 나거나 좌절한 상황에서 무기(주먹이나 총)를 사용하여 상대를 제압하려는 경향이 있다. 반면 여자아이들은 말을 사용하여 불만이나 분노를 표현하면서 힘을 과시한다. 그래서 머리끝까지 화가 났을 때 그들은 상처 주는 날카로운 말을 칼처럼 휘두른다. 능숙한 말재간으로 상대를 속이거나 상황을 조작하기도 한다. 힘을 쓰건 말을 쓰건, 남에게 상처 주는 행동을 일삼는 것은 능력을 성숙하게 사용하지 못하는 것이다. 조심스럽게 단어를 선택하고, 다른 사람을 배려하면 청소년기 후기로 들어선 것이다.

사회가 안전을 위협하고, 자신을 성적 대상으로 대하고, 지성을 인정하지 않거나, 가능성을 제한한다고 느낄 때, 여자는 이런 느낌들을 곧바로 분노로 전환한다. 이 분노는 정당하다. 하지만 문제를 말로 명확히 표현하고 변화를 이끌어 낼 방법을 찾아내야 한다. 여자는 자신이 사회적 약자라고 느끼기 때문에 빈곤층, 노숙자, 장애인을 비롯해 기회와 권력에서 소외된 계층의 어려움을 잘 이해한다.

청소년기는 여자들에게 위험한 시기다. 대중 매체의 이미지에 자신을 맞추고, 자기 능력을 하찮게 여기고, 잠재력을 사장시킬 수 있기 때문이다.

신성한 여정

청소년기는 필수적 능력을 빠르게 습득하면서 나아가야 하는 위험한 여정이다. 초기에서 중기, 후기 사이의 전환기는 청소년기 발달의 징검다리에 해당한다. 유연하게 대응하는 법 배우기, 큰 그림 보는 법 배우기, 가치에 우선순위가 있음을 깨닫기, 그리고 요동치는 시기에 자신들을 이끌어 주고, 본보기가 되어 줄 좋은 어른 만나기, 이 모든 요소가 위험한 여정을 지나는 청소년들에게 큰 도움이 된다.

하지만 이 시기에 일어나는 훨씬 중요한 사건이 있다. 내가 사춘기를 신성한 여정라고 부르는 이유는 정신성에 대한 각성, 거대한 일이 벌어지고 있다는 자각 때문이다. 이는 청소년들이 인생의 의미를 찾고, 이상에 눈뜨며, 지고한 가치에 귀를 기울이고, 이후 수십 년간 자기 운명을 인도할 결정을 내리는 것으로 드러난다.

06

청소년이 깨어나서 진실을 직시하기란 쉽지 않다

제6권

파르치팔, 가반을 만나다

아서 왕이 붉은 기사(파르치팔)를 원탁의 기사로 맞아들이기 위해 찾아다닌 지 여드레가 지났다. 아서 왕은 기사들에게 허락 없이는 절대 결투를 하지 않겠다고 맹세할 것을 요구했다. 그리고 이 맹세로 인해 곤란한 상황에 처할 경우에는 지체 없이 도움을 주겠다는 약속도 했다. 파르치팔은 이때 어디에 있었는가? 때는 오월이지만, 밤새 흰 눈이 내렸다. 아서 왕의 매사냥꾼들은 저녁에 사냥을 나갔다가 가장 좋은 매를 잃어버렸다. 그 매는 밤새 숲에 있었고, 파르치팔 역시 그 숲에 있었다. 아침이 되어 파르치팔이 말을 몰아 들판으로 나가자, 매는 파르치팔을 따라왔다. 들판에는 천 마리는 되어 보이는 거위 떼가 모여 꽥꽥거리고 있었다. 매는 눈 깜짝할 사이에 거위 떼에 달려들어 거위 한 마리의 날개를 찢어 놓았다. 찢어진 날개에서 흘러내린 붉은 피 세

방울이 흰 눈 위로 떨어졌다. 눈의 하얀 빛깔은 파르치팔에게 콘드비라무어스의 흰 살결을, 붉은 피는 붉은 입술을 떠올리게 했다. 흰 눈과 붉은 피를 가만히 바라보던 파르치팔은 최면 상태에 빠져든다. 아서 왕의 기사들은 근처에 있는 낯선 기사가 갑옷을 입고 창을 곧추세운 채로 언제라도 결투할 태세를 갖추고 있음을 알게 됐지만, 왕의 허락 없이는 결투하지 않기로 한 맹세 때문에 이러지도 저러지도 못하고 있었다. 아서 왕의 기사들은 그가 누군지 무슨 목적으로 왔는지 몰랐지만, 그가 위협적이라는 것과 그들이 기꺼이 맞붙을 준비가 되었다는 것만은 확실히 알고 있었다. 결투를 하고 싶어 늘 안달이 나 있던 젊은 제그라모어스는 이런 도전을 앞에 두고 가만히 있을 수가 없었다. 손발을 묶어놓지 않으면 아무 싸움에라도 끼어드는 제그라모어스를 다른 기사들은 무모한 전사라고 생각했다. 결투를 하려면 왕의 허락을 얻어야 한다는 맹세를 떠올린 제그라모어스는 서둘러 아서 왕과 기노버 왕비가 자고 있는 천막으로 달려간다. 빨리 결투를 하고 싶은 욕구에 사로잡힌 그는 앞뒤 없이 왕의 천막에 뛰어들어 왕과 왕비가 덮고 있던 이불을 무례하게 걷어 낸다. 제그라모어스는 이모인 왕비에게 호소한다. 낯선 기사와 처음 싸울 기사로 자신을 지명해 달라고 왕께 청해 달라는 것이었다. 아서 왕이 왜 이방인과의 결투를 금했는지 아무리 설명해도 제그라모어스는 막무가내였다. 왕은 할 수 없이 왕비의 부탁대로 그의 청을 수락한다. 그는 무장을 하고 결투 준비를 끝낸 후, 말을 타고 낯선 기사에게 도전하러 나선다. 두 기사의 대조적인 모습은 자못 흥미롭다. 분별없는 젊은 기사가 결투 준비를 단단히 한 반면,

파르치팔은 사랑하는 아내 생각에 빠져 최면에 걸린 듯 동상처럼 서 있다.
제그라모어스는 파르치팔에게 싸움을 거는 말을 던지지만 아무 반응이 없자, 파르치팔을 공격한다. 바로 그 순간, 파르치팔의 말이 몸을 돌린다. 세 개의 핏방울에서 눈길을 돌린 파르치팔도 정신을 차린다. 방패에 일격을 받았지만 더 강하게 맞받아쳐서 제그라모어스를 말에서 떨어뜨린다. 파르치팔은 다시 말을 몰아 핏방울이 있는 곳으로 가서 또다시 넋을 놓고 핏방울을 바라본다.
제그라모어스는 말을 걸어오는 모든 기사에게 욕설을 하며 진지로 돌아간다. 그는 결투에선 누구나 말에서 떨어질 수 있다며 변명을 늘어놓으며, 파르치팔이 방패의 문양을 보고 자기가 누군지 알아봤더라면 감히 자신을 상대로 싸우지 못했을 거라고 떠벌린다. 그래도 자신을 말에서 떨어뜨린 것을 보면 파르치팔이 꽤 쓸 만한 기사라고 한마디 덧붙인다.
카이에 경은 제그라모어스가 말에서 떨어졌단 말을 듣고, 이를 개인적 도전으로 받아들이며 붉은 기사와 결투를 하러 나선다. 카이에 경은 아서 왕에게 원탁의 기사의 명예를 설욕할 기회를 달라고 청한다. 왕이 허락하자 카이에 경은 무장을 한 뒤 여전히 넋을 놓고 있는 파르치팔을 향해 말을 달린다.
카이에 경은 무장을 하고 아서 왕의 진지에 접근한 것은 왕을 모욕하는 행동이라며 큰 소리로 낯선 기사를 비난한다. 개 줄을 파르치팔의 목에 감고 왕에게 끌고 갈 것이며, 순순히 응하지 않으면 힘으로 그렇게 하겠다고 도발한다. 그러면서 투구가 '징'하고 울릴 정도로 파르치팔의 머리를 강하게 내리쳤다. 하지만 파르치팔은 여전히 반응을 보이지 않았다. 카이에 경이 다시 공격 태세를 갖추자 파르치팔의 말이 몸을 돌리면서 파르치팔은 다시 정신을 차리고 공격 준비를 한다.
카이에 경이 방패를 내려치자 파르치팔은 훨씬 강하게 카이에 경의 방패에 공격을 한다. 카이에 경이 쓰러진 나무 위로 말과 함께 넘어진다. 말은 죽고 카이에 경은 오른팔과 왼쪽 다리가 부러진다.
카이에 경은 아서 왕의 천막으로 후송된다. 가반은 카이에 경의 부상에 속이 상했다. 하지만 카이에 경은 아직 가반에게 성난 목소리로 소리칠 기운이 있었다. "저 기사는 정말로 강하네. 자네는 용기가 없어. 자네 아버지는 그렇지 않았는데 말이지. 자네는 어머니를 닮았구먼. 칼날이 번쩍거리는 것만 봐도 파랗게 질릴 것이 분명해."
가반은 카이에 경의 비난에 분기가 불끈 솟아나는 것을 억누르고 차분히 말한다. "제가 칼이나 창을 보고 창백해진 것을 본 사람은 아무도 없습니다. 제게 화내실 필요는 없습니다. 전 항상 당신을 섬길 준비가 돼 있습니다." 가반은 천막을 떠나 말에 오른다. 여전히 말없이 땅을 뚫어져라 바라보고 있는 이 대담한 기사를 살피기 위해 칼도 차지 않고 조용히 다가간다. 가반은 대화를 시도하지만, 파르치팔은 창을 곧추세운 채 핏방울에서 눈을 떼지 않는다. 가반이, "당신은 아서 왕과 그분의 기사들을 모욕했습니다. 저를 따라오시면 자비를 베풀어 당신의 무례를 용서하도록 폐하께 청하겠습니다." 하지만 파르치팔의 귀에는 아무 말도 들리지 않는다.
가반은 지난 삶을 돌아보며 자기도 사랑에 눈이 멀었던 시절을 떠올린다. 파르치팔의 시선이 향한 곳을 따라가다가 비단 손수건을 던져 핏방울을 덮는다. 그러자 파르치팔은 다시 정신을 차린다. 그는 마음속에서 아내와 대화를 나누고 있었다. 자신이 정말로 아내를 클라미데에게서 구해 낸 것인지, 아내를 제대로 섬겼는지 묻고 있었다. 최면 상태에서 깨어난 파르치팔은 창이 왜 이 모양인지 의아해한다. 가반이 "결투를 하다 부러진 거요."라고 알려 준다. 파르치팔은 가반이 무장을 하지 않고 온 것을 모욕으로 여긴다. 가반은 싸우러 온 것이 아니라 우정을 구하러 왔으며, 파르치팔을 안전하게 왕에게 데려가려 한다고 밝힌다. 파르치팔이 왕의 이름을 묻자 아서 왕이라고 대답하고 자기 이름도 알려 준다. 이 대화로 두 사람 사이의 분위기가 달라진다. 파르치팔은 가반의 친절함에 대해 익히 들어 알고 있다고 경의를 표한다. 하지만 카이에 경이 쿤네바레 부인을 모욕한 데 대한 복수를 하기 전까지는 아서 왕의 진영에 들어갈 수 없다고 말한다. 그러자 가반은 파르치팔이 이미 카이에 경의 팔과 다리를 부러뜨려 복수를 끝냈으며, 카이에 경의 말도 죽었다고 알려 준다. 파르치팔은 가반의 말을 신뢰하기로 결정하고, 함께 아서 왕의 진지로 말을 달린다. 파르치팔과 가반은 성대한 환영을 받으며 진지로 들어선다. 파르치팔은 눈부시게 빛이 난다. 그 광채는 바라보는 모든 이를 밝게 비추었다. 아서 왕은 위엄 있는 태도로 파르치팔을 따뜻하게 환영한다. 기노버 왕비도 파르치팔을 아들처럼 안아 준다. 아름다운 쿤네바레 부인은 파르치팔의 두 뺨에 키스하고, 가반은 영원한 우정을 맹세한다. 원탁의 기사들도 한 명씩 나와 파르치팔을 일원으로 맞아들인다. 즐겁고 유쾌해진 모든 사람이 축제의 만찬이 끝나기를 원치 않았다. 파르치팔은 진정 행복해한다. 어린 시절의 꿈을 이룬 것이다.

그때 노새를 탄 어떤 처녀가 원탁으로 다가온다. 가까이 와서 보니 처녀가 아니다. 가반은 내적 공포에 사로잡힌 표정으로 그녀를 바라본다. "마법사 쿤드리군!" 가반이 작은 소리로 말한다. "저 여자가 여긴 왜 왔지?" 와인에 취해 기분이 달아오른 기사와 깔깔거리던 귀부인들 위로 무거운 먹구름 같은 침묵이 내려앉는다. 모두 그 마법사를 알지만 쿤드리가 누군지, 어디 사는지를 아는 사람은 아무도 없다. 쿤드리는 수상한 사건이나 공분을 살 만한 일이 일어나면 나타나, 범인을 한 치의 자비심 없이 무자비하게 추궁하고 비난한다.
쿤드리는 박식한 여성으로 모든 언어를 유창하게 말할 수 있다. 논리학, 지리학, 천문학에도 능통하다. 그녀의 옷차림은 매우 우아했다. 귀한 옷감으로 만든 훌륭한 푸른색 망토와 비단 드레스를 걸치고, 금실로 테를 두르고 공작 깃털로 장식한 모자를 쓰고 있었다. 하지만 그녀의 용모는 쳐다보기 두려울 정도였다. 돼지털처럼 뻣뻣한 검은 머리카락은 길게 땋아 늘였다. 코는 개처럼 생겼다. 수퇘지처럼 앞니가 입 밖으로 뾰족하게 튀어나왔고, 눈썹은 너무 길어서 땋을 수 있을 정도였다. 귀는 곰을 닮았고, 얼굴은 털투성이에 거칠기 짝이 없다. 손은 원숭이 피부 같았고, 손톱은 사자의 발톱처럼 뾰족했다. 손에는 채찍을 들고 있었다. 불쌍한 파르치팔은 마주 볼 엄두도 나지 않았지만, 그렇다고 그녀에게서 시선을 거둘 수도 없었다.
쿤드리는 아서 왕에게 다가가 말한다. "당신이 여기서 벌인 일은 당신 자신과 수많은 브리튼인에게 치욕을 주었소. 원탁은 훼손되었소. 거짓이 끼어들었기 때문이오. 기세등등하던 당신의 명성은 추락하는 중이고, 당신의 명예는 거짓으로 판명되었소. 파르치팔 경이 원탁에 합류했기 때문에 원탁의 힘과 명예는 약해져 버렸소."
쿤드리는 이런 말에 충격을 받아 굳어 버린 파르치팔 쪽으로 노새를 몰고 오며 말한다. "비난받을 자는 바로 네놈이다. 그 아름다운 얼굴과 늠름한 팔다리에 저주가 있기를, 왜 질문을 하지 않아 부상당한 왕을 슬픔에서 구해 주지 못한 것이냐? 그분을 안쓰러워하는 마음을 가졌어야지. 너의 마음은 텅 비었어. 지옥에 떨어질 운명이야, 독사의 송곳니 같은 놈! 네 앞으로 성배가 지나가는 것을 보고, 은으로 된 칼과 피 묻은 창도 보았지. 네놈이 왕께 질문만 했어도!"
그러면서 쿤드리는 파르치팔에게 새로운 사실을 말해 준다. "네게는 낯설고 놀라운 형제가 있다. 차차망크 여왕의 아들인 그는 검으면서도 희다. 그는 너보다 많은 미덕을 지니고 있지."
쿤드리는 파르치팔이 형제가 있다는 새로운 소식을 받아들일 틈도 주지 않고 계속해서 그를 몰아치며 비난을 퍼부었다. "너의 명성은 거짓에 불과하고, 너의 영혼은 자기애로 병들어 버렸어. 누군가에게 선행을 베풀더라도 칭찬받으려는 것일 뿐이야. 네 가슴은 돌처럼 단단하고, 감정이라곤 없어. 안포르타스 왕에게 질문하는 게 얼마나 쉬운 일이었는데! 하지만 넌 그렇게 하지 않았어." 쿤드리는 손에 얼굴을 묻고 눈물을 흘린다. 그녀의 가슴은 찢어질 듯 아프다.
파르치팔은 화가 나서 뭐라도 대꾸하고 싶은 마음도 있었지만, 그녀의 눈물을 보자 마음이 흔들렸다. 내면 깊은 곳에서 쿤드리가 한 말에 진실이 담겨 있다고 말하는 소리가 들렸다.
가반이 벌떡 일어나 쿤드리에게 그만 나가라고 말한다. 그녀가 파르치팔에게 말하는 태도를 더 이상 참을 수가 없었다. 떠나기 전에 쿤드리는 가반에게 충고한다. "가반 경, 클린쇼어가 성주로 있는 마법의 성을 찾아 떠나세요. 클린쇼어는 흑마술의 도움으로 당신의 누이인 이톤예를 납치해 그 성에 가두어 놓았습니다. 그곳에는 4명의 여왕과 400명의 여성이 갇혀 있습니다. 이는 명성을 얻기 원하는 고귀한 기사에게 걸맞은 멋진 모험이 될 것입니다."
모두가 낙심한 가운데 쿤드리는 원탁을 떠나고, 파르치팔은 수치심에 휩싸인다. 파르치팔은 원탁의 기사들에게 떠나겠다고 말한다.
"쿤드리의 말이 맞습니다. 성배의 성을 다시 찾을 때까지 제겐 어떤 즐거움도 없을 것입니다. 성을 찾은 뒤에야 다시 돌아올 수 있습니다."
이 모든 비탄 속에 또 다른 낯선 이가 들어온다. 즐거움이라곤 찾아볼 수 없는 이 기사는 아서 왕과 가반을 만나러 왔다고 한다. 기사는 다른 사람들에게는 정중히 인사했지만 가반에게는 그러지 않았다. 그는 가반에게 증오밖에 없다고 말한다. 그는 가반을 비난하면서 "당신은 내 주인을 죽였소. 이 사실을 부인한다면 오늘부터 40일 뒤에 나와 결투를 해야 하오. 당신에게 명예라는 것이 있다면 나를 만나러 오시오."라고 말한다. 다른 원탁의 기사들이 가반을 대신해 싸우겠다고 하지만 가반은 거절한다. 그는 "제가 왜 싸워야 하는지 모르겠습니다. 그리고 싸움 자체를 위한 싸움은 제게 어떤 기쁨도 주지 않습니다." 하지만 그는 결투를 거절했다는 치욕을 당할 생각도 없었다.
기사는 자신이 킹그리무르젤이며, 살해당한 영주의 조카라고 밝힌다. 그는 가반에게 자신과의 결투를 제외하고는 어느 곳에서나 안전을 보장하겠다고 약속한다. 그가 이름을 밝히고 떠난 뒤에야 원탁의 기사들은 그가 누구인지 깨닫는다. 그는 명성이 자자한 매우 용감한 기사라고 알려진 사람이었다.

오늘은 원탁의 기사들에게 즐거움과 슬픔이 함께 찾아온 날이다. 처음에는 파르치팔이 원탁에 합류하는 것을 환영하는 환호 소리로 시작했다. 쿤드리의 말을 통해 그들은 파르치팔이 누구인지, 그의 배경과 부모에 대해 알게 되었다. 파르치팔의 아버지인 가흐무렛이 헤르체로이데와 결혼하게 되었던 마상 창 시합을 기억하는 사람들도 있었다. 그러나 이 훌륭한 두 기사, 파르치팔과 가반은 의혹과 치욕 속에서 떠나게 된다. 파르치팔은 떠나기 전에 그때까지 존재를 알지 못했던 형의 사촌이라고 자신을 소개한 여자에게서 형의 이야기를 더 듣는다. 그녀는 "그의 세력이 아주 멀고 넓은 지역까지 퍼져 있답니다. 부유한 두 나라가 두려워하며, 바다에서건 육지에서건 그에게 복종합니다. 그는 신처럼 숭배를 받고 있습니다. 그의 피부는 검으면서도 흽니다."라고 알려 준다.
파르치팔은 쿤드리가 했던 말을 되새기면서 왜 성배의 성에서 질문을 하지 않았는지 곰곰이 생각해 본다. 구르네만츠가 불필요한 질문을 삼가라고 충고해 주었기 때문에 침묵을 지켰던 것이다. 파르치팔은 질문하지 않았다는 죄책감에 슬픔을 느끼면서도, 그런 감정이 드는 이유는 여전히 이해하지 못한다.
가반은 밤을 보내고 다음 날 아침 같이 길을 떠나자고 권한다. 파르치팔은 성배를 찾아서, 가반은 킹그리무르젤과 결투하기 위해서. 파르치팔은 거절한다. "호의는 고맙지만 나는 홀로 그 길을 가야 합니다. 당신의 여정이 순탄하길! 언젠가 다시 뵙겠습니다." 가반은 여동생을 구하고 나면 세상 끝까지라도 가서 파르치팔을 찾겠다고 맹세하며 신의 가호를 빌어 준다.
하지만 파르치팔은 비통한 어조로 대답한다. "신이라고? 친구여, 제 말을 들어 보세요. 나는 평생 동안 신을 섬겨 왔소. 하지만 신은 나를 조롱하는 것처럼 보입니다. 오늘부터 나는 신을 섬기지 않을 것이고, 마음 내키는 대로 살 것입니다. 그대도 똑같이 하라고 충고하겠습니다. 세상으로 나가세요. 행복한 모험을 하고 아름다운 여인의 사랑도 손에 넣으십시오. 그러면 나보다 많은 즐거움을 누릴 것입니다. 나는 비록 어리석은 사람이지만, 성배를 찾겠습니다."
파르치팔은 떠난다. 다음 날 다른 원탁의 기사 몇 명도 마법의 성을 찾아 길을 나선다. 가반도 떠난다. 많은 기사가 공적을 올렸고 쿤네바레 부인과 예슈테 부인의 슬픔도 설욕했지만, 아서 왕의 장막에는 치욕과 회한이 감돌았다.

진실을 대면하는 청소년

깨어나라, 그리고 집중하라

이번 이야기에는 우리 아이들과 밀접한 여러 주제가 등장한다.

청소년과 대화하는 중에 혹은 대화를 시도하면서 벽을 보고 말하는 느낌을 받은 적이 있는가? 정신이 온통 딴 데 팔려 있어서 한마디도 안 듣고 있다고 느낄 때도 있다. 부모들은 말한다. "집중해라." "쓰레기 내다 버려라." "방 청소 좀 해라." 아이들이 부모를 무시하는 걸까? 딴 세상에 가 있는 걸까? 건성으로 한 마디 던지고는("네, 그럴게요. 알겠어요.") 돌아서는 순간 우리 부탁을 잊어버리기도 한다. 기사들이 말을 걸 때 파르치팔이 듣지 못한 것처럼 우리가 하는 말을 못 듣는 것 같다.

이번 이야기에는 정신이 딴 데 팔려 있는 젊은이를 몽상에서 깨우기 위한 여러 시도가 등장한다. 한 가지 방법은 제그라모어스와 카이에 경처럼 공격적으로 행동하는 것이다. 어른들(부모, 교사와 다른 사람들)이 이렇게 행동할 경우, 청소년은 그를 자기 세계에 침입하려는 적으로 여기고 적대감을 보인다. 다른 방법은 가반이 보여준다. 그는 파르치팔을 관찰한다. 그리고 친절하게 말을 건넨다. 파르치팔의 시선이 어디를 향하고 있는지 알아차린 그는 과거에 사랑에 빠졌던 순간을 기억해 낸다. 그러고는 핏방울에서 주의를 돌리게 해 준다. 우리는 청소년들이 영혼을 사로잡는 고통에서 시선을 돌리게 해 줄 수 있다. 다른 사람이나 다른 문화에 대한 흥미를 촉발하는 것도 좋은 방법이다. 상처 받기 쉬운 연약한 자아만 바라보도록 놔두지 말고 바깥 세상에서 벌어지는 일에 주의를 기울이게 한다. 그러다가 도움이 필요한 일에 참여하거나, 해외로 나가 여행하고 공부하는 길을 발견할 수도 있다.

이런 친절하고 부드러운 방법으로는 아무리 해도 깨어나지 않는 경우도 있다. 이럴 때 주변 어른들은 행동에 변화를 촉발하기 위해 짙은 안개를 뚫고 들어가야 한다. 쿤드리는 모두가 한창 즐거움에 빠져 있는 순간에 등장한다. 분위기를 깨고 원탁의 운명을 바꿔 놓는다. 그녀는 파르치팔에게 진실을 전한다. 진실은 아프다. 쿤드리는 카르마의 심오한 법칙을 이해하는 사람이다. 그녀는 파르치팔이 무의식에서 느끼는 바를 말해 준다. 그는 순수하지 못하고, 원탁의 기사가 될 자격이 없다는 것이다. 쿤드리는 파르치팔에게 격렬한 일침을 가한다. 그것이 그의 운명을 바꾼다. 마음속 소망을 실현한 바로 그 순간에 그 즐거움에서 내쫓긴 것이다. 하지만 사실 쿤드리는 지구네와 같은 방법으로 그를 돕는 중이다.

그렇게 극단적이지는 않아도 청소년들에게 비슷한 역할을 해 주는 어른들이 있다. 교사나 어른들이 진실을 말할 때 환영하는 아이들은 많지 않다. "이번에 제출한 숙제는 완전히 엉망이야. 다시 제출하렴."하고 지적했다고 하자. 상급 과정 학생에게 이런 말을 하는 것은 교사들이 가장 피하고 싶은 일 중 하나다. 하지만 반드시 해야 한다. 그런 문제를 대충 넘어가면 안 되기 때문이다. 파르치팔은 쿤드리의 맹렬한 비난이 없었다면 결코 다음 단계로 도약하지 못했을 것이다. 부모는 아이가 자기 행동의 결과를 직시하게 할 때 그들의 성장을 도울 수 있다. 잘못을 덮어 주거나 곤경에서 구해 줄 의도로 거짓말을 하면 윤리적 행동에 대한 이중 메시지로 인해 아이가 혼란에 빠진다.

자기 행동을 똑바로 바라보게 하면 처음에는 화를 내며 방어적인 태도를 보인다. 자기 행동에 책임을 지는 불편을 감내하고 싶어 하지 않는다. 그러고 싶은 사람이 누가 있겠는가? 상황을 어떻게 벗어나야 할지는 모르지만, 일단 모든 방법을 동원해 본다. 부정하기(전 거기 없었어요. 제가 그런 거 아니에요. 잘못 보셨어요), 타인에게 비난의 화살 돌리기(그 애가 답을 알려 달라고 했어요. 어떻게 안 된다고 해요?), 대수롭지 않은 행동으로 여기기(뭐가 잘못되었는데요? 커닝 안 하는 사람이 어디 있어요?) 하지만 영혼 깊은 곳에서는 잘못된 행동임을 인지하고 부끄러워한다. 이런 상황에 대처하는 태도는 인격 발달에 영향을 준다.

"시간을 거꾸로 돌릴 수 있게 해 달라고 계속 기도해요. 그럴 수만 있다면 그 어리석은 짓은 결단코 하지 않을 거예요."라고 후회하는 아이도 있다. 이때 어른은 객관적인 태도를 견지해야 한다. 비난이나 책망으로 자존심을 짓밟아서는 안 된다. 잘못을 만회할 방법을 찾는 것이 중요하다. 다행히 아주 심각한 실수가 아니면 아이는 책임지고 수습하는 과정에서 배움을 얻고, 다시 일상을 회복할 수 있다. 하지만 언제나 가능한 것은 아니다. 샌디에이고에서 동급생 두

명을 죽인 고등학생 앤디 윌리엄스는 재판에서 방아쇠를 당기던 그 순간으로 되돌아갈 수만 있다면 그런 짓을 하지 않을 거라고 말했다. 윌리엄스는 50년형을 선고받았다.

어른이 '잘못을 직면하는 것을 좋아하는 사람은 아무도 없다'고 인정하고, '지금은 잘못을 인정하는 것이 죽을 만큼 힘들겠지만, 시간이 지난 뒤에 돌아보면 그러길 잘했다고 생각하게 될 거'라고 말해 주는 것이 아이들에게 큰 도움이 된다. 행동과 사람을 분리하는 것도 잊지 말아야 한다.

"네가 잘했다고 생각하지 않는다. 하지만 그게 왜 틀렸는지 이젠 분명히 이해한 거 같아. 그 점을 높이 평가한다."

"네가 한 짓 때문에 지금은 정말로 화가 났어. 하지만 내가 널 많이 아끼는 거 알지? 이 일이 다 마무리되면 우린 전처럼 다시 웃으며 지낼 거야."

"나한테 들켜서 지금 화가 난 거 알아. 나도 이 상황이 좋은 건 아니다. 하지만 이게 습관으로 굳어지는 것보다 지금 잘못을 인정하고 고치는 편이 너한테 좋아. 이 일을 계기로 더 나아질 수 있어. 내가 곁에 있을게. 모든 방법을 동원해서 널 도와줄 거야."

이런 말이 곤경에 처한 아이들에게 힘이 된다. 잘못한 것이 하나도 없다며 책임을 회피하는 아이들도 있다. 적어도 그 순간에는 인정하지 않는다.

책임을 통해 고차 자아가 발달한다

청소년을 책임지는 자리에 있는 우리는 쿤드리 같은 시각과 의식을 갖고 있어야 한다. 모든 아이 안에 존재하는 고차 자아를 보고, 그 수준으로 의식을 고양시켜 주는 것이 우리의 몫이다. 상황이 아무리 불쾌해도 진실을 인정하고 바라볼 수 있을 때, 우리는 고차 자아에 다가간다. 이는 정신 성장에서 대단히 중요한 단계다. 교단에 선 지 40년이 넘었기 때문에 성인이 된 옛 제자들을 만날 기회가 종종 있다. 그런 자리에서 아이들은 고등학교 때 어떤 선생님 덕에 진실을 직면했던 것이, 당시에는 기분 나빴지만 지금은 정말 감사하다고 말한다. 그분을 존경하며, 용감하게 자신과 맞서 주신 것에 고마워한다.

고립된 상태에서는 인격 발달에 필요한 이런 요소가 존재할 수 없다. 공동체가 있어야 한다. 친척, 선생님, 주변 어른, 또래 친구가 필요하다. 이들은 곁에서 지지하되, 행동의 결과를 직면하는 고통스러운 경험 자체를 막아 주어서는 안 된다. 가반과 파르치팔이 원탁을 떠날 때 가반은 동행을 제안한다. 파르치팔은 거절하며 "내 길은 혼자 걸어가야 합니다."라고 답한다. 이런 태도는 파르치팔의 인생에서 중대한 전환점이다.

17, 18세에 이르면 자기 행동의 무게를 받아들일 수 있다. 자신에게 거짓말을 할 수는 있지만, 그게 진실이 아님을 안다. 이제는 진짜 되고 싶은 자기 모습에 비추어 행동을 가늠하고 판단한다. 이것이 청소년기 후기에 접어들었다는 징표다.

라트비아에서 워크숍을 진행할 때 한 참석자가 들려준 일화다. 14살 무렵에 그는 자동차를 정말 좋아했다. 당시 소련에서 그가 실제로 차를 소유할 가능성은 매우 낮았다. 우연히 근사한 자동차 사진이 가득한 잡지 한 권이 손에 들어왔다. 다음 날 중요한 시험이 있는데도 그는 방에 들어가 홀린 듯 자동차 사진을 보고 또 보았다. 그때 어머니가 방에 들어왔다가 공부하고 있어야 할 아들이 딴짓에 빠진 것을 보시고는 화를 내면서 잡지를 빼앗아 갈기갈기 찢어 버렸다고 한다.

다음 날, 그는 어머니에게 앙갚음할 심산으로 술 마시며 노는 학생들 무리에 합류해 버렸다. 그리고 2년 반 동안 학교 공부는 제쳐두고 술독에 빠져서 온갖 말썽을 다 부리는 문제아로 지냈다. 그러다가 17살이 된 어느 날 아침, 문득 잠에서 깨어나 이렇게 중얼거렸다고 한다. "이건 진짜 내가 아니야. 내가 자초한 상황이니 내가 정리해야지." 그날 이후로 갖은 애를 써서 몸담았던 집단을 빠져나온 다음, 술을 끊고 공부를 시작했다고 한다. 그는 '이건 진짜 내가 아니야'를 깨달았던 순간을 생생하게 기억한다.

이번 이야기에 나오는 세 명의 기사는 각각 사고, 감성, 의지라는 영혼 활동의 한 부분을 상징한다.

제그라모어스는 누가 결투를 신청하든 당장 싸움에 나서는 충동적인 젊은이다. 그는 고삐 풀린 의지 속에서 살아간다. 행동을 숙고하지 않고 몸 가는 대로 실행한다. 왕과 왕비가 잠자고 있는 천막에 뛰어들어 이불을 들추는 것이 얼마나 무례한 일인지 짐작하지 못한다. 자기가 원하는 것만 생각한다. 싸운다는 사실 자체에 흥분한다. 그는 성장하면서 의지를 보다 유익한 방향으로 이끌어야 한다.

카이에 경은 감정을 마음에 오래 담아 두며, 상황에 냉소, 모욕, 조롱으로 반응한다. 싸움에서 패배했다는 사실을 그냥 인정하지 못하고 자신과 남에게 그럴싸한 이유를 갖다 붙인다. 신랄한 면도 있지만, 아서 왕에게 충성을 바치는 굳은 심지는 그의 장점이다. 카이에 경은 아주 총명하고 날 선 비판을 일삼아 던지며, 재치 있는 말로 예민한 심사를 감추는 청소년을 닮았다. 이들은 어린 시절에 실망을 겪거나 상처를 입었을 수 있다. 이들은 청소년기에 예리한 사고력의 부정적 측면에 의존하는 경향이 있다. 그러나 부정성을 타인에 대한 긍정적 관심으로 변형시키면 예리한 지성과 재치를 좋은 목적에 사용할 수 있다. 그러면 더 인정받고 받아들여진다고 느끼게 될 것이다.

가반은 가슴과 느낌에서 산다. 파르치팔과 우정을 맺은 뒤로는 신뢰를 갖고 대한다. 가반은 카이에 경이 도발해도 중심을 잃거나 흔들리지 않고, 자기 자리를 굳게 지킨다. 공격도, 모욕도 하지 않는다. 사실을 진술할 뿐이다. 비판을 수용할 수 있으며, 부당한 비난에도 현명히 처신한다. 그리고 자기 행동에 책임을 진다. 어떤 상황에서도 감정의 균형을 잃지 않기 때문에 그는 분별 있는 선택을 하고, 타인의 필요에 응할 수 있다.

의식을 갖고 자기 행동에 책임을 질 때 청소년들은 성숙한다. 본능에 따라 행동하면 반사회적이거나 사회적으로 비생산적인 선택을 하게 된다. 자기 행동을 돌아보고, 행동의 결과를 기꺼이 인정할 때, 청소년들은 스스로 고차적 사고 기술을 사용하는 것이다.

07

명예, 질투, 그리고 순수함

제7권

가반의 모험

가반은 킹그리무르젤을 만나기 위해 아스칼룬으로 떠난다. 며칠 뒤 넓은 평원에 도착한 그는 화려한 색깔의 방패를 들고 멋지게 차려입은 한 무리의 사람들을 만난다. 통성명을 하고 보니 그들은 멜리안츠 왕의 사람들이고, 제후 립파우트의 요새를 공격하러 가는 중인 것을 알게 된다.

제후 립파우트의 요새에 다가간 가반은 공격하는 사람들이 요새를 포위하고 있으며, 성안에 있는 사람들 역시 반격할 태세임을 알게 된다. 가반은 어찌된 상황인지 궁금했지만, 그 역시 진퇴양난의 처지였다. "전투를 보고도 참가하지 않으면 내 명성은 무너질 것이다. 그렇다고 싸움에 참가하면 시일이 지체될 것이라, 그 또한 내 명성에 금이 가게 할 것이다." 가반은 높은 담으로 둘러싸인 성문을 통과한다. 성문 위에

한 궁사가 활을 쏠 준비를 하고 서 있다. 그는 성으로 향하는 언덕을 계속 올라간다. 성안의 공작 부인은 두 딸과 함께 창밖을 내다보다가 가반을 발견한다. 공작 부인이 그가 누구인지 궁금해 하자, 큰딸 오비에는 "보아하니 말 장사꾼이거나 방패를 파는 사람 같아요."라며 깔보듯 대답한다. 그러나 열두 살도 안 된 여동생 오빌로트는 가반에게서 뭔가 특별한 점을 보고 그를 옹호한다.

전쟁이 벌어진 원인은 버림받은 사랑이었다. 왕이었던 멜리안츠의 아버지는 임종 자리에서 제후 립파우트에게 아직 어린 멜리안츠를 군주가 되기에 부족함 없이 키워 달라고 부탁했다. 제후 립파우트는 왕의 부탁대로 그를 키웠다. 성인이 된 멜리안츠는 오비에에게 그녀를 섬길 테니 연인이 되어 달라고 청했다. 오비에는 멜리안츠가 크게 모욕을 느낄 만큼 그가 아직 자신의 사랑을 받을 만큼 기사로서의 경험을 쌓지 못했다며 조롱하고 비웃었다.

사랑을 거절당한 멜리안츠는 자신이 소국의 대곡인 오비에의 아버지보다 높은 신분임을 상기시켰다. 오비에는 머리를 꼿꼿이 치켜올리며 자신은 세상 누구에게 어떤 것도 덕 보고 싶지 않다고 말한다. "나의 자주성과 자유는 세상 그 어떤 머리에 올라간 왕관보다도 위대합니다."

멜리안츠는 오비에의 머릿속에 그런 생각을 심어 준 제후 립파우트와 그녀의 아버지를 비난했다. 제후는 어떻게든 상황을 풀어 보려고 애썼지만, 오비에의 거절로 상처받은 멜리안츠의 마음은 위험스러운 분노로 타올랐다.

멜리안츠의 오만한 마음은 제후 립파우트에게 전면전을 선포하는 것으로 반응했다. 오비에는 멜리안츠가 이렇게 화내는 것을 보고 미안한 마음이 들었지만 때는 이미 늦었다. 상황은 계속 악화될 뿐이었다.

오비에가 모욕한 사람은 멜리안츠만이 아니었다. 그녀가 가반을 떠돌이 장사꾼이라 부르며 계속 모욕하자, 동생 오빌로트는 가반의 편을 들어 그에 대한 찬사를 늘어놓으며 언니의 모욕을 상쇄한다.

가반을 본 제후 립파우트는 성을 방어하는 데 힘을 보태러 와 준 것으로 짐작하고, 성문을 열어 반갑게 맞이한다. 제후 립파우트는 가반이 자신 편에서 함께 싸워 줄 거라는 큰 기대를 품지만, 가반은 킹그리무르젤과 싸우러 버굴라트로 떠나야 하는 처지를 설명한다.

어린 오빌로트는 재빨리 가반에게 다가가 자신의 기사가 되어 사랑을 위해 싸워 달라고 청한다. 기사도에 따르면 가반은 그 청을 수락해야 하지만, 어린아이에게는 적용되지 않는다는 예외 조항이 있었다. 가반은 어린 소녀를 실망시키거나 사람들의 조롱을 받거나 둘 중 하나를 택해야 한다. 가반은 신을 믿느니 여자를 믿는 게 낫다는 파르치팔의 말을 떠올리고는, 어린 숙녀에게 그녀의 명예를 위해 무기를 들고, 가슴속에 그녀를 품고 싸우겠다고 약속한다. 그는 오빌로트와 그녀의 친구에게 최대의 경의를 표하며 이렇게 말한다. "그대들이 여인으로 성장하게 되면 저 숲의 나무가 전부 창으로 바뀐다 해도 두 분을 위해 충분치 않을 것입니다. 이렇게 어린데도 남자들을 능히 지배하시는 걸 보니 숙녀가 되셨을 땐 어떨지 짐작조차 할 수 없습니다. 그대들의 사랑은 수많은 기사에게 창이 방패를 어떻게 산산조각 내는지 가르칠 것입니다."

오빌로트가 비단 소맷자락을 주자 그는 그것을 방패에 달고 전투에 나선다. 가반이 많은 기사를 말에서 떨어뜨리며, 제후 립파우트가 승리를 안는 데 일조한다. 멜리안츠도 용감하게 싸우다가 가반과 일대일로 맞붙는다. 가반이 멜리안츠를 말에서 떨어뜨리고 옆구리를 창으로 찌른다. 그런데 멜리안츠를 포로로 잡으려는 순간에 가반의 말이 달아난다. 가반은 칼날에 찢기고 피로 얼룩진 비단 소매를 관습대로 어린 오빌로트에게 전한다.
그날 저녁 연회에는 제후 립파우트 쪽 사람들과 항복한 적들이 참석했다. 기사들은 자신들을 위해 용감히 싸워 준 붉은 기사 이야기를 한다. 붉은 기사인 파르치팔은 아내 콘드비라무어스에게 기사를 보내면서 이렇게 말했다. "그녀를 위해 킹그룬과 클라미데에 맞서 싸웠던 파르치팔은 지금은 성배를 찾는 중이지만, 그녀의 사랑도 간절히 원하고 있다고 전해 주시오. 나는 이 두 생각을 항상 마음에 품고 있다오. 그녀에게 내가 당신을 보냈다고 말하시오. 신의 가호가 있기를."
붉은 기사의 활약을 들려준 뒤 멜리안츠는 가반을 얕잡아보듯 말한다. "붉은 기사가 우리 편에서 함께 싸웠다면 당신은 오늘 전투에서 그렇게 큰 공을 세우지 못했을 거요." 가반은 파르치팔이 근처에 있다는 말을 듣고는 놀랐지만, 그를 전쟁터에서 적으로 만나지 않은 것에 감사한다. 전투 중에 말이 부상을 입자 파르치팔은 전에 잡았던 말을 탔다. 그것은 귀가 짧은 잉글리아르트, 바로 달아난 가반의 말이었다.
가반이 킹그리무르젤을 만나러 길을 떠나면서, 포로가 된 적들에게 어린 오빌로트가 시키는 대로 하라고 명령한다. 제후 립파우트와 신하들 앞에 끌려나온 멜리안츠는 "당신의 영지에 머무는 내내 당신은 흠잡을 데 없이 예의를 갖추어 주셨고, 당신의 조언은 한 번도 저를 실망시키지 않았습니다. 이를 더 귀담아들었다면 오늘 저는 행복했을 것입니다... 따님이 저를 조롱하지 않고, 저를 바보로 대하지만 않았어도 당신의 호의를 잃는 일은 없었을 것입니다. 그것은 여자답지 못한 행실이었습니다."
오빌로트는 멜리안츠를 한 번도 조롱한 적이 없었기 때문에 멜리안츠는 오빌로트가 청하는 것은 무엇이든 하겠다고 기꺼이 맹세한다. 오빌로트는 그에게 언니 오비에에게 복종하라고 명령하고 이어서 오비에에게 그의 제안을 받아들이라고 명한다. 어린아이에 불과한 오빌로트의 지혜 덕분에 두 사람은 함께하게 된다. 오비에는 드디어 감정을 드러내며, 멜리안츠가 전투 중에 입은 상처에 키스하고, 슬픔의 눈물을 흘린다. 이로써 오비에와 멜리안츠는 하나로 결합한다. 두 사람은 각자의 오만을 극복하고 화해한다.
오비에의 어리석은 오만 때문에 많은 남자가 목숨을 잃었다.
오빌로트의 명령은 이 상황에 정확히 필요한 것이었고, 서로에게 선뜻 다가가지 못했던 두 연인은 서로에 대한 사랑을 다시 깨닫는다. 가반은 어린 오빌로트에게 최고의 존경과 예의를 갖춰 대한다. 오빌로트는 가반이 떠나는 것을 아쉬워하며 슬피 울지만, 가반은 왕국을 벗어나 킹그리무르젤을 만나러 가는 발걸음을 재촉해 숲으로 들어간다.

정서적 미성숙
거절에 관하여

냉소적인 여자와 상처받는 남자

오비에는 거만하고 냉소적이며, 남에게 상처를 주는 도구로 말을 사용한다. 오만한 태도로 날카로운 말을 거침없이 내뱉는다. 과도한 자신감은 그녀에게 힘 있고 자유로운 존재라는 느낌을 선사한다. 사실 오비에는 연약한 감정을 어떻게 다루어야 할지 몰라서 냉소로 보호막을 친 것이다.

멜리안츠는 감정을 내보였다가 거절당한 남자아이를 상징한다. 그는 상처받은 마음을 폭력으로 표현한다. 무력을 사용해서 여성을 제압하려(이야기에서는 왕국을 손에 넣으려) 한다. 거친 사나이처럼 굴지만, 속마음은 연약하고 상처받기 쉽다. 겉으로는 힘을 과시하지만 내면에서는 자신을 거절할 수 있는 여성의 힘을 위협으로 느끼고 두려워한다. 그러다가 진짜로 거절하면 남성성이 부정당했다는 느낌에 어쩔 줄 모른다. 상대를 적으로 돌리고 어떻게든 상처를 되갚아 주려 한다. 무력을 휘두르고, 모욕하고, 깔보고, 굴욕감을 준다. 그런데 여자가 거친 남자에게 매력을 느끼면 상황은 한층 더 복잡해진다. 이들은 '나쁜 남자'식 태도에 흥분한다. 남자는 독점욕을 보이기 시작하며, 명령에 복종할 것을 요구한다. 여자는 그의 사랑을 원하기 때문에 자신을 희생양으로 내어준다. 이대로 가면 남녀 모두 위험한 상황에 처할 수 있다.

상급 학교에서 벌어지는 싸움 중에 퇴짜 놓은 여학생에게 남학생이 앙갚음하는 과정에서 일어난 사건이 얼마나 많은지 알면 놀랄 것이다. 거절하면서 남자를 망신 주거나 조롱했다면, 그것도 남자의 친구들 앞에서 그랬다면 사태는 더욱 심각해진다. 남자는 위협을 느끼면(그 느낌이 사실이든 아니든) 몸으로 반응하는 경우가 많다. 특히 갈등 상황을 말로 해결하는 것이 서툰 위기 청소년들은 두 번도 생각하지 않고 주먹부터 나간다.

우리는 오비에와 멜리안츠에게서 미숙한 감정을 날것 그대로 표출하는 청소년을 본다. 분노, 상처, 미움, 오만, 자존심, 질투 같은 감정들을 어떤 운 나쁜 상대를 겨냥해 번개처럼 날린다. 이런 감정들을 사고를 통해 변형시키는 법을 배우지 못한 사람은 원초적 수준의 반응을 벗어나기 어렵다. 본능적이고 비이성적 감정은 혼란을 야기한다. 하지만 청소년들이(사실 성인도 마찬가지) 이런 감정들에 사고의 빛을 비출 수 있으면 진심이 드러난다. 진심은 더 깊고, 참된 자아와 밀접하게 연결된 감정이다. 기쁨, 흥분, 즐거움, 환희, 황홀 같은 감정들은 주변을 밝게 비추고, 주변 모두에게 행복감을 퍼뜨린다.

오비에는 멜리안츠가 자기 상대가 될 정도로 강하지 않다며 모욕감을 준다. 그의 자아상을 공격하고, 깊은 상처를 입힌 것이다. 그는 오비에가 자기 의지로 이런 말을 했다는 것을 인정할 수가 없다.

그래서 아버지가 딸에게 이런 생각을 불어넣었다고 주장한다. 멜리안츠는 그녀에게 힘을 증명해 보이고 싶다. 그러면서 오비에의 왕국과 아버지를 파괴하려 한다. 자기가 좋아하는 것을 알고 만족하는 꼴을 보고 싶지 않은 것이다. 그래서 오비에에게 상처 입히는 방식으로 힘을 과시한다. 한편, 오비에도 자기 말을 거둬들이지 않는다. 사실은 그러고 싶지 않으면서도 더 도도한 태도로 모욕의 강도를 높인다. 그녀 역시 좋아하는 사람을 험한 말로 밀어내고 있다.

반응이란 순간적으로 튀어나오는 행동이다. 시간이 갈수록 강도가 높아지다가 눈 깜짝할 사이에 일이 걷잡을 수 없이 커진다. 반면, 느낌은 깊고 느리며, 사고가 들어 있다. 감정은 청소년들이 당면한 문제의 본질을 파악하도록 도와주고, 내면을 들여다볼 기회를 제공한다. 본능적 반응은 순식간에 점화되기 때문에 생각하고 제어할 시간이 없다. 감정은 며칠에 걸쳐 찬찬히 돌아보고 여과할 수 있다. 현재 느끼는 감정을 올바로 인지하면, 본능적 반응을 통제하고 행동의 방향을 잡아 진정으로 원하는 결과를 유도할 수 있다. 청소년이 혼자 힘으로 이 단계에 이르기는 쉽지 않다. 사려 깊은 어른과 솔직한 대화를 나누면 느낌과 반응을 구분하는 데 도움을 받을 수 있다.

어른들이 잊지 말아야 할 중요한 사실은 반응 자체는 문제의 본질이 아니며, 이면의 느낌에 주의를 기울이도록 우리를 일깨우는 불꽃이라는 점이다. 우리는 반응에 응할 때와 모른 척 넘어가야 할 때를 구분할 줄 알아야 한다. 아이들은 가끔씩 부글거리는 감정을 분출한다. 그럴 때 하는 말은 귀담아 들을 필요가 없다. 유달리 힘든 11학년 학급 회의를 마친 어느 날, 동료 교사와 나는 학생들의 미성숙함과 비협조적인 태도 때문에 감정적으로 탈진했다. 답답한 마음에 우리는 왜 상급 과정 교사가 되어서 이 고생을 하는지 모르겠다는 푸념을 주고받았다. 우연히 우리 대화를 들은 여학생이 명랑한 목소리로 말했다. “너무 속상해하지 마세요. 사춘기 애들이잖아요.”

청소년들의 감정은 매 순간 널을 뛴다. 좋았다가 싫었다가, 뛸 듯이 기뻐하다가 다음 순간 늪에 빠진다. 살아 있는 롤러코스터다. 이런 변화에 어른들이 일일이 반응하지 않고 차분히 기다려 주면, 제멋대로 널뛰던 감정들이 가라앉고 평화가 찾아온다. 물론 감정 표현이 지나쳐서 그냥 넘길 수 없는 경우도 있다. 선을 넘는다 싶으면 ‘이제 그만!’ 이라고 단호하게 알려 주어야 한다. 참고 받아 줄 수 있는 한계가 어디인지를 분명히 해 두어야 한다. 육체적, 언어적 폭력은 용납될 수 없다. 어른도 스스로를 존중하며 상대가 함부로 대하는 걸 허용해서는 안 된다. “선생님에게는 인간관계에서 상대가 지켜 주기를 바라는 선이 있어. 이건 그 선을 넘는 행동이야.” 당연히 어른들도 청소년을 존중해야 한다. 경계를 명확히 그어 줄 때 청소년은 행동의 기준을 가질 수 있다. 어른이 일관성 없이 어느 날은 함부로 구는 것을 참아 주고, 똑같은 행동에 다른 날은 벌을 내리면 아이들은 혼란스러워 한다.

이번 이야기는 사춘기 여자와 남자가 감정을 표출하는 일반적인 양식을 보여 준다. 남자들은 의지로 반응한다. 들이받고 싸운다. 여자들은 언어를 이용한 공격성이 강화된다. 남자는 폭력적 행동 속에서, 여자는 감정에 빠져 길을 잃는다.

들불처럼 타오르는 감정을 뛰어넘어 문제를 해결하는 사람은 어린아이인 오빌로트다. 가반은 오빌로트에게 지혜를 발휘할 힘을 부여한다. 어린아이지만 감정에 사로잡혀 앞뒤 못 가리는 두 청소년보다 훨씬 명확하게 상황을 파악한다.

과거의 원한에 사로잡히거나, 생각 없이 반응하는 것은 청소년기 초기의 전형적인 모습이다. 느낌을 알아차리고 자기가 왜 그런 식으로 행동하는지 이해한다면, 청소년기 후반의 성숙함으로 넘어가고 있다는 증거다. 이 단계에 이르면 반사적으로 반응하기 전에 잠깐(속으로 10을 세는 정도의 짧은 순간이라도) 멈출 수 있고, 다른 사람을 용서할 수 있다. 축하받아 마땅한 단계다!

08

모호한 메시지와 파장

제8권

가반의 또 다른 모험

가반은 몇 날 며칠을 말을 타고 달린 끝에 샴판춘 성에 이른다. 말을 탄 500명의 건장한 군인이 가반 쪽으로 다가온다. 잘 차려입은 지휘관 페르굴라흐트 왕이 이끄는 군대였다. 얼굴에서 아름다움이 환하게 빛나는 페르굴라흐트 왕은 파르치팔의 사촌이다. 군대는 사냥 여행을 떠나는 중이었다. 페르굴라흐트는 손님 접대를 위해 사냥을 포기하는 대신, 여동생 안티코니에에게 가반을 맞아들여, 주인이 오랫동안 자리를 비워서 오히려 잘 됐다고 여길 정도로 잘 대접하라고 이른다. 가반이 성에 당도하자 안티코니에는 그를 따뜻하게 환영하며 원하는 것이 있으면 지체 말고 이야기하라고 한다. 그녀는 환영의 키스를 한다. 그런데 의례적인 인사라기엔 너무 과했기 때문에 가반은 그것을 애정의 의미로 받아들인다. 그래서 가반이 적극적으로 구애하자, 안티코니에는 방금 만난 사이일 뿐인데 그가 너무 밀어붙이고 있다고 말한다. 그가 다시 한 번 요구하자, 그녀는 거절한다. 가반은 자기도 그녀 못지않게 좋은 가문 출신이니 청을 거절하지 말아 달라고 요청한다.
그때 안티코니에와 함께 지내던 귀부인들이 들어온다. 가반과 안티코니에는 둘만 있을 구실을 찾으며 그녀의 망토에 슬그머니 손을 넣어 허벅지를 쓰다듬는다. 몸이 달아오른 두 사람은 모든 제약을 다 잊어버린다. 그 순간 흰 머리의 기사가 그들을 본다. 가반이 군주를 살해한 자라고 생각한 기사는, 그 죄인이 이젠 왕의 딸을 범하려 한다고 사방에 알린다.
가반을 공격하기 위해 도시의 경비대가 성으로 달려온다. 사랑의 열정에 방해를 받아 화가 난 안티코니에는 가반에게 병사들이 그를 죽이기 전에 탑 위로 올라가자고 한다. 그녀는 기사들의 공격을 중단시키려 애써 보지만 기사들은 물러서지 않는다. 가반은 탑의 문에서 빗장을 빼내 병사들을 공격한다. 안티코니에는 중앙에 쇠고리가 달린 아름다운 체스판과 체스 말을 찾아내, 가반에게 무기로 쓰라고 준다. 가반이 체스판을 방패로 쓰는 사이에 안티코니에는 사람을 쓰러뜨릴 정도로 무거운 체스 말을 힘껏 던진다. 안티코니에는 필사적으로 체스 말을 던지면서 가반이 잡혀 죽게 될 거라는 생각에 눈물을 흘린다. 곁에서 싸우던 가반은 안티코니에의 아름다운 육체에 욕망을 느끼고 더 힘을 내 열심히 싸운다.
그때 페르굴라흐트 왕이 나타나 가반을 향한 공격에 가담한다. 그가 막 칼을 빼 들었을 때 킹그리무어젤이 도착한다. 킹그리무어젤은 자기 명예가 위태로워졌다고 느낀다. 결투장에서 만날 때까지 가반의 안전을 보호해 주겠다고 약속했기 때문이다. 그는 가반 편에서 싸우기 시작한다. 마침내 페르굴라흐트는 휴전을 선언하고, 사람들은 어리둥절한 채로 물러난다.
그동안 페르굴라흐트는 상황을 정리하고자 원로들을 만난다. 그 역시 가반이 아버지를 죽였다고 믿지만, 충성스러운 기사 킹그리무어젤과 여동생 안티코니에의 마음을 상하게 하고 싶지 않다.
가반이 이런 대접을 받은 것에 당황한 킹그리무르젤은 가반에게 일 년 뒤에 결투를 벌인다는 맹세를 해 달라고 청한다. 페르굴라흐트는 최근 싸움에서 말에서 떨어졌던 것을 떠올린다. 그때 자기를 이겼던 붉은 기사는 자신을 위해 성배를 찾겠다는 서약을 강요했다. 일 년 안에 성배를 찾지 못하면 펠라파이레의 여왕인 콘드비라무어스에게 가서 항복해야 한다. 한 제후가 가반을 왕국에서 추방하여 다른 곳에서 죽음을 맞게 하자고 제안한다. 가반에게 일 년 뒤에 킹그리무르젤과 결투하는 것에 더해서, 성배를 찾으러 떠날 임무도 주는 것이다. 성배의 성은 깊이 보호된 곳이기에 결코 쉽지 않은 임무일 것이다. 그 과정에서 죽임을 당한다면 할 수 없는 일이다. 이로써 가반의 운명은 결정되었다. 다음 날 아침 가반이 성배를 찾겠다고 서약하면서, 조정이 완료된다. 가반은 안티코니에와 마지막 키스를 나눈 뒤 마지못해 그녀와 헤어져 길을 나선다. 몇 주 뒤 페르굴라흐트는 진짜로 아버지를 죽인 사람의 이름을 알게 되지만, 가반은 오래 전에 떠난 뒤였고, 처음에 누가 그에게 누명을 씌웠는지를 기억하는 사람도 없었다. 이렇게 우리의 영웅 가반은 위험천만한 여정에 나선다.

상호 존중 배우기
성희롱과 성폭력

가반은 또 사건에 휘말린다. 여러 오해와 혼란에서 기인한 사건이다. 지금까지 가반은 예절의 모범이었지만, 안티코니에와 있을 때는 충동적이고 성에 적극적이다. 그런 행동은 많은 혼란을 일으키고, 결국 기사들은 이유도 모른 채 서로 싸우게 된다.

페르굴라흐트는 처음부터 상황을 이상하게 만든다. "내 생각이 절대 안 날 정도로 누이가 당신을 잘 돌봐줄 것입니다." 음, 이게 무슨 말일까? 안티코니에는 가반을 만나자 환영 인사로 선정적인 키스를 하여 흥분시키더니 다가오지 말라고 한다. 원하는 바가 무엇인지 명확하지 않다. 사실 가반과 함께 있는 것이 완전히 마음에 드는 눈치다. 뒤에 가반에게 깊이 빠진 그녀가 부상당한 그를 생각하며 눈물을 흘리는 장면도 나온다. 기사들은 이 모든 혼란을 해결할 방도를 찾기 위해 회의를 연다. 회의가 끝난 뒤, 안티코니에는 가반을 자기 침실로 데리고 들어가 함께 밤을 보낸다. 다음 날 아침, 둘은 서로에게 작별을 고한다.

여기서 우리는 충동적으로 잠자리를 한 청춘 남녀를 본다. 두 사람을 청소년으로 가정하면 몇 가지 의문이 떠오른다.

두 사람은 무엇을 하고 있는가? 서로 잘 알지 못하는 사이다.
나중에 여자는 이 일을 어떻게 느낄까?
이는 습관적인 행동인가?
여자는 두 사람의 관계에 기대를 갖고 있는가?
그녀의 선택지는 무엇인가?
남자는 적극적인 구애 행동에 대한 보상을 얻었는가?
여자의 혼재된 신호에서 남자는 어떤 메시지를 받았는가?

가반은 성과 연애에 대한 태도를 아직 해결하지 못했다. '성의 단순함에서 관계의 복잡함으로'(『무엇이 내 아들을 그토록 힘들게 하는가Raising Cain: Protecting the Emotional Life of Boys』 참조)라는 문구는 가반이 걸어가는 길을 잘 설명해 준다. 이는 대부분의 남자가 거치는 여정이기 때문이다. 파르치팔의 여정은 전혀 다르다. 그에게는 성이 큰 문제가 아니다. 성배를 다시 찾으려는 그의 투쟁은 홀로 가야 하는 길이다. 파르치팔은 가슴을 열고 느낌을 활성화시켜야 한다. 반면 가반의 감정은 활짝 열린 책이다. 그는 다정하고 따뜻하며, 친절하고, 사교적이고, 성에 적극적이며, 활달하다. 그는 무엇을 배워야 하는가? 그가 걷는 길은 감정 영역에 사고의 힘을 들여오는 여정이다.

상급 학교에는 눈짓만 해도 여자들이 다 '넘어 온다'고 뻐기는, 자신감이 차고 넘치는 남학생들이 있기 마련이다. 대체로 잘 생기고 몸에 자신 있으며, 연애도 잘한다는 암시를 풍긴다. 그들은 관심을 보이는 여자를 유혹해서 재미를 보고 싶어 한다. 그들에게 유혹은 일종의 놀이다. 상대가 어디까지 허용할지 서로 떠본다는 측면에서 그렇다. 여자는 잠자리를 하룻밤의 유희가 아니라 관계의 일부로 기대한다. 그것이 단순한 불장난에 불과할 때 여자의 평판은 손상을 입지만, 남자들은 대개 별다른 타격 없이 넘어간다.

캘리포니아 남부의 한 고등학교 미식축구부 학생들이 여학생들과 잠자리 한 전적을 놓고 으스대고 떠벌렸을 때, 대부분의 아버지가 '사내아이들이 다 그런 거'라며 아들을 감쌌다. 여학생들의 마음이 어떨지는 관심 밖이었다. 그간의 여성 해방 운동에도 불구하고, 용납할 수 있는 행동에서 남녀에 대한 이중 잣대는 여전히 존재한다.

이번 이야기의 결투 장면에서는 겨울에 눈싸움을 하거나, 교실에서 서로에게 젖은 휴지를 던지는 남학생들의 모습이 떠오른다. 이런 식의 방종에는 짜릿한 흥분이 있다. 아무도 다치지만 않으면 된다. 이는 전염성 강한 남자들 힘겨루기의 좋은 예다. 모두를 긴장하게 만들면서 놀이처럼 즐기게 되는 수준의 위험과 일탈 요소가 존재한다. 어떤 권위자가 와서 "그만!"이라고 외치기 전까지는. 상황이 종료되면 양쪽 모두 어리둥절해진다. 누가 벌을 받아야 할지 아무도 모른다. 모두 흥분을 가라앉히고 차가운 이성으로 상황을 돌아보아야 한다. 싸우는 와중에 대화는 거의 없었다. 혼란스러운 행동만 존재할 뿐이었다. 행동을 멈춰야 사고가 뚫고 들어갈 여지가 생긴다.

파르치팔 이야기에는 여자가 남자들에게 공격이나 학대를 받는 장면이 자주 등장한다. 그러면서도 그들은 남자의 권력에 의존해야 사회에서 정당한 지위를 부여받을 수 있었다. 그 시대는 여자가 능력이나 재능을 발휘할 출구가 거의 없었다. 상류층 여자들은 어려서부터 매력적으로 보이는 방법, 남자에게 고상하게 말하는 법, 구애할 때 올바르게 처신하는 법과 계급에 맞는 행동거지를 배웠다.

오늘날 여성들에게 분명히 훨씬 많은 기회가 있다. 고등 교육을 받을 수 있고, 운동선수로 활약하거나 의료계나 법조계로 진출한 여성도 무수히 많다. 그럼에도 불구하고 여성의 능력에 대한 고정 관념은 아직도 뿌리 깊이 남아 있다. 한 친구는 비행기 일등석에서 다음과 같은 대화를 들었다고 한다. 어떤 남자가 정장 차림의 여자에게 물었다. "무슨 일을 하십니까?" "항공사에서 일합니다." "아, 승무원이신가요?" "아니오, 기장입니다." 해묵은 고정관념이 깨지는 데는 많은 시간이 걸린다.

여성의 사회적 지위에 대해 여학생들은 어떤 메시지를 받는가? 얌전하고 헌신적인 과거의 여성상은 오늘날의 여성에게는 매력이 없다. 신체를 과시하고, 몸을 권력으로 사용하라고 부추기는 세상이다. 13살 여자아이가 "내 무기는 몸이에요. 나는 원하는 것을 얻기 위해 몸을 이용할 수 있어요." 라고 말한다. 사회 전반을 장악한 날씬한 여자라는 대중문화 이미지를 따라가기 위해 여학생들은 끊임없이 자기 몸을 자기가 아닌 뭔가로 만들려고 애를 쓴다. 그리고 식이 장애를 비롯한 여러 해로운 습관을 얻는다. 심리적으로도 "지금 그대로의 너로는 부족해. 넌 괜찮지 않아."라는 대중문화의 속삭임에 사로잡힌다. 현대 여자아이들은 부족한 면을 지나치게 의식한다. 몸매, 이성 관계, 머릿결, 얼굴, 학교 성적에 안달복달한다. 학생 수가 많은 학교에 다니는 한 여학생은 사물함에서 책을 꺼내려고 허리를 굽히면 모르는 남학생들이 지나가면서 브래지어 끈을 당기거나 허벅지를 슬쩍 만진다는 이야기를 해 주었다. 많은 여학생이 학교 복도에서 원치 않은 성적 접촉을 당해 본 경험이 있다고 보고한다. 성적으로 문란하다는 헛소문이 돌기도 한다. 더 심한 희롱이나 추행을 당할까 봐 공론화할 엄두를 내지 못한다.

데이트 강간, 연인의 폭행, 친척의 성추행 같은 사건 소식은 여성의 자신감을 위축시키고, 의심과 경계의 끈을 놓지 못하게 만든다. 갱단에 들어간 여자는 그 속에서 사회적 지위를 획득한다. 특히 특정 남성과 가까운 관계가 되면 안전을 보장받을 수 있다. 하지만 이런 보호에 의존하는 여성은 '보호자'의 폭력에는 무방비로 노출될 수밖에 없다.

오늘날에는 데이트가 위험한 일이 되었다. 많은 남학생이 자기가 저녁을 사면 당연히 여학생과 하룻밤을 보낼 수 있다고 생각한다. 이런 실랑이가 자주 벌어진다면 더 이상 데이트가 즐거운 일이 될 수 없다. 여자도 성에 호기심을 느끼지만, 자기가 편안한 속도로 경험하길 원한다. 교실에서 친절하던 남학생이 데이트 중 으슥한 공간에 가면 맹수로 돌변할 수 있다.

반면, 7~10학년 여학생들은 놀랍도록 적극적이다. 남자는 아무 생각이 없는데 전화해서 사귀자고 적극적 공세를 펴는 경우도 많다. 이 시기 남학생 엄마들은 아이가 싫다는데도 끈질기게 전화하는 여학생들이 적지 않다고 말한다.

에이즈를 비롯한 성병을 두려워하면서도 자기는 괜찮을 거라는 근거 없는 믿음을 가진 여학생들도 있다. 부정확한 정보와 몇 가지 약을 손에 넣은 아이는 다치지만 않으면 성을 탐색해도 무방하다고 생각한다. 남자를 계속 바꿔가며 성관계를 갖는 것이 건강에 해로울 뿐 아니라 심리적으로도 큰 상처가 될 수 있다는 것을 상황이 나빠진 뒤에야 깨닫는다. 술에 취해서 아무것도 기억을 못하는데 정신을 차려 보니 임신했다는 아이들도 많다. 부모가 집을 비운 사이에 친구들을 불러 파티를 벌일 때 이런 일이 종종 생긴다. 성관계의 위험을 피하면서도 즐거움을 얻고 싶은 청소년들 사이에선 구강성교와 상호 자위행위가 흔한 대안이다.

이성 간에 상대를 존중하는 자세를 키워 주는 것이 교육에서 중요한 문제다. 남자아이들은 지적으로나 정서적으로 늦게 성숙하기 때문에 충동을 조절하는 데 더 많은 시간이 필요하다. 여자아이들은 잘 모르는 남자와 단 둘이 데이트하는 것을 너무 쉽게 생각해서는 안 된다. 거절하는 데도 그만두지 않는 끈질긴 남자를 상대하는 법도 배워 두어야 한다.

남자가 여자보다 연상인 경우는 더 위험하다. 여자가 미성숙할수록 여자가 정말로 성관계를 원한다고 착각하게 만들기가 쉽기 때문이다. 온갖 방식의 애정 표현으로 남자가 정말 자기를 보살피고 사랑해 줄 거라고 믿도록 여자를 조종할 수 있다.

미디어에서 보여 주는 모든 이미지는 다른 사실을 주장하지만, 나는 여자아이들이 여전히 성과 사랑을 연결한다고 믿는다. 이들은 여전히 남자에게 낭만적인 기대를 품고, 남자가 자신을 귀하게 대해 주길 원한다. 여자는 성관계에만 초점을 두기보다 관계에 더 큰 비중을 둔다. 순결을 지키는 것을 멋지게 여기는 집단도 있다. 한 집단에서 꽤 많은 청소년이 몸을 본능에 맡겨 두지 않기로 결심하고, 성을 단순한 유희로만 대하지 않겠다고 다짐하면 그 집단의 다른 아이들도 동참할 용기를 얻는다.

섹스의 세계로 들어선 청소년은 혼자 알아서 문제를 해결해야 하는 경우가 많다. 부모가 기대하는 바는 명확치 않고, 사회는 이중 메시지를 전달한다. 부모가 자녀에게 분명한 방향을 제시하면, 설령 그대로 따르지는 않더라도 한번 고려해 볼 기준은 생긴다. 이 문제에서 부모의 영향력은 흔히 생각하는 것보다 크다. 성을 주제로 자녀와 대화를 나누면서 아이들에게 생각할 거리를 주는 것만으로도 도움이 된다.

청소년이 성에 관심을 갖는 것은 놀랄 일이 아니다. 발달 단계상 성이 깨어나는 시기고, 새로운 욕구를 탐색해 보고 싶은 것도 자연스럽다. 하지만 범람하는 선정적 이미지와 성관계를 부추기는 여러 요소가 마음의 준비를 갖추지 못한 아이들을 몰아가는 것은 안타까운 일이다.

09

청소년의 정신적 발달

제9권

파르치팔과 트레프리첸트

파르치팔과 가반은 성배를 찾아 미지의 세상으로 떠난다. 자유로운 결정에 따라나선 길이지만 파르치팔의 마음은 슬픔과 비탄이 가득하다. 가반은 파르치팔의 목숨을 지켜 주겠다는 맹세에 따른 여정이다.
다시 한번 성배의 성을 찾으러 나선 파르치팔은 말을 타거나 배를 타고 여러 나라를 거치며, 적을 만날 때마다 싸워 물리쳤다. 그는 처음 성배의 성을 방문했을 때 안포르타스가 선사한 칼에 의지했다. 어떤 결투에서 상대의 쇄골을 내리쳤는데 칼이 산산조각 났다. 결투에서 승리한 뒤, 지구네가 알려 준 대로 라크에 있는 샘으로 갔다. 조각난 칼을 흐르는 물에 담갔다가 꺼내 보니 감쪽같이 완전해져서 다시 사용할 수 있게 되었다.
파르치팔은 숲을 지나다가 은자의 오두막을 발견하고, 길을 물으러 창문을 두드린다. 그곳에는 회색 옷을 입고 석류석 반지를 끼고 하얗게 센 긴 머리를 끈으로 묶은 앙상하게 마른 여자가 있었다. 이는 남편을 잃고 혼자 사는 여자라는 뜻이다. 그녀는 파르치팔에게 창문 밖 의자에 앉기를 권한 뒤, 창문 안쪽에 앉아 창을 사이에 두고 대화를 나눈다. 파르치팔이 어떻게 이렇게 외진 곳에서 사는지, 먹을 것은 어디서 구하는지를 묻자, "제가 먹는 음식은 성배에서 바로 나옵니다. 마법사 쿤드리가 매주 한 번씩 그 음식을 가져다줍니다."라고 답한다.
파르치팔은 혼자 사느냐고 물었고, 여인은 연인이 늘 곁에 있기 때문에 혼자가 아니라고 답한다. 집 안에 관 모양의 물건이 놓인 것을 알아본 파르치팔은 다시 한 번 자세히 살펴보고는 그 여인이 지구네, 관에 있는 사람은 죽은 연인 쉬오나툴란더임을 깨닫는다. 지구네와 세 번째 만남에서 파르치팔은 비로소 그녀가 얼마나 큰 슬픔을 안고 사는지 알게 된다.
파르치팔이 갑옷을 벗자 지구네도 그를 알아본다. 지구네는 파르치팔을 처음 만났을 때 본명을 알려 주었고, 두 번째 만남에서는 그가 치유의 질문을 하지 않고 성배의 성을 나왔다는 것을 알고 저주했다. 지금 세 번째 만남에서 지구네는 성배를 찾아 나선 여정이 그동안 어땠는지 묻는다. 파르치팔은 자신이 얼마나 비참한지, 또 얼마나 아내를 그리워하는지, 그리고 무엇보다 성배의 성에 한시라도 빨리 도착해서 성배를 다시 보기를 얼마나 원하는지 이야기한다.
지구네는 파르치팔이 겪은 고통을 알아본다. 그의 눈에 서린 슬픔과 고통에 마음이 움직인 그녀는 그를 돕기로 한다.
지구네는 쿤드리가 방금 떠났기 때문에 서두르면 따라잡을 수 있을 거라고 말해 준다. 쿤드리가 타고 간 노새 발자국을 따라가면 된다. 파르치팔은 희미한 발자국을 따라 구불구불한 길을 서둘러 달려가지만, 얼마 지나지 않아 길이 없어진다. 그때 검은 말을 탄 사람이 나타난다. 그의 무기와 말 장식에는 비둘기 상징이 그려져 있다. 기사는 파르치팔을 막아서면서 '이곳은 성배의 성에 속한 숲이기 때문에, 무단으로 침입한 자는 죽음을 맞게 될 거'라고 경고한다.

두 사람은 무서운 힘으로 맞붙어 싸운다. 파르치팔이 상대를 말에서 떨어뜨리자, 그는 계곡으로 굴러 떨어지고 만다. 빠르게 달리던 파르치팔의 말도 속도를 줄이지 못하고 절벽 아래로 떨어져 죽는다. 파르치팔은 나뭇가지를 붙잡고 바위 사이에 발을 걸쳐 간신히 목숨을 구한다. 성배의 기사는 반대쪽 언덕으로 도망갔고, 기사가 타던 검은 말은 파르치팔 가까이에 있다. 파르치팔은 언덕을 기어올라 성배의 말을 타고 성배의 성을 향해 달려간다. 이제 성배의 칼과 말을 손에 넣었지만, 안타깝게도 또 한 번 성배의 성으로 가는 길을 잃어버린다.

파르치팔은 몇 주 동안 방랑하다가 눈이 살짝 내린 숲으로 들어간다. 그곳에서 한 무리의 순례자를 만난다. 그중에는 나이든 기사와 두 딸, 아내가 있었다. 그들은 귀한 의복과 갑옷을 차려입은 파르치팔과 완전히 상반된 모습이다. 파르치팔은 그들이 지나가도록 길을 비켜 주며, 여행의 목적이 무엇인지 공손하게 묻는다. 나이든 기사는 오늘은 성금요일이며 신성한 날이기 때문에 아무도 말을 타거나 갑옷을 입지 않는다고 대답한다. 파르치팔은 오늘이 무슨 날인지, 올해가 무슨 해인지 전혀 관심이 없으며, 자신을 한 번도 돕지 않은 신에 대한 믿음 따윈 없다고 말한다.

나이든 기사는 그렇게 부정적으로 생각하지 말라며, 신이 당신의 아들을 이 땅에 보내고, 인간들을 도울 목적으로 죽음을 맞게 한 희생을 생각해 보라고 한다. 그는 파르치팔에게 성자의 거처로 가는 길을 알려 주며, 그분이 파르치팔이 죄를 벗는데 도움을 줄 것이라 말한다.

기사의 두 딸이 파르치팔에게 자기들과 함께 가자고 제안한다. 파르치팔은 신을 증오하는 자신과 달리 신을 사랑하는 사람들이긴 해도, 그들과 같이 지내고 싶은 유혹이 든다. 그러나 파르치팔은 그들에게 작별을 고한 뒤, 말을 타고 떠난다. 길을 가는 중에 파르치팔의 생각은 신의 행위에 머문다. 그는 난생 처음 신이 세상을 창조한 연유와 신의 강력한 권능에 대해 깊이 사유한다. 시험 삼아 신에게 자기 발걸음을 인도할 기회를 주기로 마음먹는다. 그래서 파르치팔은 고삐를 말의 귀에 느슨히 걸쳐 놓고 말이 가고 싶은 대로 가도록 내버려 둔다. 말은 그를 은자 트레프리첸트의 오두막으로 데리고 간다.

트레프리첸트는 파르치팔을 환영하며 불 가까이에 와서 몸을 녹이라고 권한다. 파르치팔은 이에 응하며, 어떤 사람들이 이곳으로 가 보라고 권했다고 예의 바르게 말한다. 파르치팔은 "저는 죄인입니다."라고 말하며 조언을 구한다. 파르치팔이 은자에게 자신이 두렵냐고 묻자, 은자는 자신도 한때 기사였으며 어떤 인간도 두렵지 않다고 말한다. 두 사람은 말을 돌본 다음, 따뜻한 동굴로 들어간다. 파르치팔은 트레프리첸트의 호의를 받아들여 차가운 갑옷을 벗고 따뜻한 망토를 입는다. 은자는 제단석과 성스러운 유물 상자가 있는 다른 동굴로 안내한다. 파르치팔은 귀부인 예슈테가 무죄임을 맹세할 때 손을 올렸던 그 상자임을 알아본다. 수많은 전투에서 승리를 안겨 준 창을 발견한 것도 이곳이라는 사실을 깨닫는다. 파르치팔은 이제야 기억이 난다면서 당시 이 동굴을 떠날 때는 아내 생각에 너무 깊이 빠져서 자기가 무엇을 하고 있는지 알지 못했다고 말한다. 트레프리첸트는 그것이 벌써 4년 반 전에 일어난 일이라고 말해 준다. 파르치팔은 오랫동안 신을 찬양하지 않았으며, 내내 싸움에만 몰두해 왔다고 고백한다. 하지만 지금은 마음이 슬픔으로 가득 차, 다시 한 번 신에게 도움을 구하고 싶다고 말한다.

트레프리첸트는 과거부터 현재까지 신과 인간의 관계, 신의 권능과 신의 사랑을 이야기해 준다. 분노로는 결코 신에 이를 수 없으며, 파르치팔이 속죄해야 한다고 말한다. 파르치팔은 어렸을 때는 신을 향해 마음을 활짝 열었지만 돌아오는 건 슬픔뿐이었다고 대답한다. 트레프리첸트는 조언할 수 있도록 그의 슬픔과 죄를 말해 달라고 청한다. 파르치팔은 성배에 대한 갈망과 아내를 그리워하는 마음이 가장 큰 슬픔이라고 답한다. 트레프리첸트는 결혼 생활에 충실한 점을 칭찬했지만, 하늘에 알려져 성배가 이름을 부르지 않은 사람은 결코 성배를 얻을 수 없다고 말한다.

파르치팔은 성배에 대해 더 알려 달라고 간청한다. 트레프리첸트는 중세의 유명한 스승 키요트가 솔로몬의 후손이자 학자인 플레게타니스로부터 스페인 톨레도에서 맨 처음 성배 이야기를 들었다고 했다. 플레게타니스는 별자리와 인간 운명의 관계를 이해할 수 있었던 천문학자다. 그는 별의 지혜에서 성배의 신비를 읽었다.

천사의 무리가 성배를 지상으로 옮겨왔으며, 그때부터 지금까지 세례를 받은 고귀한 사람들로 이루어진 특별한 집단이 성배를 수호해 왔다.
키요트는 여러 나라를 통해 성배 이야기를 계속 추적하다가 성배의 가문이 티투렐과 그의 아들 프리무텔로 이어졌고, 지금은 그의 아들 안포르타스에게 성배가 유산으로 전해졌음을 알게 되었다.
안포르타스의 누이 헤르체로이데는 가흐무렛과 결혼해 파르치팔을 낳았다.
트레프리첸트는 성배의 성에 수많은 용감한 기사가 살고 있으며, 가끔 모험을 찾아 길을 떠난다고 했다. 그는 성배의 권능에 대해서도 이야기해 주었다. 병 들거나 늙은 기사가 성배를 알현하면 기력이 회복된다. 성금요일에 하늘에서 비둘기 한 마리가 작고 흰 제병을 물고 내려와서 성배에 놓아둔다. 비둘기는 다시 하늘로 높이 올라간다. 이제 성배에서는 가장 완벽한 지상의 마실 것과 먹을 것, 그리고 필요하거나 원하는 모든 것이 나올 수 있다. 사람들은 성배에 이름이 나타나면 성배의 부름을 받았다는 것을 알게 된다. 어린아이건, 가난하건 부자이건 상관없이 수많은 지역에서 온다. 이름은 성배에 나타났다가 서서히 희미해진다. 성배를 섬기는 사람들은 순결한 삶을 살고, 천국에서 보답을 받는다.
파르치팔은 용감한 기사로 살아왔고 명예와 명성을 얻었다고 대답한다. 신이 싸움을 공정히 심사하는 분이라면 자기를 성배로 불러야 마땅하다고 말한다. 하지만 트레프리첸트는 파르치팔에게 교만을 경계하라고 주의를 주며, 중용을 지키는 삶을 살아야 한다고 충고한다. 그는 교만했고, 무력으로 사랑을 얻으려 했던 안포르타스의 실수를 타산지석으로 삼아야 한다고 했다. 겸손이야말로 성배의 형제가 되는 자질이다. 성배의 기사들은 부름을 받은 사람들 외에는 누구에게도 성배의 지식을 발설하지 않는다. 성배에 이름이 드러나지 않았는데 성배를 찾아온 사람이 딱 한 명 있었다. 그는 안포르타스의 고통을 보고도 아무것도 묻지 않았기 때문에 죄를 지었다. 이 실수로 인해 그는 깊은 슬픔을 안게 되었고, 그것을 속죄해야 한다.

그때 트레프리첸트는 파르치팔이 성배 가문의 사람들과 닮았다는 것을 알아차리고 그의 가문을 묻는다. 파르치팔은 아버지가 가흐무렛, 어머니는 헤르체로이데라고 혈통을 밝힌다. 그리고 어머니가 트레프리첸트의 여동생임을 알게 된다. 파르치팔은 자신이 붉은 기사 이터를 죽였다고 고백한다. 이 말을 들은 트레프리첸트는 크게 슬퍼한다. 이터는 고귀한 기사일 뿐만 아니라 그의 친척이기 때문이다. 이 일로 파르치팔을 벌하는 것은 신이 알아서 하실 일이다.

트레프리첸트는 파르치팔이 어머니의 죽음에도 책임이 있다는 사실을 밝힌다. 그가 어머니 곁을 떠나는 순간 숨을 거두었기 때문이다.

트레프리첸트에게는 두 명의 누이가 더 있다. 지구네의 어머니인 쇼이지아네와 성배를 돌보는 리판세 드 쇼이에다. 그들의 형제 안포르타스는 성배의 왕이 될 사람이었다.

계속해서 트레프리첸트는 안포르타스가 어떻게 부상을 입게 되었는지 말해 준다. 안포르타스와 트레프리첸트가 어린아이였을 때 안포르타스는 성배의 왕으로 선택되었다. 성배의 왕이 된 사람은 성배의 글귀가 인정하는 사람이 아닌 다른 사랑을 갈망하면 인생이 고난으로 가득 차게 된다. 안포르타스는 이에 복종하지 않고 자기 뜻대로 사랑을 선택하고는, 겸손이 아닌 하늘을 찌르는 교만으로 그 사랑을 얻기 위해 싸웠다. 어느 날 모험과 사랑을 찾아 길을 떠났던 그는 마상 창 시합 중에 독 묻은 창에 고환이 찔리는 중상을 입는다. 그에게 상처를 입한 자는 무력으로 성배를 차지하려 했지만, 전투 중에 안포르타스에게 목숨을 잃는다. 안포르타스는 독 묻은 창에 찔린 상태로 말을 타고 그 자리를 떠난다. 의사가 창은 빼냈지만, 독은 깨끗하게 제거하지 못했다.

그때 트레프리첸트는 신이 안포르타스를 도와주신다면 기사의 길을 포기하고 은자가 되겠다고 기도하고 서원했던 순간을 떠올렸다.

기사들은 치유를 희망하며 안포르타스 왕을 성배 앞에 데리고 갔다. 그러나 안포르타스가 성배를 보는 순간 안포르타스는 죽지 못하고 더 심한 고통에 시달리게 되었다. 성배의 기사와 귀부인들이 갖가지 약과 약초를 써 보지만 소용이 없었다. 어느 날 달이 막 이지러지기 시작하고 상처의 고통이 극에 달했을 때, 성배의 기사들은 무릎을 꿇었고, 성배에 다음과 같은 글귀가 나타나는 것을 보았다. "언젠가 한 기사가 찾아올 것이다. 그가 어떤 권유나 암시 없이 치유의 질문을 한다면 안포르타스는 나을 것이다. 그리고 질문을 한 자는 성배의 왕이 될 것이다." 그것을 본 트레프리첸트는 성을 떠나 은자가 되었다고 했다. 그는 한 젊은 기사가 정말로 찾아왔지만 왕이 왜 그렇게 고통스러워하는지 묻지 않았다는 이야기도 들려준다.

파르치팔에게 성배의 역사를 모두 들려준 뒤, 두 사람은 약초와 목초 뿌리를 찾고 파르치팔의 말에게 먹이를 주러 밖으로 나간다. 그때 파르치팔은 중요한 말을 한다. "트레프리첸트 경, 친애하는 삼촌이시여 당신의 자비에 간청하건데 저를 용서해 주소서. 문잘베셰에 말을 타고 가서, 진정한 슬픔을 목격하고도 아무런 질문을 하지 않은 자, 그 자가 바로 불운한 아이인 저입니다." 이 말에 트레프리첸트는 충격을 받는다. 잠시 후 정신을 차린 그는 이렇게 말한다. "나는 최선을 다해 네게 조언해 주겠다. 그리고 너는 너무 애통해하지 말아야 한다. 적당한 정도로 슬퍼하고 비통함을 자제해야 한다."

트레프리첸트는 자신의 생애와 어떻게 파르치팔의 아버지를 만났는지 이야기한다. 성배를 섬기기로 서약한 사람은 여성의 사랑을 포기해야 한다. 성배의 왕만이 아내를 가질 수 있다. 하지만 성배의 기사였던 트레프리첸트는 여인과 사랑과 빠졌고, 그녀의 사랑을 얻기 위해 유럽과 아시아, 그리고 머나먼 아프리카까지 싸우러 나갔다. 그중 한 전투에서 파르치팔의 아버지인 가흐무렛을 만난다. 가흐무렛이 트레프리첸트와 아내인 헤르체로이데가 가족처럼 닮은 것을 알아보았다고 한다. 가흐무렛은 트레프리첸트에게 귀한 돌을 선물로 준다. 장식함은 그 돌을 깎아 만든 것이었다. 그는 또한 트레프리첸트에게 친척인 이터를 견습 기사로 보낸다. 트레프리첸트는 파르치팔에게 "신은 네가 이터를 죽인 것을 잊지 않으셨다. 그리고 이터의 죽음과 함께 네 어머니의 죽음에 대해서도 설명을 요구하실 것이다."라고 상기시킨다.

이제 트레프리첸트는 파르치팔에게 조언한다. "너의 죄를 속죄하라. 그러면 언젠가 네 영혼은 평화를 찾을 것이다." 파르치팔은 15일 동안 약초와 목초 뿌리를 먹으면서 트레프리첸트와 함께 지낸다. 그러면서 정신적인 삶을 사는 방법을 배운다.

파르치팔이 떠나는 날 트레프리첸트는 “너의 죄를 나에게 주고 가거라. 신 앞에 설 때, 네가 참회하고 있음을 내가 증언할 것이다.”라고 말한다. 가족의 역사와 어머니의 죽음, 이터와의 관계를 다 알게 된 파르치팔은 트레프리첸트를 떠나 자기 길을 간다.

청소년의 정신생활

파르치팔은 살면서 세 명의 중요한 스승을 만난다. 첫 번째 스승인 어머니 헤르체로이데는 신은 빛이고 지옥은 어둠이라고 가르쳤다. 빛을 따르고, 신의 지혜를 숭배하며, 곤경에 처하면 신에게 기도하라고 했다. 두 번째 스승인 구르네만츠는 기사의 행동거지와 세상을 헤쳐 나가는 데 필요한 기술을 가르쳐 주었다. 세 번째 스승은 트레프리첸트이다. 파르치팔의 정신적 스승인 그는 파르치팔 가문의 운명, 인간사에서 신의 역할, 그리고 파르치팔이 신과의 관계를 발전시켜야 하는 이유와 그렇게 하는 방법을 가르쳤다. 세 명 모두 파르치팔의 정신적 성장에 큰 도움을 주었다.

우리 아이들의 삶에도 비슷한 요소들이 있다. 청소년기 정신 발달의 토대는 어린 시절의 경험이다. 어린아이는 세상을 알려 주고, 선과 악을 가르치며, 보호받고 사랑받는 느낌을 가르쳐 주는 부모에게 전적으로 의존한다. 많은 어린아이가 보이지 않는 세상과의 연결을 느낀다. 태어나기 전 일을 이야기하거나, 수호천사가 옆에 있다고 말하는 경우도 있다. 어린아이는 타고난 종교적 경외감으로 세상을 대하며, 큰일이나 작은 일에나 헌신적으로 몰입한다. 그들은 세상의 신비에 열려 있다. 하지만 어른들에게 이런 이야기를 하면 "네 상상일 뿐이야."라는 말을 듣기 십상이다. 거부와 부정의 반응이 거듭되면서 아이들이 정신세계와 연결된 문을 닫아 버린다.

초등학교에 들어가고 다른 견해를 들을 기회가 생기면서 부모의 의견이 유일한 답이 아님을 알게 되지만, 그래도 여전히 부모와 선생님의 대답과 가르침을 신뢰하고 의지한다.

8~10세 시기에 많은 아이가 고독과 불안을 느끼고, 자신이 낯설게 보이는 시기를 겪는다. 병과 죽음에 관한 질문을 하고, 진짜 부모인지 의심하며, 타인의 힘에 좌우되는 무력한 존재라고 느끼기도 한다. 정신적 성장의 길에서 그들이 안내자로 의지하는 대상은 대개 부모나 신뢰할 만한 주변 어른들이다.

10~12살 무렵에는 무엇이 선하고 무엇이 옳은지에 대한 자기만의 신념을 형성한다. 어른들이 무엇을 하는지 눈여겨보고, 능동적으로 움직이고, 재미난 일을 벌이는 어른들 곁에 있기를 좋아한다. 아이들은 본보기를 통해 배운다.

청소년기 초기의 가슴은 이상적 생각으로 가득하다. 그리고 이런 이상들이 사회에서 구현되는 양상을 찾아 주위를 살핀다. 현실의 위선과 모순이 눈에 들어오고, 종교에 대한 의문과 불신을 토로하기도 한다. 그들은 세상을 변화시키고자 한다. 어려운 사람들을 돕고, 고아원과 놀이터를 건설하고, 지진이나 태풍 피해자를 위한 기금을 모으기 위해 벼룩시장을 열고, 빵을 구워 팔고, 세차를 한다. 이런 프로젝트에 참여하면서 타인을 위해 일하는 기쁨을 배운다.

청소년기 중기와 후기 아이들은 봉사도 좋아하지만, 그 활동을 위한 더 큰 맥락을 조직하고 싶어 한다. '좋아하는' 것만으로는 충분하지 않다. 그 일이 본질적 변화로 이어지게 할 방법을 찾아야 한다. 밖으로 표현을 하건 안하건 많은 청소년이 본질적 문제를 놓고 진지하게 고민한다. "나는 크게 나쁜 짓을 해 본 적 없는 좋은 사람이다. 하지만 유혹을 느껴 본 적이 없다면 정말로 도덕적인 사람인지 어떻게 알 수 있는가? 미덕의 역할은 무엇인가? 신은 존재하나, 아니면 우리의 상상에 불과한가? 신이 존재하지 않는다면 사람들은 무슨 일이든 원하는 대로 해도 되고, 심판이나 처벌은 없다는 의미인가?"

이런 주제로 토론할 기회가 있으면 적극적으로 참여해서 다른 사람의 생각에 귀를 기울인다. 청소년들은 자기 나름의 의견을 만들고, 아주 상반된 생각들 속에서도 줏대 있게 주장하기 시작한다. 한마디로 쉽게 대답할 수 있는 일은 없다는 사실을 깨달으면 철이 드는 것이다. 이런 문제를 두고 고민할 때 아이들은 자주 고독과 혼란을 느낀다. 이런 시기에 힘과 사랑, 정직을 갖춘 동시에 소박하고 친근한 어른을 만나면 큰 인상을 받는다. 그 사람의 힘은 깊은 신념일 수도 있고, 솔직한 문제 제기일 수도 있다. 반면, 입으로는 정신을 말하지만 일상에서는 그 의미를 실천하지 못하는 어른들에 대해서는 아주 냉소적인 태도를 보인다. 청소년의 느낌과 생각을 존중하며 귀 기울여 듣는 어른, 솔직하며 깊은 대화를 나눌 수 있는 멘토를 만나는 것은 이 시기 성장에서 누릴 수 있는 큰 축복이다.

청소년들은 정신 성장과 관련한 다음 세 가지 질문의 답을 구한다.

- 인생의 의미는 무엇인가? 나는 어떤 토대 위에 내 삶을 지어 올릴 것인가? 모든 것을 조직하는 일종의 청사진이 존재하는가?
- 인생의 목적은 무엇인가? 내 인생은 중요한가? 어떤 의미에서 그런가? 어떤 것은 다른 것보다 더 중요하고 가치 있는가? 외로움을 느낄 때, 더 이상 한 발짝도 나갈 수 없다고 느낄 때 나는 무엇을 하는가?
- 희망은 있는가? 인생의 의미가 더 깊어지리라는 희망을 품을 수 있을까? 미래에는 더 나아질 거라고 희망할 수 있을까?

〈성령을 찾아서Searching for a Holy Spirit〉(뉴스위크, 2000년 5월 8일)라는 제목의 기사에서는 여론 조사를 토대로 이렇게 말한다. "78%의 청소년이 현재 믿고 있는 종교가 자신에게 중요하다고 말하지만, 종교 행사에 정기적으로 참석한다고 답한 사람은 절반밖에 되지 않는다. 이 수치는 1970년대 이후로 감소하는 추세다. 젊은이들은 정신적인 것에 관심을 갖지만 교리 안에서 절대 진리를 추구하는 대신 종파의 경계를 넘는다.... 많은 청소년이 교리를 엄격하게 따르기보다 절충주의를 취하고, 절대적 진리에는 의혹의 눈길을 보낸다."

부모의 믿음을 청소년 자녀와 공유하는 것은 중요하다. 하지만 청소년이 자기 믿음을 선택할 여지를 주는 것 역시 중요하다. 종교를 족쇄로 느끼면 모든 형태의 믿음을 거부하고 냉소로 돌변할 수 있다. 부모는 자기 믿음에 솔직해야 한다. 강하고 선명하건 무엇을 믿는지 잘 모르는 상태건 솔직하기만 하면 아이들은 부모를 존중한다. 청소년이 어른에게서 가장 중요하게 여기는 것이 바로 진정성이다.

청소년기는 다양한 종교적 신념을 배우고, 자기가 생각하는 진리에 부합하는 종교가 있는지 탐색하는 시기다. 믿음이나 신념이, 다른 사람을 존중하는 것이 상호 존중과 상호 이해의 세상을 만드는 핵심이다.

정신적 추구의 중요한 원천 중 하나는 문학이다. 도덕적 딜레마에 빠진 인물의 이야기를 읽고 간접적으로 경험하면서, 아이들은 다양한 관점을 만나고 특정 인물의 견해에 공감한다. 이런 문제를 다룬 수많은 단편과 소설이 있다. 내가 좋아하는 이야기 중 하나는 J.D.샐린저Salinger의 『프래니와 주이Franny and Zooey』(문학동네 2015)다. 등장인물들이 정신적인 것을 추구하고, 사랑의 본질, 진실함의 의미를 찾기 때문이다. 존 스타인벡John Steinbeck의 『분노의 포도Grapes of Wrath』도 좋다. 오클라호마주 출신 농민들이 캘리포니아에서 새로운 삶을 개척하기 위해 고군분투하는 이 소설에서 가장 고귀한 행위를 하는 것은 가장 평범한 사람들이다. 특히 짐 케이시와 마 조드는 자기 행위를 철학적 언어로 표현하는 능력은 없지만, 숭고함을 일상에서 구현해 낸다.

나는 25년 이상 12학년 아이들에게 표도르 도스토옙스키Fyodor Dostoyevsky의 『카라마조프의 형제들The Brothers Karamazov』을 교재로 수업했다. 정신적 딜레마를 생생하게 묘사한 작품으로 등장인물들마다 각자의 방식으로 삶에 대처한다. 역경과 고난을 통해 변형을 겪고, 의식이 깨어나고, 행동에 책임지는 존재로 거듭난다. 『파르치팔』도 결점과 장점이 모두 존재하는 성장의 길을 보여 준다는 점에서 사춘기 청소년들에게 대단히 유용한 책이다.

정신적 성숙의 과정에서 청소년들은 도덕적 행동의 의미를 놓고 고민한다. 무엇이 선함인가? 악은 존재하는가? 선과 악은 우리 외부에만 존재하는가? 도덕적 행위의 원천은 무엇인가? 도덕적 행동과 사회의 법률은 어떤 관계인가? 그리스 작가 소포클레스Sophocles의 희곡 『안티고네Antigone』에서 주인공 안티고네는 국가의 법과 신의 법 중에서 무엇이 우위인지를 결정해야 한다. 신의 법은 죽은 자가 '그림자의 나라'에 가지 않게 하려면 시신을 특별한 의식에 따라 매장해야 한다고 명시한다. 하지만 왕의 법은 반역자인 오빠의 장례를 정식으로 치르는 것을 금한다. 정신의 법이 우위라고 판단한 안티고네는 사형에 처해질 것을 알면서도 국가의 법을 어긴다.

도덕적 딜레마의 또 다른 예는 헨리 데이비드 소로Henry David Thoreau의 『시민 불복종Civil Disobedience』이다. 소로는 노예제를 지지하는 정부에 세금을 내느니 감옥에 가는 쪽을 선택한다. 마틴 루터 킹Martin Luther King Jr. 목사의 『버밍햄 감옥에서의 편지Letter from Birmingham Jail』는 킹 목사가 백인 목사들에게 시민 권리 투쟁이 왜 도덕적 투쟁인지를 설명하는 감동적인 편지이다.

문학 작품뿐만 아니라, 환경의 파괴와 보존의 문제, 개발 도상국의 노동력 착취, 복제 인간, 유전자 조작 같은 우리 시대 사안에서도 도덕적, 정신적 질문을 생각해 볼 수 있다.

정신적 성숙이란 개인과 고차 존재 혹은 고차적 근원 사이에서 언제나 진행되는 과정이다. 고차적 근원이나 천사, 신, 하느님, 그리스도, 여호와, 알라 대신 양심, 내면의 목소리, 고차 진리, 내면의 빛, 내적 자아, 천성 같은 단어를 사용할 수도 있다. 이 관계가 도덕적 행동의 원천이다. 하지만 인간은 정신적 근원에 다가가려고 애쓰지 않고 '올바른' 행동의 지침을 따르는 것만으로도 도덕적 삶을 살 수 있다.

정신 발달의 양상

파르치팔 이야기는 정신적 영역에서 성장하는 청소년들의 다양한 모습을 보여 준다. 여기서는 자신과 대면하기, 감정 영역 변형시키기, 의지 영역 변형시키기, 회복 탄력성 키우기, 그리고 사고 영역 변형시키기 등 『파르치팔』에 나오는 5가지 장면을 살펴보자.

자신과 대면하기

파르치팔은 트레프리첸트에게 이렇게 말한다. "죄를 저지른 사람이 바로 저입니다. 저에게 조언을 해 주십시오." 스스로를 직면하고 잘못을 인정하는 것은 도덕적 발달에서 대단히 중요한 단계다. 이것이 책임을 수용하는 첫 번째 단계다. "제가 바로 그 사람입니다.", "그런 일을 저질러서 진심으로 죄송합니다."라고 말할 수 있을 때 영혼이 열리고 자기 인식 과정이 시작된다. 일단 이런 말을 하면 잘못을 만회할 방법을 찾을 수 있다. 잘못을 시인하는 것이 청소년들에게 그토록 어려운 이유 중 하나는 부정적 행동을 자기 일부로 받아들이기가 고통스럽기 때문이다. 그러나 자기 행위에 명확한 책임을 지기 전까지는 행동을 바꿀 수 없다. 청소년이 책임을 인정하는 과정을 곁에서 지지하고 도와주는 부모와 교사는 그들의 정신 발달 과정에서 안내자 역할을 제대로 수행하는 것이다.

감정의 변형

트레프리첸트는 파르치팔에게 감정 영역에 관한 가르침을 준다. 그는 파르치팔이 아내에게 충실한 점과 사회적으로 뛰어난 성취를 이룬 것을 치하하지만, 하늘의 인정을 받고 성배가 이름을 불러주지 않는다면 누구도 성배를 얻을 수 없다고 말한다. 하지만 파르치팔은 여전히 충동적이다. "신이 전투를 공정히 심판하는 분이라면 마땅히 저를 성배로 부르셔야 할 겁니다." 파르치팔은 성배를 얻는 것이 전투와 아무 상관없는 일임을 아직도 이해하지 못한다. 하지만 이터와의 치열했던 전투에서 자신이 무슨 짓을 저질렀는지 지금껏 전혀 몰랐음을 깨닫는다. 그 사실을 알게 된 지금, 그는 슬픔을 느낀다. 그러면서 왕을 낫게 할 질문을 하지 않은 기사가 바로 자신이라고 고백한다. 아직 갈 길이 먼 파르치팔이지만, 그의 감정 영역에 변화가 일어나고 있다. 트레프리첸트 덕분에 가슴이 깨어난 것이다.

청소년들도 감정이 깨어나고 분별할 수 있을 때, 진정한 변형이 시작된다. 성숙한 태도로 감정을 돌아보는 과정에서 자기 관점이 생기고 그것을 변형할 수 있다. 시간이 지나 돌아보면 분노의 자리에 용서가 들어서고 불신이 신뢰로 바뀌기도 하지 않는가.

자기가 무슨 짓을 했는지 깨달은 파르치팔은 의기소침해진다. 하지만 트레프리첸트는 감정의 이쪽 극단에서 저쪽 극단으로 치닫지 말고 평정심을 유지할 것을 당부한다. 그는 몸소 절제와 중용의 본보기를 보여 준다. 안포르타스 왕에게 질문하지 않았던 기사가 바로 자기라고 고백했을 때도 트레프리첸트는 "지나치게 슬퍼하지 마라. 적절한 수준으로 슬퍼하고, 슬픔을 자제하라." 즉, 균형을 잡으라고 가르친다. 이는 청소년들에게도 중요한 지침이다. 지나치게 화내지 마라, 지나치게 수동적인 태도로 살지 말라, 극단적인 반응을 보이지 말고, 눈앞에 닥친 상황을 의연하고 침착하게 대응하라.

구르네만츠가 파르치팔에게 인간관계와 정신적 성장의 토대에 관한 조언을 해 주었다면, 트레프리첸트는 정신적 삶을 의식적으로 발달시키는 데 필요한 조언을 주었다. 분노를 내려놓고 신에게 감사하라. 마음을 신께 돌리고 신의 사랑을 받아들여라. 속죄하라. 구르네만츠의 가르침 덕분에 파르치팔은 선택한 역할에 걸맞게 행동하는 법을 알 수 있었다. 이는 세상으로 나가 선한 행동을 펼치기 위한 준비 단계였다. 트레프리첸트의 충고는 한층 깊이 들어간다. 파르치팔이 더 높은 성숙 단계에 올라섰기 때문이다. 자기 행동의 결과에 눈을 떴고, 타인에게 저지른 행동 때문에 괴로워한다. 이제 그는 트레프리첸트의 말을 경청할 준비가 되었고, 스승으로 섬기기를 원한다. 이 장면에서 우리는 두 사람의 진정한 인연이 시작됨을 느낄 수 있다.

의지의 성숙

청소년은 감정과 함께 의지도 변형시켜야 한다. 그러려면 무엇을 해야 할까? 한 가지 방법은 의미 있는 목표를 설정하고, 거기에 도달할 전략을 짜는 것이다. 욕구 충족을 미루지 못하거나, 원하는 즉시 손에 넣어야 한다면 아동기 초기에 고착된 상태다. 그들의 의지는 욕망과 충동에 사로잡혀 있다. 행위에 사고를 들여올 때만 의지의 변형 과정이 시작될 수 있다.

의지를 변형시키려면 오래된 습관에서 벗어나 새로운 행동 양식을 찾아야 한다. 새로운 관점이 필요하다. 그러나 파괴적인 행동 양식의 굴레에 갇힌 경우에는 실행하기 어려운 과제다. 이 아이들은 파괴적 행동 양식 외에 다른 선택지를 알지 못한다. 몸이 기억하는 패턴이기 때문이다. 다른 의견을 가진 사람들과 함께 살아가는 데 필요한 기본적 인간관계에 대한 기술이 부족할 수도 있다. 감정을 교류하는 법을 알지 못하고, 몸으로 반응하는 것밖에 모른다. 인간관계 기술이나 자신감이 부족하기 때문에 위기에 대처할 기술을 새로 익혀야 한다.

회복 탄력성 키우기

시련을 이겨 내는 힘이 큰 사람들은 상황의 요구에 따라 행동을 유연하게 바꿀 수 있다. 청소년들이 이런 힘을 가지려면 무엇이 필요할까?

자기를 이해하고 온전히 집중해 주는 사람(한 명이라도 괜찮다),

신뢰할 수 있는 사람과 안정적이며 긍정적인 정서적 관계를 맺는 것이다. 친한 친구도 좋고, 교사나 부모, 이웃, 축구팀 코치 등 기꺼이 시간과 관심을 내어줄 사람이면 누구라도 가능하다.

청소년은 스트레스에 대처하는 법을 알고 있어야 한다. 원초적 수준의 반응이나, 스스로를 피해자로 여기는 태도로는 문제를 해결할 수 없다. 마감 기한, 관계 변화, 가정과 학교의 일상적인 책임들, 시간 관리 같은 것은 적절한 스트레스다. 가끔씩 이런 일을 겪는 것은 우리 삶의 정상적인 부분임을 알고, 자기가 내린 결정에 책임지는 태도를 배워야 한다. 과도하게 부담을 느끼거나 피해자 마인드로 대하는 청소년은 이런 상황에 효과적으로 대처하기 어렵다. 상황에 압도되어 아무 일도 수행하지 못하는 상태에 빠진다. 회복 탄력성이 낮은 것이다.

일상적 수준을 넘어서거나 극심한 불안을 촉발하는 일은 부적절한 스트레스에 해당한다. 사고, 심각한 질병, 청소년이 해결할 수 없는 집안 문제나 가족 붕괴, 과도한 압박, 예상치 못한 임신, 성적 취향에 대한 놀림, 중독 같은 것이 여기에 속한다. 이는 청소년이 혼자 감당할 수 있는 문제가 아니기 때문에 어른의 도움이 필요하다.

적절한 스트레스를 처리하는 경험은 청소년의 회복 탄력성을 키우고, 살면서 겪게 될 힘들고 어려운 상황에 대한 마음의 준비를 시키는 효과가 있다. 하지만 부적절한 스트레스는 우울증, 극도의 불안, 폭력, 파괴적 행동, 자해로 이어질 수 있다. 이럴 때는 반드시 신뢰할 수 있는 어른이 개입해서 상황 해결을 도와주어야 한다.

시련에 유연하게 대처하는 힘을 키우기 위해서는 복잡한 상황을 꿰뚫어 보고 세상을 이해할 수 있는 지성이 필요하다. 지능이 떨어지거나 나이에 비해 미성숙한 아이들은 원인과 결과를 잘 이해하지 못한다. 사고가 명확하지 못하면, 상황을 제대로 이해하지 못한 채 주변의 말이나 행동에 끌려 다니기 쉽다. 월경과 임신의 관계나 피임의 원리를 이해하지 못한 채로 남자친구와 성관계를 하는 식이다. 친구나 선배들의 호감을 얻기 위해 범죄에 이용당하면서도 행위의 결과에 무지한 것도 마찬가지다. 이들에게는 특히 윤리적이며 마음이 따뜻한 어른들의 안내가 절실하다.

청소년 스스로 자신을 가치 있게 여기는 진정한 자존감이야말로 회복 탄력성의 원천이다. 거칠게 행동하는 아이들은 마음 밑바닥에서 자신을 낙오자라고 생각하는 경우가 많다. 목표를 성취하고 내면의 빛을 발하는 경험을 해 본 아이들은 자기 가치를 새롭게 평가한다. 자존감이 낮은 아이들에게 필요한 것은 자존감 향상을 위한 특별 교육이 아니라 진정한 성취의 기쁨을 느껴보는 것이다.

가족 아닌 외부인이나 기관이 제공하는 사회적 지원이 청소년들에게 올바른 행동의 본보기가 되는 사람을 만나는 계기로 작용할 수 있다. 그런 사람을 만나는 것도 시련을 이기는 힘을 키우는 데 큰 도움이 된다. 소년원 아이들을 만나는 교사들은 자신의 일거수일투족이 다른 사람과 긍정적 관계를 맺는 법, 실망이나 기쁨을 표현하는 법, 좌절이나 상처를 극복하는 태도의 본보기가 된다는 사실을 항상 의식한다. 폭력을 쓰지 않고도 행동할 수 있다는 것을 아이들에게 몇 번이고 반복해서 보여 주어야 한다. 무엇보다 무한한 사랑과 헌신을 확신하게 해 주어야 한다. 이들이 만나는 청소년은 상황이 나

빠지면 떠나 버리는 어른들에게 익숙해져 있다. 그들 곁에 오래 남아 있을 거라는 믿음을 주어야 한다.

자기 안에서 여성성과 남성성을 통합하는 능력도 회복 탄력성에 일조한다. 많은 청소년이 적절한 행동의 표상을 친구나 TV, 영화에서 찾는다. 이런 이미지들은 조숙하고 도발적이거나, 퇴폐를 조장하여 건강한 행동 표상을 왜곡하기 일쑤다. 이 아이들에게는 있는 그대로의 자신을 편안히 인정하며 본보기가 되어 줄 따뜻한 어른의 존재가 필요하다.

사고 영역의 변형

인식 능력의 발달에는 다음과 같은 단계가 있다.

1. 이 단계의 청소년의 사고는 욕구 충족에 지배되는 수준(난 이걸 원해. 지금 그걸 손에 넣을 거야. 날 막지 마)에 머물 수도 있고, 참된 진리 같은 정신적 가치를 받아들이기 시작한 상태일 수도 있다.
2. 의식적 사고를 향한 두 번째 단계: 난 이걸 원해. 하지만 내 힘으로 얻을 순 없어. 그것을 얻기 위해 노력할거야. 날 좀 도와줘.
3. 내가 그것을 원하는 데는 긍정적 이유와 부정적 이유가 있다.
4. 당신의 관점에 동의하지는 않지만 이해할 수는 있다. 그것을 정말로 원하지만 그것을 갖는 것이 나에게 좋지 않을 수도 있음을 이해한다.

5. 사람에게는 여러 가지 동기가 있다. 서로의 의견을 들어 보는 것이 중요하다. 나는 각자의 목표를 존중한다. 내 의견이 있지만 모든 사람이 동의하지는 않는다는 사실을 안다. 나는 내 욕구를 충족시킬 수도, 그러지 않을 수도 있다.
6. 이 상황에서 어떻게 행동하는 것이 윤리적일까?
7. 무엇이 진리인가?

성배의 검과 성배의 말馬이라는 표상은 사고의 여러 측면으로 생각해 볼 수 있다. 신화에서 말은 본능부터 정신화된 사고까지 사고의 여러 단계를 상징하는 경우가 많다. 말을 길들인다는 것은 고삐 풀린 의지를 통제하는 사고의 힘을 의미한다. 그리스의 반인반수 조각상은 우리에게 아직 변형되지 못한 야생성이나 육체적 본성의 상을 보여 준다. 하늘을 나는 페가수스는 정신세계로 자유롭게 날아가는 사고의 상이다.

파르치팔에게는 성배의 성으로 인도해 주는 성배의 말이 있다. 이는 물질세계에서 정신세계로 넘어가고 있는 명확한 사고를 의미한다. 말은 자기가 어디로 가는지 안다.

성배의 검은 정신을 위해 일하는 의지를 상징한다. 그것은 혼돈을 베어 내어 칼의 주인이 반듯하고 명예롭게 나아가게 해 준다. 부러진 칼을 샘물에 넣으면 다시 온전해진다. 이는 사람이 정신적 원천이나 양심으로 돌아가 의도를 새로이 다지는 것과 같다. 파르치팔에게 부족한 것은 무엇인가? 그는 감정 영역을 아직 완전히 정돈하지 못했다. 그의 정신 발달은 아직 초기 단계다.

성숙을 향해 나아가는 청소년들은 가슴과 느낌에서 재생의 원천을 발견해야 한다. 어떤 시련이 닥쳐도 안정감과 명확함, 사랑이 뒷받침될 때 힘을 얻을 수 있다. 파르치팔이 우울해진 이유는 자신이 걷는 여정이 혼자 가야하는 고독한 길이라고 여기기 때문이다. 그는 아무도 신뢰하지 않는다. 신마저 불신한다. 아내를 그리워하지만 더 높은 자아인 성배를 찾기 전까지는 아내에게 돌아갈 수 없다. 파르치팔은 스스로를 모든 인간과 분리했다. 이는 언제나 위험한 일이다. 트레프리첸트를 만나지 않았다면 완전히 고립된 나머지 스스로 목숨을 끊었을지도 모를 일이다. 파르치팔의 마음과 트레프리첸트의 마음이 하나로 연결되면서 그는 비로소 온전한 인간이 된다. 그런 온기와 사랑, 용서를 발견하는 것은 누구에게나 허락된 권리다. 하지만 모두가 그런 기쁨을 누리며 살아가지는 못한다. 이런 생명줄을 가진 청소년은 어떤 어려움도 이겨 낼 수 있다.

고차 존재와의 관계

파르치팔과 신의 관계도 달라진다. 이번 이야기에서 파르치팔은 신이 어떻게 세상을 창조했고, 어떤 권능을 가진 존재인지를 깊이 생각한다. 그는 의혹의 터널을 통과해 은총의 신을 만난다. 비로소 눈이 열린 그는 사람의 내면이 얼마나 아름다운지를 알아본다. 청소년이 감사와 아름다움, 진실과 선함의 경험에 마음을 열 때 주변 세상을 대하는 태도가 달라진다. 경이와 신비는 고차적 발달로 들어가는 관문이다.

정신적 공동체의 힘

청소년의 정신적 공동체는 그를 사랑하는 사람들 전부로 이루어진다. 이들이 청소년에게 줄 수 있는 가장 멋진 선물은 튼튼하고 긍정적인 자아 감각을 키워 주는 것이다. 이런 지지와 사랑은 종교적인 공동체에서 올 수도 있고, 그들을 사랑하고 걱정하는 주변 사람들에게서 올 수도 있다. 청소년이 자기 행동의 의미나 영향을 깨닫도록 기꺼이 진실을 말해 주는 사람들을 포함하면 이 집단의 크기는 더욱 확장될 수 있다. 그들은 아이의 고차적 본성에 집중하며, 긍정적인 행동과 희망이 아이 안에 단단히 자리 잡도록 도와주는 사람들이다. 정신적 공동체에는 세상을 떠났지만 저 세상에서 도움의 손길을 보내는 이들도 포함된다.

청소년은 얼마나 많은 사람이 자신을 돕고 있는지를 깨달을 때 자신이 특별하고 소중한 존재라는 사실을 자각한다. 진정한 감사를 체험하면서 가슴이 충만해진다. 부모와 교사를 비롯한 주변 어른들의 기여를 인정하고 가치를 알아볼 때, 자신이 그 정신적 공동체의 일원이며 그 안에서 건강하게 성장하고 있음을 실감한다. 양심이 깨어나고, 감사하는 마음을 통해 힘을 얻는다. 이런 경험은 종교적 공동체의 소속 여부와 상관없이 얻을 수 있다.

탐색과 시의 힘

많은 청소년이 이런 삶의 고민을 시로 표현한다. 이 아이들은 시에서 인생의 밝은 면과 함께 어둠도 탐색한다. 두려움과 희망을 마주한다.

내 친구 린다의 딸 커스틴은 17살에 자동차 사고로 세상을 떠났다. 린다는 커스틴이 걸었던 영혼의 여정을 함께 나누고자 딸이 쓴 시를 책으로 엮었다. 시집 「그녀는 꽃을 그렸다」를 읽은 사람들은 청소년기에 들어선 커스틴이 인생의 신비에 대한 통찰과 경외심을 키워 가는 과정을 함께 할 수 있었다. 그중 몇 편을 싣도록 허락해 준 린다에게 감사를 전한다. 커스틴의 시에서 우리는 건강한 회복력을 가진 사람이 삶의 어려움을 어떻게 변형시키고, 인생에 대한 새로운 관점을 터득하는 과정을 알아볼 수 있다.

커스틴 베르그의 시

9학년이 된 커스틴은 자기가 얼마나 보호와 사랑이 충만한 삶을 살고 있는지 깨닫는다.

보랏빛 제비꽃

나의 길에는 단 한 번도
깨진 유리 조각과 가시 돋친 말들이
뿌려진 적이 없었다.
아니,
나는 이제까지 내 삶을
희고 부드러운 발로 걸어 왔다.
보랏빛 제비꽃 구름 위로,

나를 에워싼
노오란 목소리들에 안긴 채로.
이끌어 주었지, 믿음으로 두 눈을 꼭 감은 나를,
날카롭고 미끄러운 바위에서 멀리,
나를 끌어내리겠다 위협하는
소용돌이치는 웅덩이에서 멀리
떨어진 곳으로,
막아 주었지 나를, 부드러운 하늘색 날개로
나를 멀리 날려 버리려
소리를 지르며 갈기갈기 찢는, 텅 빈 바람으로부터

난 이 길을 청하지 않았어.
사랑스런 미소도,
인도하는 손길도.
하지만 그것은 모두 나의 것.
이것이 나의 모습.
이것이 나의 길.
내가 걸어가는 길,
원하는 대로 바꿀 수도 있고,
영원히
돌봐야 하는.
내 제비꽃을 소중히 간직해야 해,
안 그러면 죽고 말테니.

그러니 그렇게 할 거야,
영원히.

커스틴은 자연을 찾고, 자연과의 교감에서 힘을 발견했다.

나의 나무에게

여기 앉아 있는 지금도, 나는 안겨 있어
너의 무성한 나뭇잎 품에,
너의 어른거리는 잎사귀 사이로 바라보면서
오늘과 어제가
아무런 차이가 없다고 느껴.
너의 튼튼한 가지는 항상
나를 받쳐 주고,
나를 잡아 주고,
미끄러질 때 나를 붙잡아 주었어.
너의 춤추는 잎사귀는 언제나
내가 숨을 수 있는
아늑한 방을 만들어 주었어.
바람이 너의 가지를 흔들 때면,
난 너를 꼭 붙들어, 너의 숨결을 느끼면서.
집에 돌아오면,
깃털 달린 너의 팔이 내게 인사해,

손을 흔들며,
그러면 난 너의 부름에 답하지.
대답하는 다른 이는 아무도 없어.
너의 왕국을 탐험한 건 나뿐이야,
한쪽 발로 균형을 잡고 서서,
너의 리듬에 맞춰 움직여 보는 거야,
다른 이들은 너의 팔에
허접한 사다리를 대고 올라와서는,
너의 침묵에 싫증을 내지,
너의 고요함에.
하지만 우리는 닮은꼴, 너와 나는.
우리는 함께 변해 왔어
서로에게 맞춰 가며,
지금, 새로 돋은 너의 잎사귀들이
햇살 속에 반짝이며 흔들릴 때,
난 너의 미소를 볼 수 있어.
우리만 아는 비밀,
너와 나.

다음은 〈눈을 떠 봐〉란 시의 일부다. 커스틴은 독자들에게 인생의 기쁨에 깨어나라고 촉구한다. 시의 마지막 구절을 소개한다.

> 대기는 노래들로 가득 차 있네:
> 바람은 나무 사이에서 속삭이고,
> 검은 새는 재잘재잘 노래 부르네,
> 시냇물은 혼자서 까르르 맑은 웃음을 터뜨리고,
> 저 멀리 천둥은 무해하게 으르렁대네.
> 그대는 이들의 다정한 목소리에 귀를 닫을 것인가?
> 그대는 이들의 자비로운 미소에 눈을 감을 것인가?
> 그대를 둘러싼 기쁨과 아름다움에 마음을 닫지 말라,
> 끌어안으라.
> 세상을 사랑할 수 없다면, 너 자신을 사랑할 수 없으리니.
> 그리고 사랑이 없으면,
> 아무것도 없으리니.

커스틴이 16세 되던 해에 아버지 폴이 심장 마비로 세상을 떠났다. 커스틴은 글쓰기로 상실을 달랬다. "내 삶은 수많은 기억과 꿈이 뒤죽박죽 쌓인 언덕이다. 그곳에 계속 머물 수만 있다면 얼마나 좋을까 그 시절 그곳에. 하지만 난 앞으로 나가야 한다. 어떤 일이 일어나도 난 행복할 것이다. 슬픔의 눈물에 기쁨의 눈물이 섞여 들 것이다."

커스틴의 글은 엄청난 회복 탄력성을 가진 청소년을 보여 준다.

커스틴은 감정을 숨기지 않는다. 감정을 존중한다. 아버지와의 다정한 기억과 죽음으로 인한 상실감을 〈폴과 나〉란 시에 담았다.

폴과 나

그리고 그땐 오직
나와 폴
그리고 밤
흥얼흥얼 노래 부르는 아빠
놀이터와
여자들
그리고 말도 안 되는 가사를
찌직대는
낡은 레코드에 맞춰
그리고 빙글빙글
도는 나
내 그림자와 함께.
마치
멋들어진
폴카를 추는
상상 속 여왕처럼
그리고 밤은 그저
거기 그렇게 앉아,

우리를 물끄러미 보지

마치 우리가

정신이 나갔거나

뭐 그런 것인 양.

우린 정말 미친 것 같아,

나 혼자뿐이거든.

그저 나

그리고 내 그림자.

이것도 흥얼거리는

노래에 넣어 주세요, 폴:

정신 나간 여자애 하나

자기 그림자와

춤을 추고 있네

왜냐하면 그곳엔

아무도 없거든

그 애랑

같이 춤 출 사람이

아버지가 곁에 없다는 느낌을 돌아보면서 커스틴은 과거와 미래를 생각하고, 어머니에 대해서도 생각한다.

어머니

태양이 출렁이는 하얀 레이스의 잔물결 너머로 비쳐
들어요.
부엌 싱크대 위 그림자와 햇살이 만든
누렇고 얼룩덜룩한 발렌타인 종이 하트.
부드러운 이미지, 햇살, 노오란 온기, 레이스 하트의
만족감, 평화.
당신의 팔이 나를 안고
노오란 온기로 감싸 주어요.
빛나는 사랑의 빛이 당신 가슴에서 내 가슴으로:
당신의 힘과 사랑으로 고동치는 레이스 하트,
당신의 보드라움에서 나는 만족과 평화를 찾아요.
당신은 든든함으로 나를 안고 다독입니다,
나를 깊이 아는 눈으로, 자신을 잊은 마음으로.
당신의 포근한 품에 조금 더 오래 안아 주세요.
얼마 안 있어 나는 날개를 펴고 날아오를 거예요.
그리고 그때, 내 가슴은 언제나 간직할 거예요
당신에게서만 찾을 수 있는 편안함과 사랑을.

아름다운 시 〈아빠에게〉는 아버지의 죽음으로 인한 응어리가 해소된 상태를 보여 준다.

아빠에게

당신의 발소리를 들었다고 생각했어요,
나를 향해 달려오는
자갈길을 박차는 소리를.
하지만 눈을 떴을 때,
보이는 건 물결뿐이었어요,
손처럼 잡아당기고 빙빙 도는 물결.

당신의 미소를 느꼈다고 생각했어요,
내 얼굴 위로 따뜻하고 다정하게
내려와 닿는 미소.
하지만 눈을 떴을 때,
보이는 건 태양뿐이었어요
강 저쪽에서 나를 향해 환히 빛나는 태양.

당신의 목소리를 들었다고 생각했어요
내 이름을 속삭이는 소리를.
하지만 눈을 떴을 때,
다가온 건 바람뿐이었어요,

머리카락을 쓰다듬는 바람.

당신을 느꼈다고 생각했어요,
내 뺨에 부드럽게 입을 맞추는.
하지만 눈을 떴을 때,
보이는 건 나뭇잎뿐이었어요
다정한 손길로 나를 쓰다듬는 나뭇잎.

그리고 이제 나는 당신의 사랑을 느껴요
내 안에서, 내 주위 모든 곳에서
강하지만 다정한 파도 같은
따뜻하고 눈부신 태양 같은
포근하지만 강한 바람 같은
보드랍고 생생한 나뭇잎 같은
사랑을.
이제 난 눈을 떠야 할
필요도 없어요.
거기 계신 걸 알고 있으니까요.

커스틴에게 가장 큰 힘의 원천은 삶에 대한 사랑과 친구들과의 우정이었다. 마지막은 친구 니나와의 깊은 우정에 바치는 헌사다. 둘 다 교통사고로 세상을 떠났다.

니나와 나에게

우리가 모두 할머니가 되었을 때
우린 아마 구름처럼 부드럽고 아름다울 거야
까르르 웃을 땐 사과처럼 달콤하고 발그레할 거야
그리고 우린 자유롭고 우아하겠지
우리 젊은 날 맨발로 걷던
여름 들판의 풀처럼.
아마 넌 그때도 보조개가 있겠지, 작게 웅크린 태아처럼
수많은 탄생과 웃음으로 주름진
네 두 뺨 위에 자리 잡은.
그리고 아마 여전할 거야
내 콧등 위에 뿌려진 주근깨도
뜨거운 열기 속 아프리카 마을의 오두막처럼
내 눈꼬리 주름 사이에 숨은
물웅덩이에 모여든 동물들처럼

그리고 우린 두 눈을 동그랗게 뜬 손자손녀들에게
아이스 자몽향 챕스틱 이야기를 들려주겠지.

청소년들은 흔히 시를 통해 영혼을 보여 주고, 인생의 존재론적 질문을 던진다. 황금처럼 귀한 이 보물을 함께 나눈 우리는 얼마나 운 좋은 사람들인가!

10

난무한 에로티시즘,
만연한 혼돈

제10권

가반, 오르겔루제를 섬기는 길을 택하다

성배를 찾아 1년간 돌아다닌 가반을 다시 만나 보자. 가반은 맹세한 대로 킹그리무르젤과 싸우기 위해 그의 왕국으로 돌아온다. 그러나 킹그리무르젤은 군주를 죽인 이가 밝혀졌기에 가반을 용서한다. 이로써 두 사람은 반목을 끝내고, 함께 성배를 찾아 나선다.
어느 날 아침, 가반이 초원으로 말을 달릴 때, 치명상을 입은 기사를 무릎에 안고 슬픔에 잠긴 한 여인을 발견한다. 치료할 방법이 떠오른 가반은 나무껍질로 만든 빨대를 기사의 부상당한 부위에 끼운 뒤, 여인에게 피가 안으로 흐르지 않고 그녀 쪽으로 올라오도록 빨아내라고 한다. 힘을 회복한 기사는 가반에게 말하길, 모험을 찾아 로그로이스 왕국으로 가던 중 리쇼이스 그벨류스라는 기사의 공격을 받았다고 한다. 너무 위험하다는 기사의 만류에도 불구하고, 가반은 리쇼이스 그벨류스를 찾아 부상당한 기사의 복수를 하려 한다.
가반은 길을 따라가다가 로그로이스 왕국에 이른다. 요새로 가는 길은 산을 둥글게 감고 빙글빙글 올라가기 때문에 마치 팽이처럼 보였다. 요새는 나무와 넝쿨로 둘러싸여 있어 공격하기가 매우 어려워 보였다. 길을 오르던 가반은 샘물 옆에서 눈부시도록 아름다운 여인, 오르겔루제 공작 부인을 만난다.
오르겔루제의 미모에 넋이 나간 가반은 동행을 제안한다. 공작 부인은 아름다움에 찬사를 보내는 그를 꾸짖으며, 그냥 가라고 밀어낸다. 그녀는 가반에게 전혀 관심이 없다는 뜻을 분명히 밝힌다. 가반은 이에 아랑곳하지 않고 오르겔루제에게 마음을 빼앗겼다고 말한다. 그녀는 가반에게 아무것도 약속하지 않으며, 오히려 마음을 돌리지 않고 계속 구애하면 곤욕을 치르게 될 것이라고 말한다. 이 말은 오히려 가반의 관심을 증폭시킨다. 가반은 계속해서 사랑을 약속하며 그녀가 원하는 것은 무엇이든 다 하겠다고 말한다.
결국 오르겔루제는 가반의 청을 받아들여서, 말을 돌보는 임무를 그에게 맡긴다. 하지만 말에게 가려면 왔던 길을 돌아내려 가 높은 다리를 지나 과수원으로 가야 했다. 오르젤루제는 그곳에는 탬버린과 플루트를 연주하며 춤추고 노래하는 사람들이 있을 것이라고 하며 그 사람들을 무시하고 곧바로 말한테 가서 고삐를 풀면 말이 따라올 거라고 이른다. 이 임무를 완수하기 위해 가반은 먼저 타고 있던 말에서 내려야 했다. 말을 묶어 둘 곳이 없었기 때문에 오르겔루제는 말을 자기에게 맡겨 두라고 한다. 공작 부인는 계속 가반을 조롱하며 바보 취급한다.

가반은 오르겔루제가 알려 준 대로 축제 분위기에 싸인 군중을 헤치고 들어간다. 놀랍게도 그 사람들이 슬프게 울기 시작한다. 그들은 오르겔루제가 가반의 인생을 비참하게 만들 것을 알고 있었기 때문이다. 가반은 계속해서 올리브 나무 옆에 서 있는 말에게 가까이 간다. 그때 수염이 풍성한 기사가 가반이 말에게 다가오는 것을 보고 눈물을 흘린다. 그는 가반에게 말을 내버려 두고 갈 길을 가라고 경고하며, 오르겔루제를 조심하라고 일러 준다. 가반은 모든 사람을 뿌리치고 말을 데리고 그녀에게로 간다.

오르겔루제는 고마워하기는커녕 큰 소리로 "거위 양반, 어서 오시오."라고 놀린다. 가반을 멍청이라고 부르면서 자기는 그에게 전혀 고마워할 게 없다고 말한다. 가반은 이런 대접에도 불구하고 계속 섬기겠다고 한다.

두 사람은 말을 타고 황야로 들어간다. 그곳에서 가반은 부상당한 사람을 치료할 때 쓰는 약초를 발견한다. 가반은 오르겔루제의 조롱에도 불구하고, 말에서 내려 약초의 뿌리를 캔 다음 다시 말에 오른다. 이때 이상하게 생긴 사람이 뒤에서 나타나더니 전할 말이 있다고 한다. 그는 쿤드리의 남동생 말크레아튀레다. 말크레아튀레와 쿤드리는 과거에 제쿤딜레 여왕이 안포르타스에게 일종의 선물로 보낸 사람들이었다. 안포르타스는 말크레아튀레를 다시 오르겔루제에게 보내 견습 기사로 그녀를 섬기게 했다. 여기서 독자들은 로그로이스 공작 부인 오르겔루제와 안포르타스의 관계를 처음으로 알게 된다. 말크레아튀레는 가반을 겁쟁이, 바보라고 부르며 그의 화를 돋우려고 갖은 애를 쓴다. 말크레아튀레의 가시 돋친 피부가 가반의 손을 찔러

피범벅이 된다. 오르겔루제 부인도 이에 가반을 한층 더 질책한다. 그들은 부상당한 기사에게 돌아갔고, 가반은 약초 뿌리를 기사의 상처에 붙여 준다. 기사는 가반에게 오르겔루제를 조심하라고 계속 경고한다. 자신을 도우려는 가반의 계속된 시도에 질린 기사는 가까운 의원에 데려다 달라고 한다. 기사는 오르겔루제의 말에 그녀를 먼저 태우고 뒷자리에 자기를 태우라고 한다. 가반이 오르겔루제를 말에 태우는 사이, 부상당한 기사는 재빨리 가반의 말에 올라타 달아나 버린다. 오르겔루제는 가반을 비웃으며 아직도 자기 사랑을 원하는지 묻는다. 가반은 답한다. "당신의 사랑을 얻지 못하면 차라리 비참한 죽음을 맞겠소." 그녀가 자기를 뭐라고 부르든 신경 쓰지 않고, 사랑으로 섬기겠다는 결심을 바꾸지 않는다.
이때 부상당한 기사가 말을 타고 되돌아온다. 가반은 그제야 그가 우르얀스인 것을 알아본다. 기사인 우르얀스는 과거에 어떤 처녀를 겁탈했고, 가반은 그를 잡아 아서 왕에게 데려갔다. 당시 교수형을 선고받은 우르얀스는 목숨을 구하기 위해 가반에게 항복을 맹세했었다. 가반은 자신이 한 말을 지키기 위해 우르얀스에게 선처를 베풀어 달라고, 그의 목숨을 살려 주고 용서해 달라고 왕에게 간청했다. 그래서 우르얀스는 사형에 처해지는 대신 4주 동안 개들과 함께 밥을 먹는 벌이 내려졌다. 이때의 굴욕으로 인해 우르얀스는 가반을 적이라 부르면서 가반의 말인 그린굴리예테를 타고 다시 가 버린다.

오르겔루제는 여전히 가반에게 눈곱만큼의 동정심도 없지만 자기 영토에서 일어난 일이기에 판결을 내린다. 우르얀스는 자기가 저지른 행위에 대한 처벌을 받게 될 것이라고 가반에게 알린다. 말을 잃어버린 가반은 어쩔 수 없이 말크레아튀레의 비루한 말을 타기로 한다. 하지만 전투에 나서기에는 말이 너무 허약하다는 사실을 깨닫는다. 할 수 없이 그는 말에서 내려 방패와 창을 메고 말 옆에서 걷기 시작한다.
오르겔루제는 계속 조롱하지만 가반은 그녀의 고약한 언사에 사랑으로 답한다.
가반과 오르겔루제는 숲을 빠져나온다. 가반은 한 번도 본 적이 없는 높은 성을 올려다본다. 성의 탑과 건물들은 아주 웅장했다. 창문가에는 사백 명이 넘는 귀부인들이 보였다. 두 사람은 계속 나아가 풀밭에 이른다. 거기에서는 마상 창 시합이 열리고 있었다. 그때 한 기사가 등 뒤에서 나타나 싸움을 걸어온다. 오르겔루제는 가반에게 자기를 따라다니면 곤경을 치르게 될 거라고 말했던 사실을 상기시키며, 가반을 말에서 떨어뜨릴 것이 분명해 보이는 그 기사와 어서 맞붙어 싸우라고 내몬다. 그러고는 풀밭 옆 강가 나루터에 있는 사공이 빈자리가 있다고 하자, 오르겔루제는 나룻배를 타고 강을 건너가 버린다. 나루터를 떠나면서도 그녀는 가반을 큰 소리로 조롱한다.
이윽고 리쇼이스 그벨류스가 말을 타고 가반에게로 돌진해 온다.
가반은 재빨리 말에서 내려 땅에서 싸우는 것이 낫겠다고 판단한다.
한 번 크게 맞붙자 두 사람의 창이 모두 부러지고 둘 다 바닥으로 날아 떨어진다. 벌떡 일어난 두 사람은 검과 방패로 싸움을 계속한다.
용감하게 싸운 끝에 가반은 리쇼이스 위에 올라타 꼼짝 못 하게 하고는 항복의 맹세를 요구한다. 리쇼이스는 한 번도 이런 상황에 처해

본 적이 없었기에 이를 거부한다. 그는 패배의 굴욕 속에 사느니 차라리
죽음을 택하겠노라고 말한다.
가반은 그를 살려 주기로 하지만, 쓸 만한 말 한 필이 꼭 필요한
상황이었다. 리쇼이스의 말을 가져가면 어떨까? 전투를 위한 무장을
완전히 갖춘 말이 아닌가? 그런데 자세히 보니 말의 뒷다리 관절
부분에 성배의 휘장인 멧비둘기 낙인이 있었다. 그것은 우르얀스가
훔쳐간 자기 말 그린굴리예테였던 것이다!
하지만 가반이 오르겔루제에게 정신이 팔려 방심한 사이에 리쇼이스는
땅에 떨어진 검을 잡고 가반을 공격한다. 두 번째로 맞붙은 두 사람은
둘 다 방패에 구멍이 숭숭 뚫릴 때까지 싸우다 무기를 버리고
맨주먹으로 난투극을 벌인다.
그들이 싸우는 내내 성 위에서는 귀부인들이 창문으로 내려다보고
있었다. 두 사람은 재빠른 가격을 주고받다가 마침내 가반이
리쇼이스를 붙잡아 땅바닥에 힘껏 내동댕이친 뒤에 다시 한 번 항복을
요구한다. 리쇼이스는 여전히 항복을 거부하면서 차라리 죽이라고
말한다. 리쇼이스는 오르겔루제를 향한 사랑 때문에 많은 훌륭한
기사를 물리쳐 왔다는 이야기를 한다. 가반은 둘 다 오르겔루스에 대한
사랑 때문에 여기까지 온 것이기에 리쇼이스를 죽일 수 없다고
생각한다.
오르겔루제를 강 건너로 태워 주었던 사공이 팔목에 새매를 얹은 채
다가온다. 그에게는 그곳에서 열린 창 시합에서 패배한 기사의 말을
요구할 권리가 있었다. 그러나 가반은 첫 싸움에서는 자기가 졌고, 그
다음엔 자기가 이겼기 때문에 그 말의 주인은 자기라고 주장한다.

가반은 잃어버렸다가 되찾은 자기 말을 포기할 마음이 전혀 없었다. 상황이 이렇게 되자 가반은 말 대신 패배한 기사를 사공에게 주겠노라고 제의한다. 가반은 리쇼이스를 사공에게 넘긴 뒤, 사공에게서 자기 집에서 하룻밤 묵어 가라는 제안을 받고 이를 수락한다.

사공은 가반에게 이 일대는 클린쇼어의 영지이자 환상적인 모험이 펼쳐지는 곳이며, 가반이 본, 사백 명의 귀부인이 창가에 서 있던 성을 '마법의 성'이라고 부른다고 설명한다. 가반은 리쇼이스를 나루터로 데려가고, 강을 건너 사공의 집으로 간다. 사공은 자기 집을 내어주고, 딸 베네에게 시중을 들게 한다. 사공의 딸은 가반이 갑옷 벗는 것을 도와주고, 가반은 함께 식사하자고 청한다.

사공은 기막히게 맛있는 닭요리를 가반에게 대접한다. 베네는 고기를 잘게 썰어 빵 조각에 얹으면서, 이런 만찬을 좀처럼 즐기지 못하는 어머니께 닭이나 오리 한 마리를 보내 주면 좋겠다고 가반에게 말한다. 가반은 흔쾌히 승낙한다. 식사 후 가반을 위한 이부자리가 준비된다. 가반은 사공의 딸과 단둘이 있었으나, 그녀에게 아무것도 요구하지 않고 밤새 평화롭게 잠을 잔다.

평정심 키우기
자신의 지배자 되기

가반의 과제는 위험한 지역을 싸우며 뚫고 지나 성배에 이르는 것이다. 여행하던 중에 마법의 성을 지나게 된 가반은 정욕과 사기, 모욕, 대결의 시험을 겪는다. 마법의 성에서 일어나는 사건은 성배의 성 사건들과 전혀 다르다. 성배의 성은 찾기가 어렵다. 사실 우연히 만나는 길밖에 없다. 마법의 성은 정반대다. 멀리서도 보인다. 파르치팔은 성배의 성에서 경이로운 일들을 경험할 때 아무런 질문도 하지 않지만, 마법의 성에서 혼란을 겪게 된 가반은 곧바로 질문한다. "여기서 무슨 일이 벌어지고 있는 것입니까?" 마법의 성의 모든 것은 마법, 요술, 환상, 신비와 관계된다.

파르치팔은 성배의 성 기사들에게 거위 같은 놈이라는 말을 듣는다. 치유의 질문을 하지 않았기 때문이다. 가반은 오르겔루제 공작 부인에게 거위라고 불린다. 눈먼 연정 때문에 공작 부인에게 조롱당한 것이다. 가반은 첫눈에 공작 부인에게 마음을 빼앗긴다. 안티코니에와의 애정 행각에서도 그랬듯 가반은 여자와 엮이면 감정을 주체하지 못한다. 하지만 이번에는 오르겔루제와 빨리 하룻밤을 보내는 것이 관심사가 아니다. 그녀의 아름다움과 매력 뒤에 숨은 더 깊은 무언가를 보았기 때문이다.

오르겔루제는 가반이 목숨을 걸어야 하는 시험을 부과하면서도 곁에 다가오는 것을 허락하지 않는다. 가반은 오르겔루제가 무슨 짓을 해도 사랑하겠다고 맹세했기 때문에 조롱을 참아야 한다. 파르치팔은 어리고 미숙한 바보였지만, 지금 가반은 고귀한 기사인데도 바보 취급을 받는다. 하지만 한결같은 헌신을 통해 지혜로운 바보임을 증명한다. 가반은 오르겔루제와 강한 인연을 느끼고는 그녀에 대한 주변의 모든 경고를 무시한다.

가반은 올곧은 기사이며, 기사도에 관한 모든 영역에서 반듯한 사람으로 알려져 있다. 그는 누명을 쓴 탓에 킹그리무르젤을 상대해야만 했다. 심지어 여자를 겁탈했을 때 목숨을 살려 주었던 우르얀스는 지금 가반에게 복수를 벼르고 있다. 가반은 거듭해서 도전해오는 기사들에게 맞서 용기를 증명해야 했다. 도전을 받으면 응하는 것이 기사도의 규칙이기 때문이다. 하지만 오르겔루제의 시험에 응한 것은 자유 의사에서 나온 행동이었다. 언제라도 떠날 수 있지만, 친절과 절제, 예의를 보이며 그녀 곁에 머물 것을 선택한다.

성숙한 관계에서는 두 사람 모두 자유 의사에 따라 행동한다. 이성을 향한 설렘의 자리에 이제 서로에 대한 신의와 헌신이 자라난다. 앞서 언급했듯 청소년기 남자가 성숙하는 핵심 단계는 성의 단순함에서 감정의 복잡함으로 넘어가는 데 있다. 오르겔루제를 향한 감정에 변함없이 진실한 가반은 청소년기 후기에 접어든 것이다.

가반은 감정 영역을 상징한다. 그는 동료 기사들과의 관계에서 친절과 미덕, 명예를 보여 준다. 결투의 세계에서도 별문제가 없다.

그의 약한 고리는 정욕과 여자의 영역이다. 오빌로트에게 예의를 보이지만, 욕정을 자극하는 안티코니에게는 무너진다. 그 관계는 치유되었지만, 이제는 모욕과 푸대접 속에서 오르겔루제에 대한 변함없는 사랑을 증명해야 하는 동시에 온갖 비난 속에서 평정심을 보여야 하는 상황이다.

이는 감정에서 평정심을 획득해야 하는 청소년을 보여 준다. 가반은 남성과 여성의 관계에서 각기 다른 시험을 받는다. 도전장을 던지는 남성과의 관계에서 명예와 미덕을 보이는 것은 그리 어렵지 않은 문제다. 하지만 여성과의 관계에서 명예와 신의를 지키는 것은 가반에게 훨씬 어려운 과제다. 그의 감정은 훨씬 깊은 차원으로 성숙해야 한다. 이것이 바로 오르겔루제와의 관계에서 발달시켜야 하는 과제인 것이다. 그는 정욕을 길들이고 명확한 사고를 훈련하며, 그 둘을 하나로 통합해야 한다. 일단 선택을 했으면 끝까지 신의를 지킨다. 그 속에서 그는 자유로워질 것이다.

오르겔루제의 과제는 무엇인가? 그녀는 무엇을 배우는가? 그녀의 상황을 이해하려면 이야기가 조금 더 진행되기를 기다려야 한다.

청소년기 후기에 들어선 남자는 감정 영역을 대면한다. 사랑에 빠지는 단계를 넘어서 진실한 관계를 추구한다. 친밀감을 나누고 상대가 원하는 바를 존중하며, 관계에 충실하기처럼 쉽지 않은 과제를 기꺼이 받아들이는 것이다. 여자는 신의를 지키는 남자에게 마음을 연다는 사실을 깨닫는다. 특히 다른 남자에게 상처받은 경험이 있는 여자는 더욱 그렇다.

후기 청소년들은 이성 친구와 깊은 우정을 발전시킬 수 있다. 이성 관계로 발전하지 않은 채 대화를 나누고 관심사를 주고받고, 서로 도우면서 많은 것을 배우는 관계가 될 수 있다. 이성이라는 의식 없이 교류하다가 연인 관계로 발전할 수도 있고, 그냥 깊은 우정을 나누는 관계가 될 수도 있다. 이들은 수많은 관심사를 공유하고, 서로를 편한 친구로 여기며 서로에게 힘을 주고 전폭적인 지지를 보낸다.

18, 19살에야 장막을 벗고 조심스럽게 고개를 내미는 아주 내성적인 아이들도 있다. 여자를 사귄다는 것은 생각만으로도 긴장되기 때문에 상상조차 하지 않았다. 이들은 아주 연약하고 상처받기 쉽다. 이 아이들이 청소년기 후반에 짝을 만나 좋은 관계를 꽃피우면, 지켜보는 사람들의 입가에 저절로 흐뭇한 미소가 어린다. 남자아이의 마음이 활짝 열리고 환희의 감정이 끝없이 흘러나온다. 드디어 찾아온 행운에 감격하며, 두 사람의 신뢰와 사랑을 귀하게 여긴다. 이 관계를 통해 남자아이는 새로운 종류의 우정이나 어른들과의 관계에 눈을 뜰 뿐만 아니라, 무엇보다 자신을 새롭게 인식할 수 있다. 자기 안에 있는지도 몰랐던 재능을 발견한다. 기쁨으로 환히 빛난다. 어린 시절 친구들이 낯설어 할 정도다. 여자 친구가 곁에 있을 때 그는 인생에서 새로운 안정감을 느낀다. 설령 그 친구와 헤어져 마음이 아프더라도, 그 경험을 소중하게 기억하며 다시 좋은 사람을 만나리라는 희망을 품는다. 심성이 연약한 경우에는 이후로 오랫동안 이성에게 마음의 문을 닫은 채 분노를 곱씹기도 한다. 이럴 때는 삶에 대한 믿음을 회복하도록 친구들이 따뜻하게 감싸 주어야 한다.

청소년기의 이성 관계는 자기 통제력을 얼마나 획득할 수 있는지 시험하는 기회가 된다. 나는 스스로를 통제할 수 있는가? 나는 본능에 휘둘리는가? 매력을 느낀 상대에게 어떤 식으로 행동하는가? 이처럼 혼란스러운 상황에 어떻게 대처하는가? 환상과 혼란이 가득 찬 마법의 성이 가반에게 그랬듯이 연인 관계는 청소년들에게 신비롭고 불가사의한 경험이다.

11

청소년, 자제력을 얻다

제11권

마법의 성에 들어간 가반

아침이 되어 사공의 집에서 눈을 뜬 가반은 창밖을 내다보며 신선한 공기를 마신다. 눈앞에 보이는 마법의 성에는 어젯밤과 다름없이 사백 명의 귀부인들이 창밖을 내다보고 있다. 하지만 너무 지쳐 있던 그는 다시 침대로 돌아가 잠이 든다. 깨어나 보니 사공의 딸 베네가 옆에 앉아 있다. 베네는 집안 식구들 모두가 가반이 원하는 모든 요청을 들어 줄 준비가 되어 있다고 말한다. 가반은 창밖을 내다보고 있는 사백 명의 귀부인들이 누군지 알고 싶어 한다. 그러나 이 질문에 베네는 두려운 눈빛으로 아무것도 말할 수 없다고 거절한다. 그녀는 다른 질문은 다 대답할 수 있어도 그것만은 안 된다고 한다.
가반은 굽히지 않고 계속 대답해 주기를 청하지만, 베네는 눈물을 흘리며 고통스러워할 뿐이다. 그때 베네의 아버지가 방에 들어왔다가 딸이 우는 모습을 보고는, 간밤에 침실에서 일어난 일 때문이라고 오해한다. 그러나 가반은 두 사람 사이에 아무 일도 없었으며, 그저 질문을 했을 뿐인데 아무리 청해도 베네가 대답하지 않는다고 대답한다. 사공은 그 질문에 대답해 줄 수 있을까?

가반이 사공에게 성안에 있는 귀부인들에 대해 다시 물었을 때 돌아온 대답은 똑같았다. "하느님 맙소사. 그것만은 묻지 마십시오. 거기엔 세상의 모든 불행보다 더 큰 비극이 있습니다." 가반은 마음이 아팠다. 그는 그 질문이 사공을 왜 그렇게 고통스럽게 하는지 알고 싶었다. 사공은 이 문제에 대해서 더 이상 질문하지 못하도록 만류하고 싶었으나, 가반이 질문을 멈추지 않자 그가 대답을 듣지 않고는 포기하지 않을 것임을 깨닫는다. 사공은 가반의 호기심이 사공과 그 가족에게 슬픔과 불행을 가져다줄 것이라고 말한다.

가반의 끈질긴 질문에 사공은 더 이상 버티지 못하고 마침내 마음을 바꾼다. 그리고 가반이 마법의 성과 마법의 침대가 있는 '마법의 땅'에 들어왔다는 것을 마지못해 알려 준다. 그가 여기서 더 나아간다면 여태까지 경험하지 못한 최대의 시련을 만나게 될 것이며, 결투를 준비해야 할 것이라고 말한다. 사공은 가반에게 돌 방패를 빌려줄 터이니 그것을 가지고 가라고 한다.

가반은 쿤드리에게서 이 귀부인들 이야기를 들었던 기억이 떠올랐고, 그 사람들을 돕겠다고 결심한다. 그는 닥쳐올 싸움에 대비하기 위해 사공에게 조언을 구한다. 슬픔과 탄식 속에서도 사공은 가반이 이 시련에서 살아남는다면 마법의 땅과 그 안에 있는 모든 것의 주인이 될 것이라고 말한다. 그곳에 갇힌 모든 귀부인은 마법에 걸려 끌려온 것이었다. 수많은 기사가 귀부인들을 해방시키기 위해 도전하였으나 모두 실패하고 말았다. 가반이 그 도전을 받아들인다면 그도 결국 마법의 침대 위에서 죽음을 맞게 될 것이다. 혹시라도 성공하면 하느님께서 그에게 영광을 주실 것이다.
가반은 파르치팔도 이틀 전에 성배를 찾는 길에 여기를 지나갔으나, 그는 이 성에 대해 아무것도 묻지 않았다는 것을 알게 된다. 사공은 또 아주 흥미로운 이야기도 해 준다. 가반이 귀부인들을 해방시킬 수만 있다면, 그것은 귀부인들만이 아니라 사공에게도 좋은 일이라 그는 큰 부를 얻을 것이다. 그러므로 가반이 다가올 결투에서 살아남는다면 많은 사람이 그 승리로 인해 큰 은혜를 입게 될 것이다.
베네는 가반이 갑옷을 입는 것을 도와주고, 사공은 돌 방패와 함께 가반의 말을 몰고 온다. 그는 가반에게 할 일을 조목조목 알려 준다. 사공이 빌려주는 돌 방패를 가지고 갈 것, 성 밖에 앉아 있는 부유한 상인에게서 무언가를 살 것, 말을 그 상인에게 맡겨 둘 것.(그러면 안전하게 돌봄을 받음) 사공이 덧붙여 말한다, "성에 들어가 보면 버려진 성처럼 아무도 없을 것입니다. 마법의 침대가 있는 방에 들어설 때는 싸울 준비를 단단히 하십시오. 무슨 일이 있어도 절대로 방패를 놓쳐서는 안 됩니다. 싸움이 끝났다고 생각할 때가 바로 시작이라는 것을 절대 잊지 마십시오."
가반은 사공과 그 딸이 슬피 우는 가운데 집을 나와 성문으로 간다. 성문 앞에서 그는 세상 어디에서도 볼 수 없는 귀중한 물건들을 파는 상인을 만난다. 가반이 구경하겠다고 하자 상인은 말한다, "여기서 오랜 세월을 앉아 있었지만, 귀부인들 말고는 내 가게에 무엇이 있는지 감히 들여다본 사람이 한 사람도 없었습니다." 그러면서 상인은 약속한다. 가반이 마법의 성 싸움에서 이긴다면, 그 성에 있는 모든 것과 함께 여기 있는 귀중품도 전부 그의 차지가 될 것이라고. 상인은 가반에게 자기를 믿고 말을 놓고 가라고 한다. 사공과 마찬가지로 상인도 "성공하신다면 저도 당신의 것이 될 것입니다."라고 말한다.

이제 가반은 준비가 끝났다. 걸어서 성으로 들어간다. 성은 크고 높은 벽으로 둘러싸여 있고, 성 중앙에는 커다란 공터가 있었다. 큰 홀의 지붕은 공작새 꼬리털처럼 밝은 색깔로 화려하게 빛이 났으며, 건물 내부는 목재 조각과 아치로 아름답게 장식되어 있었다. 무수히 많은 침대가 나란히 놓여 있고 그 침대들은 모두 값진 덮개로 싸여 있었다. 귀부인들은 가반을 만나는 것이 금지되었기 때문에 방에는 아무도 없었다. 중앙 홀을 빙 돌아간 가반은 열려 있는 문을 만난다.

바로 마법의 침대가 있는 방이었다.

유리처럼 매끈하게 빛나는 방바닥은 귀한 보석으로 만든 것이었고, 침대에는 루비로 된 바퀴가 달려 있었다. 바닥이 너무 미끄러워 걸어 다니기도 어려웠다. 한 발짝 다가갈 때마다 침대는 멀리 달아났다. 방패가 팔을 무겁게 짓눌러서 내려놓고 싶은 마음이 들었다. 그러나 그는 사공의 말을 잊지 않았다. 가반은 재빠르게 침대 가운데로 뛰어 올라갔다. 그러자 싸움이 시작되었다. 침대는 앞뒤좌우로 빠르게 방향을 바꿔 움직이면서 사방 벽에 부딪쳐댔다. 얼마나 세게 부딪치는지 온 성이 진동할 정도다. 침대는 보통 잠을 자는 장소지만, 가반은 굴러 떨어지지 않으려고 한 순간도 마음을 놓지 못하고 깨어 있어야 했다.

가반은 방패를 몸 위에 올려놓고 신에게 기도한다. 갑자기 침대가 요동을 멈추고 방이 고요해진다. 다음엔 무슨 일이 일어날까? 오백 개의 팔매가 그를 향해 돌을 쏘아댔다. 다행히 방패가 그를 보호해 주었다. 몇 개는 방패를 뚫고 들어오기도 했지만 크게 다치지는 않았다.
싸움은 아직 끝나지 않았다. 뒤이어 오백 개의 석궁이 그를 향했고 화살이 비처럼 쏟아졌다. 갑옷이 여기저기 파이고 찢어지고, 온 몸에 힘이 다 빠졌지만 결국은 그 습격에서 살아남았다. 하지만 그게 끝이 아니었다. 문이 열리더니 험상궂게 생긴 다부진 체격의 농부가 들어온다. 물고기 껍질로 만든 옷을 입은 그는 커다란 몽둥이를 휘둘러댔다. 갑옷도 입지 않은 농부가 그렇게 조악한 무기를 휘두르는 것에 가반이 어리둥절해하며 무시하자 화가 난 농부는 다음에 올 것은 이제까지보다 훨씬 무서운 것이라고 말하고 가 버린다.
으르렁거리는 소리가 성을 가득 채우더니 집채만한 사자가 문으로 뛰어 들어온다. 가반은 펄쩍 뛰어 일어나 굶주린 사자를 막을 자세를 취한다. 사공의 방패가 다시 한 번 가반을 보호해 주었지만, 사자가 무지막지한 앞발을 휘둘러대는 통에 방패가 여기저기 부서진다. 가반은 사자의 다리 하나를 검으로 베어 방패에 걸어 둔다. 사자가 흘린 피 때문에 바닥은 더 미끄러워졌다. 사자는 세 다리로 달려와 날카로운 발톱으로 가반을 움켜잡으려 한다. 그러나 가반은 사자의 가슴에 검을 찔러 넣는 데 성공하고, 사자는 쓰러져 죽는다.
가반도 싸움에서 부상을 입었다. 큰 상처를 입은 그는 의식을 잃기 시작한다. 가반은 방패를 바닥에 깔고 쓰러진 사자를 베개 삼아 눕는다. 한 귀부인이 들여다보고 용감한 기사가 죽은 것처럼 보이자 울음을 터트린다. 그러나 귀부인은 곧 마음을 추스르고 들어와 가반을 보살핀다. 모든 귀부인이 가반을 위해 기도한다. 한 사람은 가반의 투구를 벗긴다. 다른 귀부인은 그가 숨이 붙어 있는지 확인하고는 깨끗한 물을 가져오게 해 가반의 입에 물을 흘려 넣어 준다. 마침내 가반은 눈을 뜨고 자기를 돌봐 준 귀부인들에게 감사의 인사를 한다.

언제나 예의바른 기사인 가반은 귀부인들에게 이런 수고를 끼치게 된 것에 미안해한다. 그러나 귀부인들은 기쁨에 넘쳐 그가 싸움에서 승리했다고 말한다. 승리는 그의 것이다. 이제 중요한 것은 상처를 회복하는 일이다. 하지만 싸움이 정말 끝났는지 확신하지 못한 가반은 상처를 얼른 치료해야겠다는 생각에 도움을 청한다. 지혜로운 아르니베는 하인들을 시켜 침대를 마련하고 상처에 바를 연고를 준비한다. 하녀들은 조심히 가반의 갑옷을 벗기고 침대에 눕힌다. 상처는 오십 군데가 넘었지만, 단단한 방패 덕분에 다행히 몸에 박힌 화살은 없었다. 투구가 우그러진 부분의 머리가 부어올라서 아르니베가 치료해 준다. 그녀에게는 쿤드리가 준 약이 있었다. 사실 그것은 안포르타스의 고통을 치유하는 데 사용하는 것과 동일한 약이었다. 그녀는 그 약이 '성배의 성'에서 왔다고 말한다.

가반은 '성배의 성'이라는 말을 듣자, 성이 가까이 있다는 생각에 뛸 듯이 기뻐한다. 그러나 지금 중요한 것은 상처를 회복하는 일이었다. 그는 약초를 먹고 깊은 잠에 빠진다. 잠이 들어 치유되는 동안 귀부인들이 온종일 가반을 보살핀다. 가반은 잠에서 깨자 식욕이 돌아왔고 음식을 양껏 많이 먹는다. 간호해 주는 아름다운 귀부인들을 보고 가슴속 감정이 되살아난 그는 또다시 오르겔루제를 생각한다. 그러나 가반의 치료가 다 끝난 것이 아니다. 식사 후 그는 다시 깊은 잠에 빠져든다.

말과 본능 통제하기

베네는 응할 마음이 있었지만 가반은 베네를 이용해 욕망을 취하지 않았다. 오르겔루제를 향한 사랑을 변함없이 유지한다. 타인에 대한 공감 능력이 아직 발달하지 않은 파르치팔과 달리, 가반은 사람들이 왜 괴로워하는지를 끝까지 묻는다. 마음의 힘이 지극히 컸던 그는 다른 사람의 고통을 그냥 지나쳐 버릴 수 없었던 것이다.

동료 교사 브라이언 그레이는 가반이 마법의 침대에서 겪는 경험을 인간이 말하는 것에 대한 통제력을 획득해 가는 과정의 은유로 볼 수 있다는 의견을 제시했다. 벽에 부딪치며 이리저리 요동치는 침대는 혀를 상징하고, 언변 좋고 유창한 가반의 과제는 혀를 통제하는 법을 배우는 것으로, 쏟아지는 돌과 화살은 그를 공격하는 가시 돋친 말과 모욕을 의미한다는 것이다. 나는 이 비유가 매우 설득력 있으며, 청소년이 조롱과 모욕을 당할 때의 심정을 잘 나타낸다고 생각한다.

브라이언에 따르면 사자는 가반의 감정 영역을 상징한다. 가반은 감정과 열정을 길들여야 한다. 특히 사자는 그가 사랑으로 승화시켜야 하는 관능성을 의미한다. 가반은 부분적으로만 그 시험을 통과하고 의식을 잃는다. 시험의 목적이 성욕을 죽이는 대신 다스리는 힘을 보는 것인데 가반은 부분적 성공만 거둔 것이다. 그는 죽을 뻔했지만 결국 살아서 귀부인들을 속박에서 풀어 준다. 그런 다음 가족과 재회한다. 누이들과 어머니, 할머니(아르니베)라는 3대의 여성들을 만난 것이다.

가반의 장점과 약점은 사실 동전의 양면이다. 둘 다 역동적 감정 영역과 상관있다. 장점으로 볼 때 그는 고귀한 기사에, 사교적이고 사람들을 불러 모으는 것을 좋아하며, 중재자 역할을 잘한다. 사회생활을 잘하고 사람들과의 만남을 편안하게 느끼는 사람이다. 사랑의 노예가 되는 것이 그의 약점이다. 그는 성욕을 다스리고 여자들과 적절하게 만나는 법을 아직 알지 못한다.

여인들은 클린쇼어에게 사로잡힌 신세다. 마법에 걸려 서로 대화할 수도 없다. 그는 여성성의 세 측면인 처녀, 어머니, 할머니를 해방시킨다. 관계를 연결하는 능력 덕에 가반은 그들을 해방시키고, 자기 삶을 되찾게 해 주었다. 진실한 관계는 여성을 해방시켜 본모습으로 돌아가게 한다. 여성이 자기 생각을 말할 자유를 얻는 문제는 수천 년 넘는 과제였다. 가반이 여러 해 동안 어머니와 누이들을 만나지 못했기 때문에 알아보지 못했다는 것은 흥미로운 설정이다. 가반은 마법의 성의 경험을 통해 겸손과 평정심, 끈기와 내면의 용기라는 자질을 갖추게 된다.

청소년은 본능을 다스릴 수 있어야 한다

청소년들은 욕망 때문에 괴로워한다. 어떻게 다루어야 할지 모르기 때문이다. 17세를 기점으로 약 2년간의 과도기를 거치면서 아이들은 이 강력한 감정을 통제하기 시작한다. 그들은 무슨 일을 겪을까? 그들을 밀고 당기며 흔드는 것은 성욕만이 아니다. 공격성, 다른 사람을 조종하려는 마음, 권력, 유혹도 강력한 욕구들이다.

성 입구에 앉아 있던 상인은 판매대에 놓인 귀한 물건들의 주인이다. 성에서 살아남으면 성의 주인이 되고, 모든 것의 소유가 된다. 하지만 클린쇼어가 주인인 이상, 귀부인들 말고는 아무도 물건에 관심을 갖지 않는다. 상인은 성 입구에 앉아 있다. 사공은 가반에게 "저 부유한 상인에게서 뭔가를 산 뒤, 그에게 말을 맡기고 가십시오." 라고 알려 주었다.

이 장면을 청소년 발달의 관점에서 보자. 성은 마법에 걸려 있고, 내부에는 위험이 도사린다. 사람들은 시간 속에 얼어붙었다. 그곳에는 날뛰는 침대, 석궁과 화살, 몽둥이를 든 농부와 으르렁대는 사자가 있다. 가반이 이것의 주인이 되면 귀한 보물을 손에 넣을 수 있다. 본능을 다스릴 수 있는 청소년에게는 보상이 기다린다. 청소년들의 고차 자아는 욕망을 연민, 순결, 진리, 봉사 같은 이상으로 변형시킨다. 앞 장에서 언급했듯 청소년들의 정신적 발달은 이런 경험을 통해 강화된다. 그때가 되면 이상은 더 이상 추상적 가치가 아니라 영혼의 일부가 된다. 이제 인류를 위해 자기가 할 수 있는 일이 무엇인지 안다. 물론, 이런 변형은 청소년기에 완성되는 것이 아니라 평생에 걸쳐서 계속된다.

본능에 휘둘리는 한, 청소년기 여정의 이런 귀중한 측면들을 만날 수 없다. 마법에 걸린 성에 들어갈 때는 본능적 의지를 놔 두고 가야 한다. 이로써 균형 잡힌 영혼의 삶으로 가는 여정을 시작한다.

이 이야기를 다른 시각에서도 볼 수 있다. 귀한 보석으로 만든 침실 바닥은 웅장하고 화려하지만 미끄러웠다. 한 걸음 떼는 것도 위험하다. 가반은 넘어지고 다칠 수 있다. 눈부시도록 환하게 빛나는 침대는 유혹적이다. 이리저리 부딪치며 제멋대로 날뛰는 침대에 뛰어오른 청소년은 성적 본능에 휘둘리는 신세가 된다. 골치 아픈 일들을 겪는다. 이들에게 필요한 것은 감정을 차분히 진정시키는 것이다. 오직 방패만이 도움을 줄 수 있다. 청소년은 무슨 일이 생겨도 침착한 태도로 방패를 단단히 쥐고 있어야 한다. 방패를 내려놓아서는 안 된다. 술, 마약, 성적으로 유혹을 받을 청소년들이여, 방패를 쥐고 있으라. 유혹에 넘어가지 말라. 그 과정에 상처를 입을 수도 있지만 결국은 해낼 것이고, 너를 도와주는 사람들이 분명 있을 것이다.

이 시기를 잘 넘기면 청소년들의 의지 영역에 변화가 생긴다. 유혹에 하릴없이 휩쓸리지 않고, 분별력을 갖고 자기 행동을 선택할 수 있다. 유혹을 피해 숨거나 도망치는 것이 아니라, 명확한 태도로 의식적인 선택을 하는 것이다. 이런 의식적인 행동이 자신의 인격이 된다. 유혹은 끊임없이 나타날 것이고, 그때마다 청소년들은 단호하고 명확한 태도로 그에 맞설 기회를 얻는다.

12

사고 깨우기

제12권

가반, 화관을 얻다

가반은 오르겔루제가 너무나 그리워 잠을 이루지 못하고 뒤척인다. 얼마나 뒤척였는지 붕대가 일부 풀릴 정도였다. 잠에서 깨어나 보니 피 묻은 옷을 갈아입을 깨끗한 새 옷이 침대 옆에 놓여 있다. 가반은 옷을 갈아입고 성의 큰 홀로 간다. 홀의 한쪽 끝에는 탑으로 이어지는 나선형 계단이 있다. 이 계단을 따라 올라가면 성의 지붕 위로 높이 솟은 좁은 탑이 있다. 보석으로 장식한 탑 한가운데에는 클린쇼어가 동방에서 가져온 번쩍이는 원형 기둥이 서 있었다. 기둥에는 사방 10km 내 모든 땅이 다 비쳤다. 가반이 넋을 잃고 기둥을 바라보고 있을 때, 지혜로운 아르니베가 딸 장기베와 장기베의 두 딸 이톤예와 쿤드리에(마법사 쿤드리와 다른 사람)를 대동하고 들어온다. 그들은 상처를 회복하려면 침대에 누워서 휴식을 취해야 하는데 밖에 나왔다고 가반을 나무란다. 그는 아르니베의 도움으로 기운을 많이 회복했다고 답한다. 아르니베는 세 귀부인, 장기베, 이톤예, 쿤드리에에게 키스로 인사하라고 권한다. 세 여인 모두 매우 아름다웠지만 가반의 마음에는 오르겔루제밖에 없다. 가반은 자기가 누구인지 그들에게 밝히지 않는다.

가반은 아르니베에게 수정 기둥에 대해 묻는다. 아르니베가 가반에게 수정 기둥에 대해 설명하는 중에, 가반은 기둥에서 완전무장한 기사와 귀부인이 성으로 다가오는 것을 본다. 그녀는 오르겔루제였다. 가반은 완전무장한 기사가 전투를 원하며 싸울 준비가 된 것을 알아본다. 귀부인들은 가반의 상처가 다시 벌어지면 출혈 때문에 죽을 수도 있다고 말렸지만, 가반은 이제 자기가 이 땅의 주인이기에 싸우기를 원하는 사람들에 맞서 영지를 보호해야 한다고 말한다. 여인들은 가반이 몹시 걱정되었지만 전투 준비하는 것을 말없이 도와준다.

가반은 사공에게 받은 창을 들고 애마 그린굴리예테에 올라 강을 건넌다. 가반은 투르코이테라는 이름의 그 기사가 창으로만 싸울 것을 맹세했다는 것을 안다. 먼저 상대방을 말에서 떨어뜨리는 자가 승리한다. 창 싸움이 시작된다. 가반은 투르코이테의 투구를 낚아채고 투르코이테는 말에서 떨어진다.

오르겔루제는 가반이 마법의 침대와 사자와의 싸움에서 이긴 것을 알았지만, 계속 조롱하며, “당신의 마음이 사랑으로 나에게 봉사하기를 간절히 원한다면서 제가 요구하는 싸움에는 달려들 용기가 없는 것 같네요.” 라고 말한다. 가반은 함께 있는 것만으로도 자기는 힘을 얻는다고 차분히 답하면서, 그녀가 원하는 모든 방식으로

봉사하겠다고 맹세한다. 가반이 함께 말을 타고 가는 것을
오르겔루제가 허락하자, 기쁨에 겨워하는 가반과 달리 사백 명의
숙녀들은 안타까워한다. 오르겔루제는 가반에게 근처 계곡에 있는
나무의 가지를 꺾어 화관을 만들어 오라는 시험을 내린다. 그것은
자신에게서 기쁨을 앗아간 사람이 지키고 있는 나무인데, 가반이
성공하면 사랑을 주겠다고 말한다.
시험에 응한 가반은 오르겔루제와 함께 숲을 가로질러 계곡으로 가서
화관을 만들 나무를 본다. 오르겔루제는 자기가 지켜볼 테니 가반에게
말을 타고 계곡을 가로지르는 폭포를 건너뛰라고 한다. 그러면서
지금까지와 다른 어조로 "신의 은총이 있기를!" 하고 외친다.
가반이 폭포를 뛰어넘기 위해 말을 달린다. 힘껏 박차를 가하고 엄청난
높이로 뛰어 올랐지만 건너편 절벽에 가닿은 것은 말의 두
앞발뿐이었다. 미끄러진 말은 바로 밑에서 세차게 흐르던 물속으로
떨어지고 만다. 가반은 절벽에 튀어나온 가지를 잡고 간신히 목숨을
구하지만 아무것도 모르는 오르겔루제는 눈물을 흘린다.
가반은 힘을 내어 땅 위로 올라온다.
그린굴리예테가 강물에 휩쓸려 떠내려가기 직전에 가반은 몸을 굽혀
창을 뻗어 말고삐를 잡는다. 그린굴리예테를 물 밖으로 끌어내는 데
성공한 가반은 다시 말 위에 오른다. 그는 나뭇가지를 꺾어 화관을
만들고는 자기 투구에 꽂는다.
그때 대담하고 오만한 기사 그라모플란츠가 도착한다.
그라모플란츠도 가반도 상대를 알아보지 못한다. 그라모플란츠는
가반이 자신이 지키고 있는 나무의 가지로 화관을 만들어 자신을

모욕한 것을 용서하지는 않지만, 한 사람은 자기 상대가 안 되니 두 사람이 한꺼번에 붙으면 싸워 주겠노라고 거만하게 소리친다. 모자에는 공작 깃털을 꽂고, 흰 어민(북방 족제비의 흰색 겨울 털) 끝단을 댄 녹색 비단 망토를 걸치고, 손에는 매를 앉힌 채 아름다운 말을 탄 그라모플란츠의 모습은 매우 인상적이었다. 그러나 그는 무기를 가지고 있지 않았다.
그라모플란츠는 가반의 방패가 많이 손상된 것을 보고 분명히 마법의 침대에서 싸웠을 거라고 생각한다. 그는 또 가반에게 자기가 오르겔루제의 남편 시데가스트와 그의 부하 세 명을 죽였다고 말한다. 오르겔루제를 포로로 잡은 뒤, 자기 왕관과 모든 땅을 걸고 그녀의 사랑을 구했지만, 그녀는 증오로 답할 뿐이었다. 그라모플란츠는 오르겔루제를 일 년이나 포로로 잡아 두었지만, 그녀가 마음을 바꾸지 않아 대치 상태에 있던 중이었다.
하지만 지금 그라모플란츠는 아직 얼굴도 보지 못한 여인인 로트왕의 딸 이톤예를 원한다. 마법의 성을 손에 넣은 기사 가반은 그 땅의 주인이기 때문에 그라모플란츠가 이톤예의 사랑을 얻도록 돕는 것은 그의 권능에 속한 일이었다. 그라모플란츠는 가반에게 자기가 이톤예의 이름으로 용기 있는 행동을 해 왔으므로, 사랑의 정표로 반지를 이톤예에게 전해 달라고 요청한다.
가반은 무장하지 않은 사람을 이겨 봐야 명성에 이로울 게 없다고 생각하고는, 반지를 그라모플란츠가 흠모하는 여인에게 전해 주는 데 동의한다. 그리고 가반은 그라모플란츠에게 신분을 밝히라고 요구한다. 그라모플란츠는 자신이 로트 왕에게 죽임을 당한 이로트

왕의 아들이며, 자기가 일대일로 싸워 줄 수 있는 기사는 가반뿐이라고 한다. 그는 전장에서 가반을 만나 아버지의 복수를 고대하고 있다고 말한다. 가반은 자기가 로트 왕의 아들이자 이톤예의 오빠임을 밝힌다. 그는 아버지의 명예를 지키기 위하여 그라모플란츠와 기꺼이 싸울 생각이다.

모든 이야기를 다 들은 그라모플란츠는 여전히 가반과 싸우기를 원한다. 하지만 경탄의 눈길로 바라보는 사람들이 없는 이 자리가 아니라, 각자 아서 왕과 원탁의 기사를 포함한 천오백 명의 손님을 초대하고, 그들이 지켜보는 앞에서 큰 행사로 결투를 하자고 제안한다. 날짜는 지금부터 16일 후, 장소는 요플란체 평원이다. 둘 다 그 시간 그 장소에 나오기로 맹세한다.

화관을 투구에 꽂고 말을 달려 계곡을 뛰어넘은 가반은 오르겔루제 공작 부인에게로 향한다. 오만한 공작 부인은 가반이 폭포를 건너뛰는 것을 보고 걱정과 근심을 드러내며 그를 사랑하는 마음을 인정한다. 가반은 오르겔루제에게 화관을 선사하면서, 그녀가 미모를 이용해 기사의 명예를 짓밟은 것을 나무란다. 이제 가반의 태도가 달라졌다. 계속 조롱한다면 그녀를 사랑하지 않을 것이며, 그런 행동을 더 이상 용납하지 않겠다고 말한다.

오르겔루제는 이제 마음을 열고, 그와 함께 고통을 나눌 준비가 되었다. 그녀는 그에게 용서를 빌면서, 남편을 너무나 사랑한 나머지 그라모플란츠가 그를 살해했을 때 삶의 빛이 꺼져 버렸다고 설명한다. 그녀는 그동안 가반이 자기 사랑을 받을 만한 사람인지 시험하고 있었다고 말하며 이제 그가 얼마나 좋은 사람인가를 알았고, 그의 용감한 행동에 감동받았다고 말한다.

가반은 그라모플란츠를 전투에서 이겨 그의 오만을 뿌리째 뽑아 놓겠다고 맹세한다. 오르겔루제는 울면서 가반과 함께 마법의 성에 가서 몸이 나을 때까지 돌봐 주겠다고 한다. 가반이 우는 이유를 묻자, 오르겔루제는 다음과 같은 이야기를 들려준다. 그녀는 강한 무사들을 그라모플란츠에게 보내 복수를 시도해 왔는데, 그녀에게 사랑을 맹세하고 그라모플란츠를 죽이겠다고 나선 사람들 중에 안포르타스도 있었다. 안포르타스는 성문 앞 귀중품 가게를 사랑의 표시로 그녀에게 선사했다. 그런데 클린쇼어가 안포르타스에게 흑마술을 걸어 부상을 입힌 것이다. 안포르타스는 지금 큰 고통을 겪으며 아무것도 할 수 없는 상태로 누워 있다. 그녀는 클린쇼어가 아주 악하기 때문에 선한 사람들이 잘되는 것을 참지 못한다고 했다, "나는 클린쇼어가 고귀한 안포르타스를 다치게 하기를 원치 않았어요. 클린쇼어가 귀중품 가게에 눈독을 들이기에 그에게 주기로 했지요. 그러면서 내건 조건이 누구든 마법의 성에 들어가 시험을 통과하면 내가 그 사람의 사랑을 구하는 것이었어요. 내가 그 기사의 맘에 들지 않으면 가게는 다시 나의 것이 됩니다." 그녀는 귀한 보물로 그라모플란츠를 꼬드기려 했지만 성공하지 못했던 것이다.

오르겔루제는 매일 기사들을 보냈으나 그라모플란츠는 한 번도 지는 법이 없었다. 어떤 기사는 보상을 바라며 싸웠고, 어떤 기사는 그녀의 사랑을 얻고자 싸웠다. 단 한 기사만 그녀의 사랑을 거부했는데 그의 이름은 파르치팔이었다고 한다. 파르치팔은 오르겔루제의 기사 다섯 명을 이겼고, 마지막에 그녀가 자신을 주겠다고 하자, 이미 사랑하는 아름다운 아내가 있다며 거절했다고 한다. 그는 또한 성배로 인해 충분히 다른 걱정거리가 있다고도 했다.

가반은 오르겔루제에게 자기 정체를 성안 사람들에게 비밀로 해 달라고 청한다. 가반과 오르겔루제는 성으로 돌아간다. 성에서는 기사들이 사자와 트루코이테를 이긴 위대한 영웅을 축하할 준비를 하고 있었다. 기사들이 깃발을 들고 어찌나 빨리 달려오는지 가반은 자신을 공격하는 줄 알았다. 그러나 그들은 성의 새 군주를 모시러 온 클린쇼어의 군대였다. 사공과 딸도 왔다. 가반과 연인 오르겔루제는 나란히 앉아서 연회를 즐긴다. 그녀와 함께 있으니 모든 고통이 사라졌다. 성의 귀부인들은 그에게 기쁨과 감사의 인사를 전한다. 아르니베는 상처를 마저 치료하기 위해 가반을 방으로 안내한다.

가반은 아서 왕과 기노버 왕비에게 전령을 보내 아서 왕에 대한 충성과 봉사를 맹세하며 자기가 명예를 걸고 싸우는 창 시합에 궁정 사람들을 모두 데리고 와 줄 것을 요청한다. 덧붙여서 전령에게 기노버 왕비를 아침 일찍 방문해 여왕의 조언대로 하라고 이르며 "내가 여기 성주인 것은 발설하지 말라."고 지시한다.

전령이 급히 여행길에 오르는데, 아르니베는 그가 어디로 가는지, 지시 사항이 무었인지 알아내려 한다. 그러나 가반에게 충성스러운 전령은 아무것도 발설하지 않는다.

사고에 대한 통제력을 얻다

가반은 의지와 감정을 부분적으로 변형시키는 데 성공한다. 오르겔루제에 대한 생각에 사로잡혀 있기 때문에 아직 사고를 변형시켜야 한다. 가반은 오르겔루제를 향한 그리움으로 잠 못 드는 밤을 보낸 뒤, 성을 둘러보다가 탑으로 가는 나선형 계단에 오른다. 탑에는 빛나는 원형 기둥이 서 있다. 그는 이곳에서 사방 10km를 한눈에 볼 수 있다. 이 장면은 가반이 자기 사고 속으로 들어가 상황을 다양한 관점에서 볼 수 있게 된 것에 대한 은유로 볼 수 있다.

이 장에서 가반의 주된 과제는 폭포를 뛰어넘어 주인 있는 나무의 가지를 꺾어 만든 화관을 오르겔루제에게 바치는 것이다. 성공하면 오르겔루제가 그에게 사랑을 바칠 것이다. 죽을 고비를 넘기며 화관을 얻는 데 성공한 가반은 화관을 투구에 얹는다. 앞의 은유의 연장선에서 보면 가반이 새로운 사고를 과거의 전사적 사고 위에 올려놓는 것으로 생각해 볼 수 있다.

자신을 객관적으로 돌아보고, 폭넓게 사고하는 힘을 키우는 것은 쉬운 일이 아니다. 가반은 이 과정에서 말과 목숨을 잃을 뻔했다. 하지만 화관을 손에 넣은 뒤에는 계곡을 가볍고 우아하게 뛰어넘을 수 있었다. 성숙해진 그는 당당한 자신이 된다. 자신을 찾아 복수하겠다는 그라모플란츠에 맞서 "나는 가반이오."라고 밝힌다. 오르겔루제에게는 미모를 이용해 기사의 명예를 더럽혀서는 안 된다고, 계속해서 모욕하면 그녀의 사랑을 포기하는 편을 택할 것이라고 한다. 가반은 더 이상 사랑에 목매지 않는다. 당당히 서서 자기 입장을 분명하게 밝힌다. 그가 힘을 드러냈을 때 오르겔루제는 자유로워진다. 그녀는 연약하고 신실한 본모습으로 돌아가 용서를 구한다. 이제 진정한 자아에 한 발 다가선 두 사람은 서로에게 온전히 헌신한다.

삶을 통제하는 힘

청소년기에 명확한 사고는 자기 입장에 당당히 서서 양심에 귀 기울이기 시작하는 17세 무렵에 나타난다. 내부의 지성이 밖으로 빛을 발하기 시작하는 것이다.

남학생들은 아슬아슬하고 위험한 신체 도전을 좋아한다. 이런 무모한 행동은 죽거나 범법자가 되는, 혹은 되기 직전까지 가는 심각한 결과를 초래하기도 한다. 여학생들도 위험한 행동을 하지만 좀 다르다. 몰래 외출하기, 음주, 불량 집단에 가입하기, 난잡한 행실 같은 것들이다. 이런 짓을 하다가 법의 제지를 받거나 다친 뒤에야 충격을 받고 행동을 바꿔야 함을 깨닫는 경우가 많다. 행동하기 전에 어느 정도는 미리 결과를 예측할 수 있어야 한다.

삶을 통제하는 힘을 다시 손에 넣는 데 성공한 아이들은 성취감과 만족감을 얻는다. 과거의 행실을 돌아보며 어떻게 그처럼 어리석을 수 있었는지 의아해한다.

가반은 그라모플란츠처럼 강한 남자 앞에 당당히 섰을 때 자신감을 느꼈다. 남자 청소년은 성인 남자와의 관계에서 자기 경계를 만나야 한다. 이톤예 이야기를 할 때 그라모플란츠는 거만하고 공격적인 자세에서 부드럽고 온화하게 바뀐다. 가반도 영향을 받아 말투가 변하고 태도가 누그러진다. 자신을 그라모플란츠와 동일시하게 된 것이다.

가반을 아버지가 아니라 삼촌인 아서 왕이 키웠다는 사실을 다시 떠올려 보자. 그는 어릴 때 이후로는 어머니도 만난 적이 없다. 가반에게 아서는 중요한 스승이었기에 어려운 일이 생기면 그를 찾았다. 가반은 원탁의 기사단의 총아였다. 그는 사교적이며 매력적인 태도로 임무를 잘 수행했다. 하지만 강인한 마음과 굳은 의지는 배워야 하는 덕목이었다. 이는 전쟁터에서 용맹하거나 사회생활에서 인기 있는 것과는 다른 자질이다.

나는 파르치팔과 가반, 파이레피스 이 세 사람 모두가 아버지 없는 유년 시절을 보냈다는 사실을 매우 흥미롭게 본다. 이들은 아버지를 대신해 남자가 된다는 것의 의미를 이해하도록 도와줄 어른을 찾는다. 스티브 비덜프Steve Biddulph는 저서 『남자다움 Manhood』(『남자, 그 잃어버린 진실』 GenBook 2007)에서 우리 사회의 많은 남자아이가 아버지의 영향을 충분히 누리지 못하며, 성숙한 남성으로 성장하도록 이끌어 줄 과정이나 조력자가 없다고 말한다. 남자아이들은 성인 남자와 지속적인 상호 관계를 경험해야 한다. 그런 기회를 누리지 못하면 몸만 어른이고 정서적으로는 어린아이 상태에서 평생 어른 흉내를 내며 살아가야 할 수도 있다. 그들은 감정을 편안하게 수용하거나 친밀한 관계를 맺는 방법을 모른다. 그들에게는 격려해 주는 동시에 잘못을 지적하고, 차원 높은 행동 규범으로 이끌어 줄 어른이 필요하다.

남자다움의 다양한 측면을 접할 수 있도록 남자 어른들과 훨씬 더 밀접하고 친밀한 시간을 보내야 한다. 이런 긍정적인 접촉을 경험하지 못하면 고립감과 외로움, 강박적 경쟁 심리, 평생 지속되는 정서적 위축으로 고통 받는다. 남자아이들에게는 성인이 되는 통과의례를 마련해 줄 어른이 필요하다. 기대를 만족시키는 수준으로 올라섰을 때 그들의 성취를 공개적으로 인정해 주는 어른이 필요하다. 우리는 가반이 이를 어떻게 경험하는지 다음 장에서 볼 것이다.

13

즐거운 시간

제13권

드러나는 비밀들

아르니베는 견습 기사가 아서 왕에게 전할 말이 무엇인지 알려 주지 않고, 오르겔루제도 사랑하는 기사의 이름을 밝히려 하지 않자 기분이 상한다. 잘 자고 일어난 가반은 사공에게 사공의 딸과 리쇼이스 그벨류스를 성으로 보내 달라고 부탁한다. 투르코이테도 초대한다. 아름다운 옷을 갖춰 입은 가반, 투르코이테, 리쇼이스 그벨류스 세 사람은 성의 큰 홀로 들어간다. 영지의 군주인 가반은 오르겔루제의 요청에 따라 투르코이테와 리쇼이스를 풀어준다.
모든 사람이 자리에 앉자, 가반은 그동안 이톤예와 그라모플란츠 사이에 다리 역할을 했던 베네에게 어느 처녀가 이톤예인지 묻는다. 베네가 말해 주자 가반은 이톤예 옆에 앉는다. 그러나 이톤예는 자기와 대화하는 상대가 오빠라는 사실을 모른다. 가반은 그녀가 그라모플란츠를 사랑하고 있는지 알아내려 한다. 그라모플란츠가 몰래 부탁한 반지를 보여 준 후에야 이톤예는 그라모플란츠를 사랑한다고 고백한다. 이 반지는 둘이 서로 사랑한다는 징표로, 반지에 담긴 의도가 진실임을 확인하는 의미로 서로에게 오갔던 것이다. 이톤예는 가반에게 비밀을 지켜 줄 것을 당부하면서 도움과 조언을 구한다. 가반은 자신과 그녀의 어머니가 같다는 사실도, 그들의 아버지가 연인 그라모플란츠의 아버지를 죽였다는 말도 하지 않는다.

성대한 연회가 준비된다. 기사와 숙녀들은 큰 홀에서 따로 떨어진 자리에 앉는다. 가반은 주인으로 그들을 환대하고, 축제 분위기가 무르익는다. 클린쇼어의 마법에 사로잡혔던 사람들은 그 오랜 세월 동안 서로가 누군지 몰랐고 대화를 주고받을 수도 없었기 때문에, 이 연회는 정말 뜻깊은 자리였다. 이제 그들은 서로 만나 기쁨을 나누고, 음악과 춤이 이어진다. 얼마나 흥겨운 자리인가!

가반이 어머니 장기베, 할머니 아르니베 여왕과 함께 연회를 지켜보는데 오르겔루제가 가반 옆에 와서 앉더니 그의 손을 잡는다. 가반이 아직 완전히 회복하지 않았기 때문에 오르겔루제는 밤을 새워 그를 돌볼 예정이다. 저녁 연회가 끝나고 모든 손님이 떠난 뒤, 가반과 오르겔루제는 마침내 사랑을 나눈다.

한편, 견습 기사는 아서 왕의 처소에 도착한다. 그는 가반이 위험한 상황에 처했으며, 기노버 왕비와 아서 왕이 창 시합에 참석해 주길 바란다는 말을 기노버 왕비에게 전한다. 기노버는 가반이 무사하다는 사실에 크게 기뻐하는 동시에, 원탁의 기사들이 쿤드리의 가혹한 말을 듣고 뿔뿔이 흩어진 끔찍했던 그날을 떠올린다. 기노버는 견습 기사에게 돌아가는 길에 가반의 전언을 아서 왕에게 전하라고 지시한다. 전언을 받은 아서는 궁정 사람들 전부를 데리고 로그로이스 평원으로 가겠다고 말한다. 또한 가반의 아버지가 그라모플란츠의 아버지를 죽였다는 모함을 받고 있다는 말에 매우 분노한다. 아서 왕에게 긍정적인 답변을 받은 가반은 아서 왕과 군대가 자신과 그라모플란츠가 맞붙는 큰 전투에 참석하리라는 것을 알고 안도하며 기뻐한다.
어느 날 아침, 우연히 아르니베 옆에 앉게 된 가반은, 약초와 극진한 간호 덕분에 목숨을 구한 데 대한 감사를 표한 뒤, 클린쇼어의 마법에 대해 묻는다. 아르니베는 클린쇼어가 이탈리아 전역에서 유명한 인물이었으나, 이성 문제에서는 판단력이 부족했다고 말해 준다. 클린쇼어가 시실리 왕의 부인과 한 침대에 있는 것이 발각되자, 시실리 왕은 클린쇼어를 거세해 버린다. 그 뒤 마술을 배운 클린쇼어는 명예가 높고 존경받는 사람을 만날 때마다 쓰라린 심정과 치욕스러운 마음을 적개심으로 그 사람에게 쏟아 냈다. 클린쇼어를 두려워한 어떤 왕은 자신에게 해를 끼치지 않는다는 조건으로 30년 치 식량과 함께 성과 왕국을 클린쇼어에게 바쳤다. 클린쇼어는 사람들을 해치려고 흑마술을 쓰기는 하나, 자기가 한 말은 지키는 인물이었다. 그는 마법의 성의 시험을 이겨낸 기사는 성과 주변 영지, 그리고 성안에 갇혀 있던 모든 사람을 얻을 것이라 약속했다. 가반이 그 과업을 이루었기 때문에, 클린쇼어의 마법이 풀리고 성안에 있던 모든 사람이 자유로워진 것이다.
아서와 그의 군대가 도착하자 아서의 신의에 깊이 감동한 가반은 흐르는 눈물을 멈출 수 없었다. 가반은 자신을 어릴 때부터 키워 주고, 봉사와 충성을 나눈 아서에게 큰 애정을 느낀다. 가반이 우는 것을 알아차린 아르니베는 위협적인 군대에 두려움을 느껴서 우는 것이라 생각한다. 그녀는 그것이 오르겔루제의 군대라고 말하면서 그를 위로한다. 물론 가반은 아서의 군대임을 안다. 이 시점에서 가반은 여러 가지 비밀을 밝히지 않은 채 간직하고 있었다. 그는 그라모플란츠와 결전을 벌이는 그날에 모든 일이 다 밝혀지도록 차근차근 계획을 짜고 있었다.

아르니베는 무기에 새겨진 원탁의 휘장을 알아보지만, 자기 남편이 이미 저 세상으로 떠났다는 사실은 알지 못한다. 평원에 자리를 잡은 군대는 처소를 원형으로 만들어 아서와 기사들이 이용하게 하고, 귀부인들을 위해서는 특별한 처소를 따로 마련했다.

가반은 사공에게 아서 쪽 사람들이 아무도 강을 건너지 못하도록 나룻배와 바지선을 강 건너에 묶어 두라고 지시한다. 가반은 또 새로 얻은 마법의 성 기사들의 충성심을 시험하고자, 성문 밖에 주둔한 군대가 엄청나게 위협적인 상대가 될 거라고 말한다. 젊은 기사나 나이든 기사들이 하나같이 충성을 맹세하면서 성을 지키겠다고 하자, 그는 매우 만족해한다. 오르겔루제는 바깥의 군대가 자기 군대가 아님을 깨닫는다. 사실 그녀의 군대는 아서의 기사들과 맞붙어 싸워 참패했다. 오르겔루제의 군대는 아서의 군대가 창 시합을 참관하러 오는 줄 몰랐기 때문에, 아서의 군대를 적으로 간주하고 공격했던 것이다. 양측 다 많은 사람을 잃고 탈진했다. 가반이 오르겔루제와 비밀을 공유했더라면 불필요한 유혈 사태를 막을 수 있었을 것이다. 그러나 그는 계속 비밀을 유지한다.

가반은 기사와 보병들 그리고 귀부인들에게 선물 공세를 하며 부와 관대함을 과시한다. 다음 날 가반은 온갖 휘장을 단 군대를 이끌고 요플란체 평원으로 간다. 아주 분주한 날이었다. 여기저기서 천막을 세우고, 가반과 오르겔루제 여왕, 성의 기사와 귀부인으로 구성된 행렬이 아서왕 진영 주위를 둘러쌌다.

아서가 가반에게 물었다. "이 숙녀들은 누구신가?" 가반은 눈물과 기쁨이 뒤섞인 가운데 다섯 명의 귀부인을 소개한다. 비로소 그들의 관계가 밝혀진다. 아르니베는 우테판드라군의 부인이자 아서의 어머니고, 장기베는 가반의 어머니다. 이톤예와 쿤드리에는 가반의 누이들이다. 모두가 서로에게 키스하며, 재회의 기쁨에 어쩔 줄 몰라 한다. 다섯 번째 숙녀는 가반의 연인 오르겔루제다.

아서의 군대와 오르겔루제의 군대가 서로 싸우며 큰 고통을 겪었지만, 아서는 재회의 기쁨을 함께 누리도록 오르겔루제의 군대를 자기 군대에 초대한다. 아서의 군대는 거의 5년 동안 보지 못한 가반을 만나 매우 기뻐한다. 카이에 경은 반가워하지 않는다. 카이에는 파르치팔이 말에서 떨어뜨려 팔과 다리가 부러졌을 때 가반이 복수해 주지 않았던 날을 기억해 내고, 냉소적으로 묻는다. "가반이 어디서 저렇게 벌떼처럼 많은 여자를 데리고 왔지?"

아서는 그라모플란츠에게 전언을 보내 아직도 창 시합을 원한다면 이쪽은 준비가 되었다고 알린다. 한편 가반은 안심하고 전투에 나갈 만큼 상처가 회복되었는지 알아보기로 결심한다. 그는 군대와 멀리 떨어진 곳으로 가서 말 그린굴리예테의 고삐를 풀어 놓는다. 그가 연습하고 있을 때 멀리서 한 기사가 창을 세우고 전투 태세를 갖추고 다가온다.

청소년 남자아이가 겪는 문제들

이 장은 청소년을 시험하는 세 가지 문제를 다룬다. 첫째, 성 에너지의 적절한 사용, 둘째, 겉모습과 실재 분별하기, 마지막은 아버지·어머니(혹은 그 역할을 하는 사람들)와 새로운 관계 찾기다.

우리는 클린쇼어가 성 에너지를 주체하지 못한 탓에 시실리 왕의 왕비와 침대에서 붙잡혀 거세당한 사실을 알게 되었다. 클린쇼어는 그 치욕에 흑마술로 다른 사람들을 해치는 방식으로 대응했다.

청소년 남자가 넘어야 하는 큰 도전 중 하나는 성욕을 올바른 방식으로 다루는 것이다. 이 충동을 잘 다루지 못하면 문제에 휘말릴 수 있다. 적에게 조롱당하고, 맞거나 죽임을 당할 수도 있다. 무심코 한 행동이 통제할 수 없는 상황을 초래할 수 있다. 현대에는 거세될 위험을 걱정해야 하는 경우는 극히 드물다. 하지만 에이즈를 비롯한 각종 성병에 걸릴 수는 있다. 남성성을 과시하는 수단으로 여자를 이용하는 남자는 신체 건강뿐 아니라 인격과 평판에도 치명적 손상을 입을 수 있다. 이런 남자는 이미 기피 대상이거나, 곧 그리될 가능성이 높다.

클린쇼어가 바로 그런 기피 대상이 된 인물의 상징이다. 그의 행동은 가반이 오르겔루제에게 보이는 정중함과 큰 대조를 이룬다. 남자는 좋아하는 것과 사랑하는 것, 욕망을 느끼는 상태의 차이를 분별할 수 있어야 한다. 클린쇼어는 기피 인물일 뿐 아니라, 다른 친구를 괴롭히는 인물의 상징이기도 하다. 그는 굴욕감을 감추기 위해 다른 사람들을 괴롭힌다.

이번 이야기의 주제는 겉모습, 즉, 현실과 환상이다. 무엇이 진짜고, 무엇이 허상인가? 청소년들은 이 문제를 놓고 고심한다. 나는 언제 진정한 내가 되는가? 마법에 걸린 것 같은 느낌이 들 때는 언제인가? 나는 사람들과 진실한 관계를 맺고 있는가? 전부 시늉인가? 나는 세상에서 내가 보고 싶은 것을 보는가, 혹은 진실로 존재하는 것을 보는가?

이번 이야기에는 눈부시게 아름다운 재회와 환희도 있다. 비밀이 밝혀지기 시작한다. 어머니가 아들, 손자를 다시 만난다.

앞서 파르치팔은 어머니를 찾기 위해 아내인 콘드비라무어스를 떠났다. 성배를 찾는 여정에 나서기 전에 끝내야 할 일이었다. 가반도 어머니가 마법에서 풀려나기 전까지는 마법의 성의 진정한 군주가 될 수 없다. 이것이 남자의 여정에서 우리에게 말해 주는 바는 무엇일까? 남자는 성장 과정에서 어머니와 떨어져 있는 시간이 필요하지만, 이 세상에서든 저세상에서든 어느 시점에는 어머니와의 관계를 회복해야 한다. 나중에 아내와 건강하고 성숙한 관계로 성장하기 위해서는 이러한 화해가 반드시 필요하다.

가반은 이제 온전해졌다고 느낀다. 아서 왕은 가반이 가장 필요한 순간에 힘이 되어 준다. 어머니와 할머니(아서의 어머니)도 그 자리에 있다. 그는 당당하게 선다. 그들의 지지 속에서 가반은 연인 오르겔루제를 사람들 앞에 소개하고, 권력과 재물을 과시한다. 이 장면을 읽으며 나는 남부 시골 노래 한 소절이 떠올랐다. “젊은 녀석들은 항상 그런 식이지. 세상 고뇌를 다 짊어진 얼굴로 잘난 척, 멋진 척.” 가반은 분명 잘난 척하는 중이다. 함부로 입을 놀리지 않고 비밀을 지켜냄으로써 삶을 통제하는 힘이 얼마나 큰 지도 보여 준다. 그는 진짜 어른이 되어 가고 있다. 그리고 사랑하는 사람들 앞에서 그 사실을 인정받고 싶다. 가반에게 이 시합은 통과 의례다. 사실 여기에는 성인기에 접어들기 위한 통과 의례의 모든 요소가 들어 있다. 큰 위험, 모든 것을 잃을 가능성, 정체성, 주변의 인정, 그리고 보상까지.

남학생들은 아버지나 삼촌이 경기장에 와서 자기가 야구나 농구를 하는 모습을 봐 주기 원한다. 인생에서 중요한 의미를 가진 사람들의 지지와 관심을 느끼고 싶은 것이다. 서른 살 먹은 한 남자는 고등학교 내내 부모님이 한 번도 자기가 선수로 뛰는 하키 경기를 보러 오지 않았다고 서운해 했다. 부모님이 다른 많은 것을 주셨지만, 그가 진짜로 원했던 것은 시간을 내서 관심 갖고 봐 주는 것이었다고 한다.

아서는 아버지의 돌봄이 부재하거나 충분치 않은 남자아이에게 관심과 사랑을 보이는 어른의 상징이다. 이 아이들은 도움을 요청하는 방법을 모르는 경우가 많다. 스티브 비덜프와 샤론 비덜프는 저서에서 이렇게 썼다. "아버지의 돌봄이 부족한 소년들은 자기가 겪는 인생 문제에 어른들이 관여해서 도와주기를 무의식적으로 원하지만 어떻게 요청해야 할지는 모른다. 여자아이들은 도움을 요청한다. 하지만 남자아이들은 도움을 얻기 위해 사고를 친다."(『남자아이 키우기』)

스티브와 샤론은 아버지의 부재를 알아보는 4가지 단서가 있다고 말한다. 인간관계에서 공격적인 태도, 남성성을 과하게 드러내는 행동이나 그런 요소에 대한 관심(총기, 근육, 트럭, 죽음 등), 할 줄 아는 행동 양식이 극히 적음(멀찌감치 서서 투덜거리며 쿨하게 굴기), 여성·동성애자·사회적 소수자를 배척하는 태도다.(『남자아이 키우기』)

아서가 가반의 요청에 응하지 않았다면, 가반은 마음에 상처를 입고 아서에게 등을 돌렸을지도 모른다. 기노버 역시 자기 인생의 주인이 되려는 가반의 마음을 잘 이해한다. 그녀는 아서 왕이 곤란에 처한 조카를 돕겠다는 확고한 의지를 궁정 사람들에게 보여 줄 수 있도록 전령을 통해 아서 왕에게 소식을 전한다. 기노버가 이런 맥락을 헤아리지 못했다면 본인이 직접 전언을 받아서 아서 왕에게 가반을 도우러 가라고 말했을 수도 있다.

친부모와 다시 만나 함께 기뻐하는 장면을 상상하며 큰 기쁨의 잔치를 여는 것은 입양된 아이들이 공통적으로 꾸는 꿈이다. 나는 이런 처지의 청소년을 많이 만났다. 입양한 부모가 사랑과 지지를 풍족하게 주어도, 아이들은 여전히 마음속에서 되묻는다. "나는 누구인가? 친부모가 양육했다면 나는 어떤 사람이 되었을까?" 이 아이들은 친엄마나 친아빠를 만나는 순간에 대한 환상을 꿈꾼다. 모두가 축하하고 환호한다. 일가친척이 모두 모여 화해의 감격을 나눈다. 하지만 현실은 다를 때가 많다. 연락을 취했을 때 친부모가 한동안은 어색하고 낯설어하다가 천천히 아이를 받아들이는 경우도 있지만, 그런 동화 같은 해피엔딩은 소수에 불과하다. 생물학적 부모가 접촉을 거부하는 경우에 아이는 다시 버림을 받았다고 느끼며 좌절한다. 유년기나 청소년기에 이런 일을 겪은 아이들은 성인이 되어 다른 성인을 만날 때 그 거부와 분노의 감정을 투사하기도 한다. 이들은 대인 관계에서 큰 어려움을 겪는다.

가반은 이 성대한 잔치가 어떤 결말로 이어질지 모른다. 그는 아서가 오기를 바랐다. 처음에는 자신이 어머니와 할머니, 누이들을 마법에서 풀어 주었다는 사실을 알지 못했다. 그가 초대한 수많은 군중 중에 친구들과 사랑하는 여인이 있다. 이는 엄청난 도박이기도 했다. 그라모플란츠가 그들 앞에서 그를 죽일 수도 있기 때문이다. 그래도 가반은 위험을 감수한다. 인생 최대의 결전에 임하는 날에 모든 가족을 자기 곁에 불러 모으고, 모두가 보는 앞에서 마법의 성의 군주 자리에 오르고, 오르겔루제와 혼인을 선언하기 전까지 가반은 자신을 온전한 인간이라고 느낄 수 없었다.

14

감정과 사고의 통합

공동체 속의 청소년

제14권

화해

이른 아침, 가반은 막사에서 멀찍이 떨어진 곳에서 그라모플란츠와 벌일 큰 시합에 대비한 훈련을 하고 있다. 이때 번쩍이는 붉은 갑옷을 입은 기사가 싸움할 채비를 갖추고 다가온다. 그 사람의 투구에 그라모플란츠의 나무에서 꺾은 화관이 있는 것을 본 가반은 다가오는 기사가 그라모플란츠라고 생각한다. 그래서 비록 싸움을 지켜봐 줄 귀부인들이 없는 자리지만, 명예를 위해 도전을 받아들여 싸워야 한다고 생각한다. 두 기사 모두 성배의 말을 탄 채 맹렬하게 칼로 찌르고 내리치며 서로를 공격한다.
여기서 이 장면을 잠시 중단하고 아서 왕의 전언을 그라모플란츠에게 전달하는 견습 기사들을 따라가 보자. 아서 왕은 그라모플란츠가 아직도 창 시합을 원한다면 시합장으로 찾아와야 할 테지만, 가반은 항시 원탁의 기사단의 보호를 받고 있음을 그가 알아야 한다는 내용의 전언을 보냈다. 자존심이 센 그라모플란츠는 이 전언에 겁을 먹을 위인이 아니었다. 가반만큼은 혼자 싸워도 좋다고 한 것을 보면 가반의 용맹을 높이 평가하고 있었다. 그라모플란츠는 가반을 맞붙어 볼 만한 상대라 생각하고, 구애 대상인 이톤예가 결투를 지켜봐 주길 바란다. 각지에서 온 천 명이 넘는 기사와 숙녀로 구성된 그라모플란츠의 대군은 큰 시합을 참관하기 위해 벌써 요플란츠 평원으로 이동할 준비를 하고 있었다. 이톤예의 하인인 베네는 이톤예와 그라모플란츠의 사랑의 징표인 반지를 이톤예에서 다시 그라모플란츠에게 전해 주었다. 베네는 아직 가반이 이톤예의 오빠인 것을 모른다. 베네는 이톤예와 귀부인들이 마상 창 시합에 참석하고자 마법의 성을 출발했다는 전언을 가지고 온다.

말을 탄 열두 명의 처녀가 양옆에서 비단 차양으로 들고 있다. 그 차양의 그늘 아래로 기품 있는 옷차림의 그라모플란츠가 아서의 막사 쪽으로 말을 타고 온다. 두 명의 어린 처녀가 그라모플란츠 왕 옆에서 나란히 말을 타고 오면서 그의 팔을 받쳐 들고 있다.

큰 시합에 참석하기 위해 요플란츠 평원으로 돌아가던 아서의 전령들은 평원을 지나가다 가반이 낯선 기사와 싸우는 것을 본다. 가반은 전세가 불리하였고 패색이 짙었다. 전령들은 가반을 알아보고 큰 소리로 그의 이름을 외친다. 가반의 이름을 듣자마자 상대는 검을 내던지며 말한다. "내가 무찌른 상대가 나 자신이었구나. 여기서 이런 불운을 만나고 말았구나." 가반은 이런 행동에 놀라 상대에게 누구냐고 묻는다. 그는 자신이 파르치팔이라 밝힌다.

가반은 예전 상처가 아물지 않은 상태에서 새로운 부상을 입은 탓에 기력이 빠져 서 있기조차 힘들었다. 머리가 핑 도는 것을 느낀 가반은 풀밭 위로 쓰러진다. 아서의 견습 기사 한 명이 달려가서 그의 머리를 안고 투구를 벗기고 얼굴에 부채질을 한다. 다행히 가반은 다시 정신을 차린다. 이때 아서의 군대와 그라모플란츠의 군대가 평원에서 마주보고 정렬해 있었다. 예정된 창 시합이 준비된 것이다.
양측 사람들은 가반과 낯선 기사와의 싸움을 지켜보고 있었다.
그라모플란츠가 도착하자, 그의 부하들이 진행 중인 전투 소식을 보고한다. 그라모플란츠와 베네는 싸우는 사람들이 누군지 보려고 가까이 간다. 베네는 가반의 상태가 매우 안 좋은 것을 보고, 그의 고통과 탈진을 덜어 주기 위해 최대한 노력한다. 그라모플란츠는 가반이 회복할 기회를 주기 위해 시합을 하루 연기하자고 한다.
파르치팔은 가반 대신 자신이 싸우겠다고 제의하지만, 그라모플란츠는 "당신이 영웅인지는 모르지만, 이 싸움은 당신 몫이 아니오."라고 한다.
베네는 그라모플란츠가 지금처럼 상태가 위중한 가반과 싸우려는 것이 화가 난다. 게다가 그라모플란츠가 가반이 이톤예의 오빠라는 사실을 털어놓자 더욱 화가 난다.
가반은 파르치팔을 자기 막사로 데리고 간다. 새 옷을 내오게 하여 둘 다 옷을 갈아입은 뒤, 숙녀들에게 그를 소개한다. 파르치팔은 쿤드리에게 모욕 받은 일을 숙녀들이 들어 알고 있을 것을 염려한 나머지, 그들을 만나는 자리에 나가기를 꺼린다. 그러나 숙녀들이 파르치팔을 따뜻하게 맞아 주자 기뻐한다. 오르겔루제는 파르치팔이 자신을 거절했었기 때문에 아직 감정이 좋지 않았지만, 그에게 잘해 주라는 가반의 부탁에 응한다.
베네는 가반이 처한 상황의 심각성을 이해한다. 그라모플란츠가 가반을 죽이면 이톤예는 오빠를 잃을 것이고, 가반이 이기면 이톤예는 사랑을 잃게 될 것이다. 가반은 자신이 이톤예의 오빠임을 알리지 말아 달라고 베네에게 당부한다. 베네는 너무 놀라고 충격에 빠져 있다가, 화를 내면서 가반에게 그라모플란츠와의 싸움을 멈춰야 한다고 강변한다. 그녀는 가반에게 외친다. "싸우겠다고 고집을 피우는 것은 이톤예의 마음을 거스르는 짓이에요." 한편 이톤예는 베네의 눈이 눈물로 젖은 것을 알아차리고 뭔가 잘못되고 있다고 느낀다. 이톤예는 베네 편에 사랑의 징표인 반지를 그라모플란츠에게 보냈다. 지금 그녀는 그라모플란츠의 마음이 바뀌어 사랑을 거부하는 것이 아닌가 걱정한다.
아서와 기노버는 영주와 귀부인들을 대동하고 파르치팔을 찾아와 그의 명성과 순수함을 칭찬한다. 군중이 계속 늘어났고, 한때 적이었던 양쪽 군대가 한 목소리로 파르치팔의 명예와 고결함을 선언한다. 파르치팔은 아서에게 다시 원탁의 기사로 받아 주기를 청하고, 아서는 기꺼이 받아들인다.
또한 파르치팔은 가반을 대신해 그라모플란츠와 싸우도록 허락해 줄 것을 청한다. 자기도 그라모플란츠의 나무에서 가지를 꺾었고, 그와 싸우기 위해 이곳에 왔기 때문이다. 그는 가반이 아니라 그라모플란츠와 싸우고자 창을 세우고 평원에 왔던 것이라고 말한다. 그는 그라모플란츠라고 생각하고 싸운 사람이 가장 아끼는 친척 가반일 거라고는 꿈도 꾸지 못했다. 파르치팔은 치욕도 사라지고 다시 형제의 일원이 되었으니, 이 결투에 자기가 나서기를 진심으로 원한다. 그러나 가반은 정중하지만 단호하게 이를 거절한다.
잠자리에 들기 전, 파르치팔은 모든 무기와 장비의 상태가 완벽하고 언제든지 사용할 준비가 되었는지 확인한다. 그라모플란츠도 장비들을 살피고 싸울 준비를 한다. 새벽에 그라모플란츠는 이톤예를 감동시킬 생각에 우아하게 차려입고 평원으로 나간다. 그곳에서 조바심을 내며 가반을 기다린다. 아침 일찍 몰래 들판으로 나간 파르치팔은 기다리고 있던 왕을 보고 싸움을 시작한다. 파르치팔과 그라모플란츠가 격돌하자 파편들이 사방으로 튄다. 둘은 있는 힘을 다해 서로를 공격한다.
한편, 가반도 전투 준비를 한다. 날이 밝자 파르치팔이 사라졌다는 소문이 돈다. 가반과 그를 수행하는 기사들을 위한 특별 미사가 거행된다. 아서 왕도 참석한다. 미사가 끝나고 가반은 전투 준비를 마친다. 그러나 군대가 전투가 벌어질 장소로 이동하는데 멀리서 이미 무기들이 부딪치는 소리가 들린다. 그라모플란츠는 사랑을 위해, 파르치팔은 친구를 위해 싸우는 전투가 이미 시작된 것이다. 이제 그라모플란츠는 한 번에 두 사람하고만 싸우겠다고 으스대는 일이 더 이상 없을 것이다. 파르치팔이 승리의 문턱에 이르기 직전에 가반과 아서, 그라모플란츠의 기사들이 평원으로 달려왔다. 모두 싸움을 중지하는 데 합의하고, 파르치팔을 승자라고 선언한다. 가반은 아직도 그라모플란츠와 싸우고 싶어 하지만, 그라모플란츠가 파르치팔과 싸우느라 진이 빠진 것을 보고, 그라모플란츠가 자신에게 그랬던 것처럼 그에게 하룻밤의 휴식을 주기로 한다.

아서는 파르치팔이 가반이 거절했는데도 불구하고 그라모플란츠와 싸우러 간 것에 호통을 친다. “자네는 도둑처럼 몰래 기어 나갔네. 이럴 줄 알았다면 전투에 나가지 못하도록 손이라도 묶어 놨을 거야.” 그런 다음 가반에게는 파르치팔이 용감히 싸워 칭송받은 것에 화내지 말라고 당부한다. 그날 전령들은 그라모플란츠 진영과 아서의 진영 사이를 부지런히 오가야 했다. 그라모플란츠는 전령을 시켜 사랑의 징표인 반지와 편지를 베네에게 전해 준다. 가반의 천막에서 이톤예는 가반이 자기 오빠고, 그가 자기 연인과 결투한다는 사실을 알고 충격에 빠진다. 복잡하게 얽힌 상황을 알아차린 아르니베 여왕은 아서를 불러 결투를 중단시키기 바란다고 말한다. 이톤예는 오르겔루제가 사랑하는 남편 시데가스트를 살해한 데 대한 복수로 가반에게 그라모플란츠를 죽여 달라고 청한 것이라 확신한다. 이톤예도 아서 왕에게 싸움을 중지시켜 달라고 간청한다. 아서는 이톤예와 그라모플란츠가 서로 만난 적이 없음에도 사랑하는 사이임을 확인한 후에 이에 동의한다. 그라모플란츠는 안전하게 호위를 받아 아서 왕의 진영에 오기로 한다. 아서는 오르겔루제 공작 부인에게 휴전 동의를 이끌어 내는 데 성공하고, 이톤예를 비롯한 모든 숙녀를 인근 천막으로 불러 모은다. 그라모플란츠가 수행원들과 함께 천막으로 들어오자, 삼촌 브란데리델린이 들어와 아서 왕과 기노버 왕비와 인사를 나눈다. 아서는 그라모플란츠에게 사랑하는 숙녀가 그곳에 있는지 둘러보고 그녀를 찾으면 키스하라고 말한다. 그라모플란츠는 전에 만났던 이톤예의 오빠 베아쿠어스의 생김새를 떠올리며 그녀를 찾아내 키스한다. 두 사람은 정중하게 인사를 주고받는다.

기사와 숙녀들이 인사를 나누는 동안, 아서는 그라모플란츠의 삼촌 브란데리델린을 따로 불러낸다. 두 사람은 현 상황에서 나올 수 있는 결과는 슬픔과 증오뿐이므로 그 결투를 반드시 중단시켜야 한다는 데 뜻을 같이 한다. 그들은 책임지고 각자의 편에서 평화를 이끌어 내기로 한다.

마침내 평화가 찾아온다! 오르겔루제는 그라모플란츠와 화해하는 데 동의한다. 대신 가반이 자기를 위해 나선 전투를 포기하고, 그라모플란츠도 가반의 아버지가 자기 아버지를 죽였다는 비난을 그만둔다는 조건을 건다. 그라모플란츠 쪽에서는 노르웨이 왕 로트에 대한 증오를 털어 버리기로 한다. 아르니베와 장기베 그리고 쿤드리에 또한 화해한다. 브란데리델린은 오르겔루제에게 키스하고, 오르겔루제도 정말 마음을 내기 어려웠지만 그라모플란츠에게 키스한다. 마지막으로 가반과 그라모플란츠가 화해의 키스를 한다. 성대한 결혼식과 연회 준비가 시작되고, 여러 쌍의 혼인이 이루어진다. 아서는 이톤예를 그라모플란츠 왕과 맺어 주고, 가반의 누이 쿤드리에는 투르코이테와 결혼하고, 오르겔루제는 모두에게 가반이 자신의 모든 영토와 자신의 주인이라고 선언한다. 그라모플란츠의 군대는 위용과 부를 과시하면서 연회에 동참한다. 커다란 축하와 행복, 기쁨이 함께하는 시간이었지만, 한 사람만은 예외였다. 바로 파르치팔이었다. 그는 여전히 아내 콘드비라무어스를 그리워하고, 아직 성배도 찾지 못한 상태다. 갑옷을 입고 말에 안장을 얹은 그는 새벽에 기쁨이 넘치는 그곳을 떠난다.

공동체의 역할

가반은 아서 왕과 궁정 사람들에게 마상 창 시합의 증인으로 와 줄 것을 요청한다. 복잡하게 얽힌 일들이 하나씩 풀리기 시작한다. 그러나 이것은 파르치팔이 속한 공동체는 아니다. 아직 성배를 찾는 중인 그는 행복한 공동체를 떠나 여행을 계속한다.

파르치팔, 공동체를 찾다

파르치팔은 아서 왕의 기사가 되기를 원하지만, 그쪽에서 그를 청해야만 가능한 일이다. 처음 아서 왕의 궁정에 들어갔을 때는 기사도에 대해 아무것도 모르는 순진한 바보였고, 당연히 고귀한 공동체의 일원이 되어 달라는 청을 받지 못한다. 구르네만츠는 그에게 자신의 공동체에 들어와 리아세와 결혼하고 사위가 되어 달라고 청하지만, 그는 그곳을 떠난다. 인생의 그 시점에 자기가 있어야 할 공동체가 아님을 알았기 때문이다.

파르치팔은 콘드비라무어스와 함께 있기를 원했다. 그녀가 진정한 사랑이며 둘은 서로에게 속한 관계임을 알았다. 하지만 공동체에 정착할 준비가 되지 않았다. 먼저 어머니를 찾는 일 같은 과거의 문제들을 처리해야 했다. 그래서 사랑과 보살핌을 처음 가르쳐 준 어린 시절의 공동체를 찾아 나선다. 이 일을 완수한 뒤에야 비로소 콘드비라무어스 공동체의 완전한 일원이 될 수 있다.

파르치팔은 의식적인 노력이 아니라 운명의 인도로 성배의 성에 이른다. 아직은 성배의 공동체 일원이 될 만큼 성숙하지 못했다. 아직 그곳에 자리를 잡을 능력이 없었다. 그곳은 그가 이해할 수 있는 수준을 훨씬 뛰어넘는 곳이었다. 그래도 그곳에서 중요한 사건이 일어나고 있다는 정도는 느낄 수 있었다.

의식적으로 그곳을 찾은 것은 아니었으나 그는 아서 왕의 궁정으로 인도되어 공동체 일원으로 환영받기도 했다. 아서 왕과 그의 기사들의 영역에 처음 들어갔을 때 그는 일종의 꿈꾸는 상태였다. 궁정의 일원이 되고 어린 시절의 꿈을 이루었다는 생각에 뛸 듯이 기뻤다. 파르치팔 이야기는 그가 목표라고 생각했던 공동체를 발견한 데서 끝났을 수도 있다. 하지만 쿤드리는 고차적 인식의 차원에서 볼 때 이 공동체가 파르치팔의 운명이 아님을 알았다. 그녀는 파르치팔에게 수치를 안겨 그곳을 떠나게 한다.

부활절 주간에 한 순례자 가족을 만났는데, 순례자의 딸들이 함께 가자고 청하기도 했다. 그들 곁에 머물면 아주 즐거울 수는 있겠지만 그것이 그의 공동체가 아님을 알기에 파르치팔은 거절한다.

성배의 성을 찾는 여정 중에 파르치팔은 마법의 성을 포함한 여러 성과 왕국을 지난다. 그러나 항상 주변부에 머물 뿐, 활동의 중심으로 들어가지는 않았다. 이들 역시 그의 공동체가 아니기 때문이다.

아서 왕의 궁정 사람들 모두가 가반의 승리를 축하한다. 여러 쌍의 결혼식이 열렸지만, 파르치팔은 그 기쁨의 자리에 자신이 속하지 않음을 알았다. 그것은 그의 공동체가 아니었다. 모두가 환영하며 그에게 머물 것을 청하지만, 그의 목표는 다른 데 있다.

파르치팔은 아서에게 그라모플란츠와 싸우지 않겠다고 말해 놓고 새벽에 몰래 나가 싸워서 아서의 신뢰를 배신한다. 아직 공동체의 진정한 일원이 될 준비가 되지 않은 그였지만, 아서는 용서하고 그가 올바른 길을 벗어나지 않도록 도와준다.

파르치팔이 마침내 성배의 성에 이를 때 모든 것이 제자리를 찾을 것이다. 파르치팔은 아내, 아이들과 재회하고, 성배의 왕이 되고, 그때야 비로소 진정한 고향, 평생의 공동체를 발견하게 될 것이다.

파르치팔이 공동체를 찾아가는 과정은 우리 모두의 의식적, 무의식적 탐색을 반영한다. 인생의 형성기인 어린 시절 공동체에서 보낸 시간은 친밀한 인간관계와 소속감, 안전하고 편안한 느낌의 토대다. 모험을 찾아 세계 어디를 가더라도 유년기, 청년기 공동체로 다시 데려다 주는 황금 실타래가 있다. 우리는 그 공동체를 다시 방문해서 과거의 관계들을 치유한 뒤에야 비로소 성인기 공동체를 자유롭게 찾아 나설 수 있다. 그것은 혈연(가족 관계)이나 전통에 근거하지 않은 영혼의 공동체다. 물론 나중에 자유롭게 선택한 공동체에서도 가족과 전통은 나름의 역할을 한다.

고대에는 지리적 장소가 대단히 중요했다. 사람은 땅을 비롯해 계절의 리듬과 연결되어 있었다. 이는 과거의 방식이다. 새로운 공동체는 전혀 다르다. 많은 사람이 가족과 멀리 떨어져서, 우정이나 공통의 가치관 혹은 비슷한 생활 양식에 근거한 새로운 공동체를 형성한다. 이곳에서도 옛 공동체와 마찬가지로 구성원들은 상부상조하고, 함께 모여 기쁨을 나눈다. 그러나 이는 혈연 관계가 아니라 각자가 의식적으로 선택한 공동체다. 속하고 싶은 새로운 공동체를 찾는 일은 시간이 많이 걸리는, 쉽지 않은 과정이다.

청소년은 고독한 여정에 나서기 전에 온전하고 건강한 공동체를 경험할 필요가 있다. 튼튼한 지지 기반을 갖지 못한 청년은 인생에서 결핍된 영역을 갈망하면서, 어린 시절 누리지 못한 안정감과 지지를 제공해 줄 사람들을 찾는다. 아이의 인생에 중요한 영향을 주는 세 가지 주요한 공동체는 가족과 친지, 학교, 이웃이다. 이 책의 앞부분에서는 가족의 역할을 이야기했다. 여기서는 학교 공동체를 집중적으로 살펴보자.

학교 공동체

건강한 학교 공동체에는 몇 가지 중요한 특징이 있다. 그곳에서는 어린아이부터 청소년, 성인까지 다양한 연령의 사람들이 여러 해를 함께 보낸다. 각양각색의 어른들이 각기 다른 배움의 기회를 제공한다. 어떤 어른은 성장할 기회를, 어떤 어른은 학습의 기회를, 어떤 어른은 행동을 변화시킬 기회를 제공한다. 고결함, 정직, 용서의 가치를 지키기 위해 기꺼이 나서는 어른은 젊은이에게 미덕의 본보기가 된다. 어른이 청소년에게 자기 인식과 돌이켜 생각하는 힘을 일깨우기 위해 용감하게 그들의 얼굴을 거울에 비춰 준다면 당장은 저항에 부딪칠 수 있어도 헌신적으로 진리를 추구한다는 점에서 결국은 존경을 얻는다. 건강한 학교 공동체는 안정적이고, 모두가 서로를 알 정도의 규모로, 익명성보다는 소속감을 느낄 수 있고, 인생의 주요 순간을 기념하는 의례가 있고, 함께 나눈 추억과 새로 성취한 능력을 공개적으로 축하한다는 측면에서 마을 공동체이기도 하다.

청소년을 중심으로 볼 때, 상급 과정 공동체에는 5가지 단계가 있다.

1. 어른과의 관계

청소년은 학교에서 어른들과 의미 있는 관계를 경험할 수 있어야 한다. 처음부터 아이들이 쉽게 마음을 여는 사람들이 있다. 시간이 지나면서 처음에는 인정하지 않거나 알아보지 못했던 면모를 뒤늦게 깨닫게 되는 경우도 있다. 상급 과정에 막 들어온 9학년 학생에게 한 선배가 이렇게 말하는 걸 들은 적이 있다. "학년이 올라가면서 보니까 그 선생님이 점점 나아지시더라." 학생의 부모는 껄껄 웃으며 말했다. "변한 건 선생님이 아니라 자기라는 걸 모르나 봐요."

아이들에게 인기를 얻기 위해 행동하는 것은 어른의 과제가 아니다. 그런 태도는 오히려 문제를 일으킬 수 있다. 호감을 얻거나 가치를 인정받을 목적으로 청소년에게 다가갔다가 역풍을 맞는 경우가 있다. 두 사람의 사적인 대화를 아이가 공개해서 망신을 당하기도 하고, 아이가 갑자기 태도를 바꿔 전보다 심하게 대들거나 반항하기도 한다. 교사의 과제는 학생과 친구가 되는 것이 아니다. 원하는 만큼의 관계를 자유롭게 형성할 수 있지만, 교실에서 허용되는 것 이상을 기대해서는 안 된다. 교사로서 우리의 과제는 수업을 잘하고, 업무 영역의 경계를 명확하게 설정하며, 학생들이 능력을 펼칠 수 있게 도와주고, 객관적이고 공정하게 아이들을 뒷받침하는 것이다. 학생의 친구가 되는 데 중심을 둔다면, 학생들은 우정을 기대할 것이다. 이는 교사 직분의 경계를 넘어서는 일이다.

젊은 교사들이 이런 방식으로 접근하는 경우가 많다. 교내에서 학생들에게 편하게 이름을 부르라고 하거나(이는 전혀 일반적인 일이 아니다), 학교 밖에서 따로 어울리는 것이다. 이런 관계는 일이 엉뚱하게 전개될 위험을 항시 내포한다. 젊고 만만해 보이는 교사에게 이렇게 말하는 것이다. "선생님, 우린 친구잖아요. 같이 가서 술 한 잔 해요." "어떻게 그런 점수를 주실 수가 있어요? 전 우리가 친구라고 생각했어요."

우리는 학생들의 배움에 산파로 부름받아 그들의 정신과 마음의 성장에 봉사하는 사람들이다. 그들은 언제나 되어 가는 중이다.

안타깝게도 37세 나이로 세상을 떠난 제자의 장례식에 참석한 적이 있다. 그날 나는 아이들이 얼마나 성장하고 발전할 수 있는지를 깨닫고 큰 충격과 감동을 받았다. 12학년 말에 그를 평가했다면 이렇게 말했을 것이다. "그에게는 수많은 장점과 몇 가지 부족한 점이 있습니다. 그는 같은 반 친구들과 다른 아이들에게 기쁨과 사랑을 주는 존재입니다. 하지만 의지가 약합니다. 시작한 일을 마무리하는 것이 쉽지 않습니다. 집중하는 데 많은 노력이 필요합니다."

그러나 20년이 지나 어른이 된 그를 만난 사람들이 그를 추억하는 이야기를 들어보니, 어렸을 때 보였던 멋진 자질은 더 선명하고 강해졌음이 분명했다. 반면, 당시에 약점으로 보였던 특성들은 삶의 경험이 쌓이고 성숙하면서 모서리가 깎여 나갔다. 의지력이 자랐고 수많은 분야에서 능력을 획득했다. 18세에 씨앗으로 존재했던 것이 30대에 활짝 피어난 것이다. 그가 20, 30대에 얼마나 눈부신 성취를 이루었는지를 듣고 있자니 정말로 기뻤다. 쉽게 손에 넣은 것이 아니라, 삶을 열정적으로 사랑하고 성숙하는 과정에서 무르익은 열매들이었다.

졸업하고 10년쯤 지나면 그 어떤 날에 그 교사를 좋아했는지 같은 세세한 내용은 거의 기억하지 못한다. 하지만 우리가 그들이 믿는 것보다 훨씬 더 크게 성장할 수 있다고 영감을 불어넣어 줄 때의 느낌은 분명히 기억할 것이다. 속 빈 칭찬 대신, 그들이 한 일을 객관적이고 진실하게 말해 줄 때 앞으로 나아갈 수 있던 것은 기억할 것이다. 또한 우리가 삶을 얼마나 열정적으로 살았는지, 삶의 기쁨을 본보기로 보여 주었는지를, 현실과 동떨어진 공자님 말씀만 늘어놓는 것이 아니라 우리 역시 현실을 사는 존재임을 보여 준 것을 기억할 것이다.

고등학교 교사나 청소년 자녀를 둔 부모는 어떤 날은 구르네만츠가 되어 규칙을 정하고 가르쳐야 하고, 다른 날에는 지구네가 되어 그들의 참된 이름과 뿌리를 알려 주고, 그들이 어디서 헤매고 있는지를 일깨워 주어야 하고, 또 어떤 날은 운명을 밝혀 주는 트레프리첸트가 되어야 한다. 가끔은 쿤드리가 되어 수치를 경험하게 할 수도 있을 것이다.

상급 학교 공동체에 속한 어른들은 희망과 긍정적 변화에 대한 믿음을 갖고, 최고의 선을 위해 헌신하는 신뢰의 공동체가 되어야 한다. 이것이 우리가 맡은 일임을 결코 잊지 말아야 한다. 우리가 만나는 모든 청소년이 변화하고 성숙할 수 있는 능력, 변형할 수 있는 능력이 있음을 신뢰할 책임이 있다. 이런 특성이 상급 공동체 어른들의 영혼에 살아 있을 때, 청소년들은 생기를 얻고, 영혼의 어두운 밤을 기꺼이 직면할 용기를 키우며, 그 어둠을 통과하여 빛으로 나아갈 수 있다.

2. 또래 공동체

청소년의 가장 큰 걱정 중 하나는 소수일지라도 또래 친구들에게 인정받고 받아들여지는가이다. 상급 학교의 또래 집단에는 구성원으로 인정받는 과정이 암묵적 혹은 명시적으로 존재한다. 어떤 집단에 들어가야 하나? 자격 요건은 무엇인가? 그 집단의 의도가 무엇인가? 어떤 방식으로 가입하는가? 상급 학교에는 그 속에 들어가지 못한 아이들이 선망의 눈길로 바라보는 인기 있는 집단이 존재한다. 어떻게 해야 거기에 들어갈 수 있는가? 이런 집단들이 어떻게 형성되는지는 수십 년 동안 상급 과정에서 수업을 해 온 나에게도 미스터리다. 누구는 되고 누구는 안 되는 이유는 대개 암묵적이고 모호하다.

인기 집단에 끼지 못하면 열등하고 쓸모없는 외톨이라고 느끼기도 한다. 소속 집단에 만족하는 아이들은 안정감을 느끼며, 인기 집단에 큰 의미를 부여하지 않는다. 하지만 들어가기를 갈망하는데 거부당하거나 무시당한 아이들에게는 학교생활이 괴로울 수 있다. 이런 감정은 논리와 무관하기 때문에, 다른 친구들을 찾아보라고 조언하거나 이미 좋은 친구들이 있음을 이해시켜도 거부당했다는 느낌을 쉽게 털어 내지 못한다.

학생 수가 많은 학교에서는 동아리 활동(학교 신문 반, 연극반, 축구팀 등), 같은 인종이나 민족, 취미나 취향(전자기기나 기계를 좋아하는 아이들, 모범생 집단, 마리화나 피우는 아이들 등)에 따라 여러 집단이 형성된다. 입학 초기에 특정 집단에 들어간 아이가 나중에 이미지를 바꾸고 싶어도 잘 안 되는 경우가 있다. 초기 인상에 고착된 친구들이 그 아이의 새로운 혹은 달라진 특성을 알아보지 못하는 것이다. 과거의 인식에 갇히지 않고 항상 새로운 눈으로 세상을 보는 훈련을 교육이 제공한다면 아이들이 정체성을 찾고 키우는 데 큰 도움이 될 것이다. 하지만 그런 기회를 의식적으로 제공하는 학교에도 거부나 편견 때문에 힘들어하는 일은 여전히 발생한다. 아이들은 감정을 다치고, 눈물을 흘리고, 좌절하는 일을 무수히 겪으며 성장한다.

같은 반에는 친한 친구가 없어도 학교라는 큰 울타리 안에서 교사나 교직원, 다른 학년이나 동아리 구성원과의 관계에서 안정감을 찾기도 한다. 학교 공동체 내에 친구가 많으면 보완은 되지만, 그래도 단짝 친구나 튼튼한 집단 소속감에 대한 갈망은 여전히 남는다.

3. 공동체에서 함께하는 행사들

나는 30년 이상 상급 교사로 일했다. 지난 세월을 돌아보면서 학생들과 함께한 즐거운 기억 대부분이 학교 행사나 절기 축제에서 왔음을 깨달았다. 우리 사회는 반복되는 의식이나 통과 의례, 특별한 성취나 계기를 기념하는 데 큰 비중을 두지 않는다. 학교 공동체는 이런 것을 학생들에게 제공할 수 있다. 하지만 이런 의식이나 전통에 의미를 부여할 때는 조심해야 한다. 당시에는 괜찮아 보였는데 시간이 지나면서 알맹이 없는 것으로 판명되는 행사도 있기 때문이다.

의식이나 전통에서 중요한 것은 무엇일까? 반드시 필요한 것은 진실성이다. 전통을 위한 전통에는 재미는 있을지 몰라도 깊이는 없다. 내가 일했던 학교의 교사들은 의식과 의례, 전통을 진지하게 고민했다. 우리는 이런 행사가 청소년들의 내적 성장을 돕는 정신적 행위여야 한다고 생각했다. 상급 과정 공동체에서 함께할 행사에 어떤 것들이 있을까?

새 학년의 시작 새 학년은 새로운 시작이다. 새로운 경험과 사건들, 깨달음의 순간, 성취와 성장, 새 친구를 사귀고 누군가와 헤어지는 시간이 펼쳐지리라 기대하고 기념하는 순간이다. 마침을 기념하는 것만큼이나 시작을 의식적으로 맞이하는 것도 중요하다. 새 학년의 시작을 축하하는 방법은 여러 가지다. 어떤 학교는 교사들이 12학년에게 꽃을 선물한다. 학교에서 보내는 마지막 학년이 풍성한 결실로 가득 차기를 기원하는 마음의 표현이다. 12학년이 상급 과정에 갓 들어온 9학년에게 환영의 의미로 꽃을 주거나, 1학년들과 함께 나무를 심기도 한다. 학교를 다니는 동안 그때 심은 나무가 한 해 한 해 자라는 과정을 함께하는 것이다. 학교마다 새 학년 진급을 축하하는 각자의 방법을 자유롭게 창조할 수 있다. 중요한 점은 의식을 진지하게 여기는 것이다. 그것은 인간 상호 관계의 표현이어야 하며, 서로를 존중하는 마음이 드러나는 자리여야 하며, 미적으로 아름다워야 한다.

생일 어린아이의 생일잔치는 공동체 차원에서 아주 중요한 행사다. 상급 과정 아이들에게는 친한 친구들과 함께하는 사적인 행사로 그 의미가 크다. 그렇더라도 상급 과정에서도 학생의 생일을 기억하고 축하해 주는 것은 좋은 일이다. 말로는 생일이 별거냐고 하면서도 특별한 관심을 내심 기대한다. 생일은 공동체의 축제라기보다 개인에게 주목하는 날이다. 태어났다는 이유만으로 주목을 받는 유일한 시간이다. 이름을 받은 날을 축하하는 나라도 있다. 그 나라에서는 개인이라는 이유로 특별한 주목을 받는 날이 두 번인 것이다. 청소년의 생일은 모여서 신나게 노는 날일 뿐, 당사자의 탄생을 기억하는 날의 의미는 찾기 어렵다. 우리가 사는 물질주의 사회에서 생일 축하는 갈수록 본질에서 멀어지고 있다. 갈수록 호화롭고 규모가 커지면서 부모가 수백만 원씩 지출하는 일도 드물지 않다. 성인식을 겸하는 생일은 더하다. 12살 생일을 기념하는 유대교의 바르미츠바나 16세 생일을 기념하는 남미 문화가 그렇다. 가족 행사에 소비문화가 끼어들면서 집안의 부를 과시하는 자리로 변질되는 경우도 있다.

학년 마무리 한 해의 끝자락에는 많은 학교가 수많은 행사와 선물 교환, 방학 계획으로 분주하다. 성대한 운동 경기로 한 해를 마무리하는 학교도 있다. 무슨 행사를 하건 반드시 기억해야 할 것이 있다. 연말은 내년을 준비하는 동시에 지난 한 해를 돌아보아야 하는 시간이다. 아이들은 한 해 동안 무엇을 배웠는가? 어떤 관계가 특별했는가? 어떤 성취를 사람들에게 알릴 것인가? 일 년 동안 배운 내용을 되짚으며 주요 사항을 함께 떠올려 보는 학교도 있다. 얼마나 많은 것을 잊었는지 깨닫고 놀라기도 하면서, 중요한 부분을 되새기는 특별한 시간이다. 상급 과정 공동체도 같은 방법으로 한 해를 돌아보는 시간을 가질 수 있다. 어떤 행사가 특별히 기억에 남는가? 특별히 중요하거나 진지했던 일은? 웃음을 주는 일은 무엇이었는가?

전에 라트비아에서 참관하고 큰 감동을 받은 행사가 있다. 내 이야기를 전해 듣고 감명을 받은 교사회 구성원들과 연말 행사에 그 행사를 적용해 보기로 했다. 다음은 새크라멘토 발도르프학교에서 적용해 진행한 '마지막 종소리' 행사다. 학년 마지막 날에 담임 과정과 상급 과정 학생들이 한 자리에 모인다. 12학년은 모든 학년 사이를 차례로 지나간다. 마주 보고 두 줄로 길게 선 1학년 아이들은 모두 손에 꽃을 들고 있다. 12학년이 1학년 앞에 서면 1학년은 졸업하는 선배들에게 노래를 부르거나 시낭송을 해 준다. 12학년은 한 줄로 1학년 사이를 지나가고, 1학년은 선배들에게 꽃을 선물한다. 1학년이 끝나면 2학년으로 넘어간다.

후배들이 선물하는 시와 노래를 들으면서, 졸업을 눈앞에 둔 아이들은 지금까지 거친 모든 학년을 다시 경험한다. 꽃다발은 갈수록 커진다. 8학년 사이를 지나가면 상급 과정 후배들이 선배들에게 세레나데를 불러 준 다음, 마찬가지로 두 줄로 선다. 행진은 계속 된다. 두 줄로 서 있는 교사들 사이를 지나면서 꽃을 받는 것으로 행진이 끝난다. 마지막으로 학교 종이 울리고, 12학년들은 매일 아침을 열며 암송했던 시를 외운다. 이때 거의 모든 아이의 눈시울이 붉어진다. 이 행사에는 부모도 함께한다. 12학년 부모들은 이 행사가 학교와 함께했던 모든 시간의 마침표 역할을 해 주었다고 입을 모았다. 부모가 참석하면서 학교 공동체의 경계가 확장된 동시에, 부모들이 그동안 쏟았던 노고와 책임을 기리는 기회가 되었다.

축제 학교마다 다양한 축제를 연다. 중요한 것은 모든 행사는 나름의 의미가 있어야 하며, 학생들 각자가 역할을 맡아, 축제를 운영하는 기술과 방식을 익힐 수 있어야 한다는 점이다. 이를 계기로 여러 문화의 축제를 배울 수도 있다. 매년 되풀이되는 절기 행사나 수업 결과물을 전시하고 발표하는 자리를 통해, 삶의 한 순간을 함께 나누는 것이 얼마나 중요한지를 배운다.

1학년부터 12학년까지 한 울타리에 있는 학교는 상급 과정 학생들이 저학년 아이들과 어울리는 아름다운 풍경을 만날 수도 있다. 어느 해에는 1학년에서 호박을 조각하는 일을 도와 달라고 12학년들을 초대했다. 1학년들은 책상 위에 신문지를 깔고 조각할 호박을 올려놓은 채 기다리고 있었다. 12학년들은 한 명씩 1학년 옆에 앉아 함께 호박을 조각하고 속을 파냈다. 교실에는 웃음소리와 활기가 넘쳤다. 다정하고 격의 없는 분위기였지만, 1학년을 돕는다는 책임을 매우 진지하게 여긴 선배들 덕에 수업은 엄숙할 정도로 진지했다. 끝나는 종이 울렸을 때 12학년들은 점심을 먹으러 교실을 박차고 나갈 수도 있었지만 그렇게 하지 않았다. 책상을 정리하고, 조각칼을 씻어 치워 놓고, 호박들을 나란히 진열하는 것을 끝까지 기다렸다. 그날 이후로 1학년들은 선배들을 존경의 눈으로 바라보고, 선배들은 1학년에게 사랑스럽고 따뜻한 눈길을 보냈다.

이런 행사는 소속감을 일깨우고 정체성을 확장시키며, 타인에 대한 관심을 자극한다. 이 밖에도 저학년 개별 학습 지도, 학교 건축이나 정원 가꾸기에 참여하기, 학교 대청소, 유치원 아이들에게 장난감 만들어 주기 프로젝트도 가능하다.

어느 해인가 상급 과정 학생들이 유치원 뒷마당에 담장을 만들어 준 적이 있다. 몇 주 뒤 유치원 아이들이 그 학생들을 위해 직접 만든 사과 조림과 그림을 들고 학생회를 찾아왔다. 정말 사랑스러운 순간이었다.

초등, 중등, 고등 과정으로 분리된 경우라도, 상급 학교 아이들이 지역 사회 아이들과 교류하거나, 인근 초등학교와 자매결연을 맺는 방법도 있다.

4. 과거, 현재, 미래와의 관계

청소년은 공동체 안에서 시간에 대한 감각을 배운다. 이동이 잦은 요즘 시대에 한 장소에서 여러 해를 보낸 아이들은 자기 생애사에 대한 감각이 생긴다. 이 공동체에서 저 공동체로, 이 학교에서 저 학교로 계속 옮겨 다닌 아이들은 집단이 바뀔 때마다 정체성을 새로 만들고, 어떤 친구와 사귈지 판단하고, 선생님을 파악하느라 큰 스트레스를 받는다.

물론 변화가 건강한 자극을 주기도 하지만, 대개는 아이들이 잘할 때나 의기소침할 때나, 성공할 때나 실패할 때나 한결같은 응원을 보내는 익숙한 환경에서, 모든 변화를 공유하는 안정적인 인간관계를 갖는 편이 더 낫다.

문제가 생기면 학교를 떠나는 것이 쉬운 해결책처럼 보일 수 있지만, 교사와 학생이 새로운 변화를 함께 도모할 때 모두가 배움을 얻을 수 있다. 깨진 관계를 치유하고, 오해를 푸는 방법을 모색하고, 다른 사람의 생각이나 행동을 새로운 시각에서 바라보는 경험을 통해 쌓은 능력은 앞으로의 인생에 큰 힘이 되어 줄 것이다.

우리 사회는 흔히 올더스 헉슬리Aldous Huxley의 『멋진 신세계Brave New World』에 나오는 "끝내는 편이 고치는 것보다 낫다."는 구호를 신봉한다. 하지만 끝내기보다 고치려는 학생들이 인간관계에서 중요한 기술을 배울 수 있다.

5. 공동체와 개인

가반, 파르치팔과 마찬가지로 상급 과정 학생에게는 각자의 개인적 운명이 있다. 가반의 운명은 사회의 통합성을 회복시키고, 타인의 아름다움을 알아보고 사람들 관계를 치유하는 것이다. 그는 사회적 영역에 살고 사랑을 통해 깨달음을 얻는다. 가반이 넘어야 할 장애물은 무엇인가? 그는 충동적이다. 그의 시련은 무엇인가? 오비에에게 조롱당하고, 안티코니에의 유혹을 받고, 오르겔루제에게는 경멸당한다.

상급 학교에서 청소년들을 만날 때, 우리는 그들이 인생 여정의 특정한 단계를 거치고 있음을 잊지 말아야 한다. 안티코니에와 한 행동으로 가반을 판단해서는 안 되는 것처럼, 상급 과정 교사와 부모들도 청소년을 판단할 때 너무 엄격한 기준을 적용해서는 안 된다. 그들이 어떤 행동을 하고 때로는 그 때문에 심각한 문제가 발생할 수는 있지만, 그것이 그들 인격에 대한 최종 판단이 될 수는 없다. 모든 아이는 나름의 유혹과 시련을 겪고, 각자의 방식으로 난관을 극복하는 법을 배우는 중이다. 우리의 과제는 그들의 고차 자아에 대한 표상을 마음에 품고, 그들이 앞으로 될 존재에 대한 믿음을 간직한 채, 그들의 여정에 도움의 손길을 내미는 것이다.

우리 모두는 가반 같은 따뜻함과 우정, 사교성과 매력을 지닌 상급 과정 학생들을 안다. 그들은 집단에서 잘 어울리는 법을 아는 것처럼 보인다. 친구들이 찾아와 조언을 구하고, 함께 있는 사람들을 유쾌하게 만드는 천성으로 주변의 칭찬을 듣는다. 그들은 원하는 것을 다 가진 것처럼 보인다. 그러나 그들 역시 실수를 저지른다. 이를 인정하고 극복해야 하는 것도 마찬가지다. 15살 때는 용인되던 행동이 18살 때도 쉽게 용서받을 수는 없다. 상급 과정 학생이 같은 실수를 계속해서 반복한다면, 건강한 성장을 방해하는 나쁜 습관이 형성되는 중이다. 이럴 때는 어른이 개입해야 한다. 그에게 다가가 문제 행동을 함께 돌아보고, 변화가 일어나도록 도와주어야 한다. 그런 개입이 일어나지 않는다면, 앞으로 많은 시련을 겪은 뒤에야 판단력 부족과 반사회적인 행동이 어떤 결과를 초래했는지를 깨닫게 될 것이다.

가반의 여정은 모험과 성장의 기회로 이루어진 수평적 성격인데 비해, 파르치팔의 여정은 수직적이다. 그는 일편단심, 오로지 성배를 찾고 콘드비라무어스에게 돌아갈 것만 생각한다. 우리도 상급 과정 내내 하나의 목표만 추구하는 학생을 안다. 친구가 많을 수도 있고 없을 수도 있다. 이들은 다른 아이들만큼 친구가 간절하지 않다. 이들은 목표가 명확하고, 학교 안이나 밖에서 조언하고 이끌어 주는 사람들이 있으며, 미래를 주시한다. 외로움을 느끼지 않는 것은 아니지만, 심지 굳은 내면을 길 안내 삼아 뚜벅뚜벅 자기만의 길을 간다. 수직적 여정을 걷는 아이들의 과제는 머리와, 가슴, 사지를 조화롭게 만드는 것이다. 이들은 가만히 놔두면 한쪽으로 치우칠 수 있다. 한 가지 생각에만 꽂히거나, 속수무책으로 감정에 휘둘리거나, 행위에 지배당하는 식이다. 우울증에 빠질 수도 있다. 모든 측면을 조화롭게 통합할 수 있어야 한다. 단 한 명의 친한 친구, 존경하는 선생님, 혹은 공통의 관심사를 가진 어른이 필요하다. 힘들고 외로운 여정이지만, 연민과 공감의 감정을 일깨우고 나면 내적 균형을 향해 크게 도약할 수 있다.

파르치팔은 꿈에서 깨어나는 과정에서 충격이 여러 번 필요했다. 지구네도 그 과정에서 큰 역할을 한다. 그는 자기 행동에 책임을 지기 시작한다. 우리가 상급 과정 학생들에게 바라는 모습이 바로 이것이다. 아이들은 깨어날 것인가? 타인이 필요로 하는 바를 알아보고, 외부로 눈을 돌리고, 자기 관점을 획득할 수 있을까? 쿤드리는 파르치팔에게 더 큰 충격을 준다. 누가 아이들의 삶에서 쿤드리가 되어 줄까? 누가 아이들에게 진실을 말해 줄까?

우리는 이야기 속 여성들이 공동체에서 어떤 일을 겪는지도 볼 수 있다. 이들 역시 각기 다른 여정을 갖는다. 이들이 마주하는 도전은 여러 면에서 느낌 영역이나 인간관계와 연결된다. 헤르체로이데와 지구네는 신의와 보호 문제로 고초를 겪는다. 예슈테와 쿤네바레는 공격성을 조절하지 못하는 남자들에게 학대를 받는다. 자존심과 질투에 사로잡힌 오비에와 오빌로트, 경솔하고 충동적인 안티코니에, 분노와 복수의 화신인 오르겔루제를 포함한 이들 모두 한쪽으로 치우쳐 있다. 이 여인들의 삶에는 균형이 필요하다. 콘드비라무어스와 베네, 리판세 드 쇼이에에게는 이끌어 주는 정신적 지주가 있는 듯하다. 이들의 여정은 파르치팔과 비슷한 것일지도 모른다.

청소년들의 여정에서 중요한 것은 방종한 쾌락을 넘어설 이상을 키우는 것이다. 자신에게 모든 관심이 집중된 상태에서는 다른 사람을 이해하고 인정할 여지가 없다. 욕구 충족이나 타인에 대한 비판으로 가득 찬 마음에는 공허함만 있을 뿐이다. 이처럼 미성숙하고 딱한 아이들은 또래 친구들의 신망을 잃는다. 존경받을 만한 어른이 개입해서 그에게 직접 말을 걸어야 한다. 양심에 호소해서 자기 행동에 책임을 지고, 오랜 시간이 지나고 나면 순간적 만족이 다른 가치로 비칠 수 있음을 깨우쳐 주어야 한다. 쿤드리 같은 존재를 만나면 삶이 완전히 달라질 수 있다.

파르치팔 이야기의 배경은 수백 년 전이지만, 오늘날에도 여전히 유효한 내용이 많다. 여학생들은(이야기 속 여성들도) 개인적 관계를 해소한 뒤에야 공동체의 진정한 일원이 될 수 있다. 개인적 관계가 안정되면 공동체에 큰 기여를 할 수 있다. 남학생들도 많은 시련에 직면한다. 그들은 흔히 목표를 인식하고 성취를 위해 매진한 뒤에야 공동체의 인정을 얻는다. 두 경우 모두, 공동체는 그들의 내적 성장을 위한 치유 매개체다.

15

의지 통합하기

아버지가 부재하는 아이들

제15권

파이레피스의 등장

파르치팔은 큰 숲을 향해 말을 달리던 중, 많은 장신구와 보석으로 치장한 낯선 이교도가 다가오는 것을 본다. 중세에는 그리스도 교인이 아닌 사람을 이교도라고 불렀다. 그 낯선 사람은 누구일까? 그는 세상을 두루 여행하며, 용감하게 여인들을 보호하고, 그들에게서 귀한 선물을 받은, 명성을 떨친 자였다. 그는 독사를 죽이는 작은 동물 에키데몬을 투구에 달고 있으며 그의 말에는 대단히 귀한 비단이 덮여 있었다. 그는 각기 다른 언어를 쓰는 25개 대대를 통솔하는 지휘관으로, 세상의 많은 나라가 그를 왕이자 주인으로 우러러보았다. 그 지휘관은 군대를 항구에 정박한 배에 남겨 두고, 모험을 찾아 혼자 말을 타고 길을 나선 것이다.
파르치팔과 이교도는 서로를 보자 창을 겨누고 공격을 시작한다.

누구도 상대를 말에서 떨어뜨리지 못했기 때문에 무승부였다. 이번에는 검을 들고 서로에게 다가간다. 이방인의 투구가 찌그러진다. 말들은 땀범벅이 된다. 두 기사는 말에서 뛰어내려 검을 들고 땅 위에서 결투를 이어간다.

이것은 슬픔의 전투였다. 두 사람은 같은 아버지의 아들이었다. 이방인은 “타브로니트(카우카사스 산맥 근처 제쿤딜레 여왕의 땅)”라고 외치며 상대방에게 달려들었다. 이렇게 외치자 그에게 새로운 힘이 솟아올랐다. 기진맥진한 파르치팔에게도 힘을 북돋아 줄 무언가가 필요했다. 하지만, 이교도가 휘두르는 검 때문에 기운이 빠진 그는 무릎을 꿇고 주저앉는다. 두 사람 모두 자신의 여자만 바라본다. 이교도는 값진 장식으로 치장한 투구를 선사한 제쿤딜레 여왕에게, 파르치팔은 아름답고 순수한 콘드비라무어스에게 마음을 다 바친다. 마침내 파르치팔은 아내를 떠올리면서 “펠라파이레”라고 소리치자, 그녀의 힘이 쏟아져 들어오는 듯하다. 적절한 순간에 기력을 되찾은 파르치팔이 검으로 이교도의 투구를 내리친다. 검이 부러지면서 이방인은 무릎을 꿇는다. 다시 몸을 일으킨 이방인은 상대의 손에 칼이 없는 것을 깨닫는다. 그는 무기를 잃은 상대와 싸우는 것을 비겁한 짓이라고 생각한다. 그는 둘 다 기력을 되찾을 때까지 휴전을 하자고 외치며 상대의 엄청난 싸움 실력을 인정하고 파르치팔에게 신분을 밝히라고 한다. 파르치팔은 이 제안을 거절한다. 싸움에서 패배했고, 억지로 신분을 밝히라는 의미로 받아들였기 때문이다. 싸움에서 패자가 확실히 가려진 것이 아니었기에 이교도는 먼저 자기 신분을 밝히기로 한다. “나는 파이레피스 안셰빈이라고 합니다.”

파르치팔은 어리둥절해 묻는다. “당신이 어떻게 안셰빈이요? 안쇼우베는 내가 상속받은 땅입니다. 안쇼우베의 성과 땅, 도시는 모두 내 것이란 말입니다.” 파르치팔은 아직 만나보지는 못했지만 명성과 공적이 자기 귀에까지 들리는 이복 형만이 자기 외에 이 땅에 대한 권리를 주장할 수 있는 유일한 사람이라고 밝힌다. 이방인의 얼굴을 보면 형인지 알아 볼 수 있을 거라고 생각한 파르치팔은 공격하지 않을 테니 투구를 벗어 보라고 청한다. 이방인은 파르치팔에겐 검이 없고 자기는 검을 가지고 있었기 때문에 공격 받을 걱정은 하지 않았다. 그렇지만 공평을 기하기 위해 자기 검도 숲속에 던져 버린다.

이방인은 파르치팔에게 형의 생김새가 어떤지 말해 보라고 한다. 파르치팔은 형의 피부가 검은색과 흰색이 섞여 있다는 말을 들었다고 한다. 파이레피스는 “그가 바로 나라네.”라고 말한다. 두 사람 모두 쇠사슬로 된 갑옷과 투구를 벗고 서로에게 입맞춤하며 기쁨의 순간을 맞는다. 파이레피스는 자신이 믿는 신들과 여신들에게 이런 경사를 맞게 된 데 대한 감사를 올리고, 파르치팔에게 자신의 소유인 부유한 나라 두 개를 선사한다. 그는 파르치팔에게 아버지를 찾기 위해 이 여행을 시작했다고 말한다. 파르치팔은 “나도 아버지를 뵌 적이 없다.”고 대답한다. 두 사람은 아버지의 평판과 명성, 고귀함, 굳건한 충성심, 다른 칭송받을 만한 점들에 대해 말한다. 파르치팔은 형에게 아버지는 바그다드에서 마상 창 시합 중 돌아가셨다고 말한다.

파이레피스는 매우 슬퍼하며, “지금 이 순간, 나는 기쁨을 잃기도 하고 찾기도 했구나. 이제 진실을 알고 보니 아버지, 동생과 나, 우리 모두는 하나였구나. 세 부분으로 나눠진 것처럼 보였을 뿐이었어. 동생은 여기서 자신과 맞서 싸운 거네. 나도 나 자신을 상대로 한 전투에 나서서는, 나 자신을 죽이고 즐거워할 뻔했구나."

파이레피스는 자기 군대를 보여 주기 위해 파르치팔에게 항구로 내려가자고 한다. 파르치팔은 군대가 지휘관인 파이레피스를 기다리며 대기하고 있는 것을 보고 놀란다. 급한 일이 없었기 때문에 파르치팔은 형에게 아서의 진영에 가서 그곳의 귀부인들을 만나 보자고 초대한다. 파이레피스는 이 제안에 관심을 보인다. 그는 그곳에 따라가 친척들을 만나 보고 싶어 한다.

파르치팔은 파이레피스의 검을 찾아서 전해 준다. 두 사람이 아서의 진영으로 말을 달려 도착해 보니 파르치팔이 아침 일찍 떠나 버린 것 때문에 기사와 귀부인들이 슬퍼하고 있었다. 마법의 성에서 온 어떤 사람이 수정 기둥에 격렬한 전투 장면이 나타났다고 알려 주었을 때 아서는 싸움에 참여한 기사들 중에 파르치팔이 있다고 확신한다. 그 순간 파르치팔과 파이레피스가 아서의 진영으로 들어온다. 모든 사람이 파이레피스가 입은 보석 박힌 옷에 놀라움을 금치 못한다. 파르치팔은 파이레피스가 차차망크의 왕이자, 자기 형이라고 가반에게 소개한다. 가반은 파르치팔에게 키스하고, 두 형제를 위해 좋은 옷을 내오게 한다. 귀부인들도 그에게 키스한다. 가반은 형제를 저녁에 초대하고, 아서와 기노버도 함께 참석해 줄 것을 청한다.

원탁의 기사들이 전부 참석하여 파이레피스를 따뜻하게 환영한다. 아서와 파이레피스는 인사를 나누고, 상대의 명성을 치하한다. 아서는 특히 그가 어떻게 여기까지 왔는지, 남편이 이렇게 멀리 여행하는 것을 부인이 어떻게 허락했는지 궁금해 한다. 파이레피스는 아내의 소망을 받들며 살고, 그녀의 사랑이 기사로 얻은 수많은 승리의 보답이라고, 위험에 처할 때마다 아내를 생각하고, 그렇게 하면 힘이 솟는다고 말한다.
아서는 "내 사촌인 너의 아버지 가흐무렛에게서 한 여인만을 섬기기 위해 긴 여행도 마다하지 않는 성품을 물려받았구나."라고 말한다.
아서는 파이레피스에게 파르치팔이 성배를 찾고 있다고 말한다. 그는 두 사람에게 여행길에 만난 사람과 나라의 이름을 말해 달라고 한다. 두 사람이 만난 사람의 목록은 길었다. 파이레피스의 목록에는 기사로서 업적을 쌓으려 하는 소망이 들어 있었고, 파르치팔의 목록에는 성배를 찾는 길에 만난 사람들이 있었다.
가반은 파이레피스의 전투 장비들을 내어오게 한다. 그것들은 정말 감탄을 자아낼 정도로 훌륭했다. 파이레피스가 귀부인들의 찬사를 받고 있는 동안 아서는 친척 파이레피스를 위한 환영식이자, 그를 원탁의 기사로 맞이하는 의미로 다음 날 아침 축제를 열 것을 제안한다.
날이 밝았다. 날씨는 청명하고 상쾌하다. 기사와 숙녀들은 좋은 옷을 입고 원탁 주위로 모인다. 아서는 그라모플란츠와 훌륭한 두 기사에게도 회원 자격을 부여한다. 파이레피스와 파르치팔은 아름다운 숙녀들과 함께 있는 자리를 즐긴다.
연회가 한창일 때, 성배의 상징을 수놓은 화려한 의상을 입은 처녀가 말을 타고 들어온다. 그녀의 얼굴은 두꺼운 베일 밑에 가려져 있다. 즉시 원탁으로 안내된 처녀는 아서 왕에게 프랑스어로 인사를 한다.

그러면서 왕과 왕비에게 자기가 하는 말을 잘 들어 달라고 청한다. 그녀는 말에서 내리더니 파르치팔에게 다가가 그의 발밑에 무릎을 꿇고 인사를 청한다. 파르치팔은 마지못해 그녀를 용서하지만 키스는 하지 않는다. 아서와 파이레피스의 권유에 할 수 없이 그녀에 대한 원한의 감정을 내려놓는다. 여자는 벌떡 일어나 그들에게 절을 한 뒤 베일을 벗는다. 마법사 쿤드리다. 그녀는 아직도 파르치팔을 저주하러 원탁에 나타났을 때와 똑같은 모습이다.

하지만 이번에 전할 말은 전과 달랐다. "가흐무렛의 아들이여, 축복 받으소서. 당신은 성배의 왕이 될 것입니다. 당신의 아내 콘드비라무어스와 아들 로에란그린도 당신과 함께 호명되었습니다." 쿤드리는 파르치팔이 펠라파이레를 떠나고 얼마 안 되어 콘드비라무어스가 아들 둘을 낳았다고 말한다. 이제 안포르타스 왕께 질문을 드려 그분의 고통을 덜어 주라고도 이른다. 비로소 마음의 평화를 얻은 파르치팔은 성배에 합당한 인물이 되었다.

파르치팔은 이 기쁜 소식에 눈물을 흘리며 성배를 섬길 수 있게 해 주신 신께 감사드린다. 자기가 잘못된 행동을 하지 않았다면 쿤드리가 그토록 분노하지 않았을 것이라는 사실을 인정한다. 그때는 어렸기 때문에 구원받을 때가 아니었던 것이다. 오르겔루제는 안포르타스의 고통이 끝나리라는 생각에 기쁨의 눈물을 흘린다. 자신이 그의 고통의 원인이었기 때문이다. 파르치팔은 쿤드리에게 다음에 할 일이 무엇인지 묻는다. 쿤드리는 파르치팔이 혼자 가서는 안 된다고 말한다. 그는 같이 갈 사람을 선택해야 한다. 쿤드리가 길을 인도할 것이다.

아서의 권유로 쿤드리는 휴식을 취하고, 아르니베를 찾아 인사한다.

파르치팔은 형에게 성배의 성에 함께 갈 것을 청하고, 파이레피스도 동의한다. 그들이 떠나기 전, 파이레피스는 참석한 모든 이에게 선물을 나누어 주고 싶어 한다. 아서가 보낸 전령이 배에 갔다 오는 데 걸리는 나흘 동안 모든 사람이 평원을 떠나지 않겠다고 약속한다. 파르치팔은 누구도 싸움을 통해서는 성배에 이를 수 없다고 한 트레프리첸트의 말을 비롯해 '신에게 부름 받지 못하면' 성배에 도달하지 못한다는 말을 사람들에게 전했다.
형제는 사람들에게 작별을 고하고 배를 향해 떠난다. 사흘 뒤, 파이레피스의 매우 값진 선물이 모두에게 도착한다. 형제는 쿤드리와 함께 성배의 성을 향해 말을 달렸다.

청소년의 영혼 체험

이 이야기에는 성배의 성과 아서의 성 그리고 마법의 성이 등장한다. 각각의 성은 청소년들이 경험하는 영혼의 단계를 상징한다.

성배의 성은 파르치팔의 모든 여정의 목적지다. 그는 성배의 의미를 이해하고, 그것을 손에 넣을 가치 있는 존재로 자신을 변형시키기 전까지는 목표를 달성할 수 없다. 파르치팔이 삶을 살아가는 방식은 사고를 통한 길이다. 그는 사고 속으로 빛을 들여보낼 수 있어야 비로소 운명을 완수할 수 있다. 성배의 성은 정신을 상징한다. 그가 자신의 정신적 운명을 파악했을 때, 고차 자아가 깨어난다. 이 길은 홀로 가는 여정이다. 다른 영혼의 힘을 자기 안에 통합할 수는 있지만, 본질적으로 그것은 개별적 여정이다. 안포르타스는 성배의 성의 주인이다. 힘을 잘못 사용한 탓에 지금은 진정한 마법사의 치유를 기다리는 처지다. 여기서 말하는 진정한 마법사란 타인의 아픔에 둔감했던 상태에서 연민과 공감을 느끼는 자로 정신적 변형을 이룬 사람을 말한다.

성배의 성은 청소년이 이상에 이르기 위해, 신과의 관계를 찾기 위해, 그리고 인생에 감각 영역을 초월하는 의미가 있음을 발견하기 위해 피나는 노력을 기울이는 영혼 속 장소다. '연민과 공감의 각성', '정신 영역의 인식 성장', '운명의 순간 감지하기', '자기 행동을 내면의 진실과 연결시키기'는 영혼 속에서 성배의 성을 체험할 때 일어나는 사건들이다. 이곳의 규칙은 다른 곳과 다르다. 이곳에서는 관습적 규율이 아니라 운명이 펼쳐지고 고차적 법칙이 적용된다. 청소년들은 보통 안내자나 스승의 도움을 받아 자기 영혼 속 성배의 성에 들어간다.

아서의 성은 타인을 지키거나 기사로서 용맹을 떨치는 식의 지상적 행위와 상관있다. 파르치팔과 가반도 아서의 성과 궁정의 구성원이다. 입지가 굳건할 때도 있지만, 어떤 때는 수치스럽게 그곳을 떠나야 한다. 이 성은 풍부한 가슴의 느낌, 고상함과 명예, 동지애와 우정의 공간이다. 아서의 궁정과 성은 느낌을 통해 표현되는 **영혼**을 상징한다. 아서 왕은 궁정의 구성원들에게 지상적 지혜를 선사한다. 기사들은 다가오는 도전에 맞서 싸우면서 영혼을 고양시키고 감정을 정화한다.

아서의 성은 청소년들이 '건강한 또래 관계 만드는 법'을, '우정의 가치를 알고, 신의와 명예, 미덕에 따라 행동하는 법'을 배우는 영혼의 공간이다. 청소년들은 아서 왕의 성이라는 영혼 영역에서 많은 시간을 보내며 사회적 존재가 되는 법을 배운다. 노인을 존중하고, 친구를 예의와 배려로 대하며, 자신이 누리는 것을 감사히 여기고, 인내를 배워야 한다. 아서의 궁정 기사들은 세상으로 나가 정의를 수호하고 약자를 보호하기 위해 싸운다. 이는 상급 과정 학생들이 아서의 성이라는 영혼 영역에서 어떻게 지낼지에 대한 좋은 예다. 지나치게 경쟁적이거나, 남을 시기하고 자기 이익만 추구하면 원탁의 일원으로 남아 있기 힘들 것이다. 이 영역에는 따라야 할 행동 규범이 있고, 구성원들은 이를 준수해야 한다.

마법의 성_ 이 성은 **의지**를 통해 신체와 연결된 힘을 상징한다. 성의 남용, 개인적 권력, 복수, 약물로 유도한 환각, 최면에 의한 황홀경, 잘못된 언어 사용, 통제력 부족 모두가 육체의 본질을 존중하지 않고 오용할 때 나타나는 양상이다. 가반은 신체를 통제하는 힘을 얻고, 육체적 경험을 적절히 조절하는 법을 배워야 한다. 클린쇼어는 마법의 성을 다스리는 마법사로, 권력을 이용해서 복수를 꾀했다.

마법의 성은 청소년의 영혼 영역에서 관능과 저급한 본성에 휘둘리는 부분을 상징한다. 본능과 충동 같은 저급한 천성이 의식과 책임감을 압도할 때, 그들은 마법의 성에 갇히고 만다. 어떻게 해야 빠져나올 수 있을까? 바로 가반이 문제를 풀어낸 방식이다. 행동을 조절하고, 자기 말에 책임을 지기 위해 혀를 다스리는 법을 배우고, 분노를 극복할 수 있어야 한다. 모욕을 당하거나 부당한 대우를 받았을 때 성질을 부리지 않고, 타인을 모욕하거나 복수를 꾀하는 대신 문제를 평화적으로 해결할 방법을 찾아야 한다.

이 세 가지 성은 우리 자신을 변형시키고, 신체, 영혼, 정신을 정화하는 길을 상징한다. 청소년은 이 여정에 이제 막 나선 이들이다. 그들은 청소년기의 각기 다른 시기에 세 가지 성을 하나씩 거칠 것이다.

아버지가 부재하는 남자아이

이번 이야기에서는 파이레피스와 파르치팔이 상봉한다. 둘은 같은 아버지에게서 태어났다는 사실을 알아낸다. 그들은 자라면서 아버지를 한 번도 본 적 없고, 아버지의 품이나 인생 안내를 누려 본 적이 없다. 아버지가 한 곳에 정주하지 못하고 떠돈 탓에 둘은 아버지의 부재로 인한 고생을 겪었다. 가흐무렛은 파이레피스의 어머니 벨라카네가 세례를 받지 않았다는 이유로 그녀를 버린다. 타고난 방랑벽과 모험을 원하는 기질이 발동했기 때문이다. 벨라카네와 혼인 상태이면서도 그녀가 그리스도 교인이 아니라는 핑계로 파르치팔의 어머니와 결혼한다. 그 뒤에도 다시 모험을 찾아 떠나고, 결국 전쟁터에서 사망한다. 두 여인은 가흐무렛의 행동으로 인해 고통을 겪는다. 벨라카네는 마음에 큰 상처를 입었다. 그녀는 가흐무렛이 청하기만 했으면 세례를 받았을 것이다. 헤르체로이데는 아들을 과잉보호하며 그가 기사가 되어 전쟁터에서 죽을 가능성을 차단하려 한다. 그녀는 어린 파르치팔이 곁을 떠나자 하늘이 무너진 심정이 되어 그대로 세상을 떠난다. 하지만 아버지가 용감한 기사였다는 것을 알게 된 두 아들은 아버지를 본보기 삼아 용감한 기사의 길을 간다.

두 사람은 아버지의 부재와, 그로 인해 정상적 생활이 불가능해진 어머니라는 이중의 상실을 안고 살아간다. 기사도를 접하면 아들을 잃을지 모른다는 어머니의 두려움 때문에 파르치팔은 어린아이의 순수한 상태에 붙잡혀 있다. 그래서 세상을 살아가는 방법에 서툴고 무지하다. 파이레피스는 얼굴도 모르는 아버지를 찾아 세상을 떠돈다. 그는 청소년기 초기 상태에 있다. 단순하고 관대하며, 아름다움과 낭만에 쉽게 마음을 빼앗긴다.

중세 기사 계급의 전형을 보여 주는 가반은 어릴 때 다른 성으로 가서 시동 생활을 했다. 아버지인 노르웨이 로트 왕은 용감한 전사로, 전쟁터에서 사망했다. 로트 왕이 그라모플란츠 왕의 부친인 리로트 왕를 죽였다는 혐의를 받고 있기 때문에, 아들인 가반은 그라모플란츠의 복수에 상대해야 한다. 혐의의 진실 여부는 불명확하지만, 사실 중요하지 않다. 이 장면에는 뭔가 비현실적인 면이 있다. 어쨌든 가반은 그 도전에 응해서 아버지의 명예를 지켜야 한다. 어머니와 가반의 관계 역시 비현실적이다. 어린 시절에 가반은 어머니, 누이들과 함께 살지 않았다. 그래서 어른이 되어 마법의 성에 갔을 때 할머니와 어머니, 누이들을 알아보지 못한다. 그래도 용기와 용맹으로 그들을 마법에서 풀어 준다. 이 성은 정말로 비현실적인 공간인 것이다.

가반의 시대에는 남자의 교육이 사회적으로 구조화되어 있었다. 남성 스승의 지도하에서 시동, 종자, 기사 단계를 밟으며 올라간다. 현대 사회는 아버지가 가정의 중요한 구성원인 핵가족을 이상적 구조로 여긴다. 하지만 아버지가 부재한 남자아이들을 위해 사회는 어떤 체계나 구조도 제공하지 않는다. 〈빅브라더〉[5] 같은 조직이 그런 아이들과 형-동생 관계를 맺고, 안내자 역할을 할 사람들을 연결해 주는 일을 한다. 실제로 유의미한 도움을 주는 경우도 많다. 하지만 아버지가 부재한 많은 남자아이가 자라면서 중요한 남성성을 경험하지 못하는 것이 현실이다.

나는 10년 가까이 소년원에서 일하는 직원들의 교육에 참여해 왔다. 소년원에 온 남자아이들의 가정사를 많이 접하면서 두 가지 패턴을 발견했다. 하나는 아버지가 아예 존재하지 않는 경우고, 다른 하나는 아버지가 부정적 역할 모델인 경우다. 전자에 속한 아이들은 무엇을 어떻게 해야 하는지를 모른다. 권위를 어떻게 대해야 할지 모르기 때문에 밀어내고, 반항하고, 이랬다저랬다 혼란스러워하며 방향성을 찾지 못한다. 이들은 자신의 정체성을 찾기 위해 고군분투한다. 거부당했다는 느낌이 바탕에 깔려 있으며, 그로 인한 분노를 느낀다. 아버지가 부정적인 역할 모델인 남자아이들에게는 적어도 우러러볼 대상이 있다. 그들은 아버지가 사회를 대하는 태도를 자기 것으로 받아들였다. 그들은 범죄 행동을 잘못된 것으로 여기지 않는다. 가까이에서 보고 들은 것이 그들이 아는 전부이기 때문이다. 반사회적 삶의 양식이긴 해도, 그들은 누군가의 울타리에 소속되었다고 느꼈다.

상대적으로 긍정적인 환경에서 자란 남자아이들에게도 거부당

---

5 옮긴이 청소년들에게 일대일 결연을 맺어 지원하는 미국의 비영리 단체

했다는 느낌과 분노가 있었다. 어머니와 조부모, 가족, 친구들이라는 양육 환경이 있었지만, 아버지의 부재로 인한 심리적 상실감과 중요한 것이 빠졌다는 느낌은 여전했다. 아버지를 찾으려 하고, 아버지를 이상화하는 아이들도 있다. 그러나 그들은 실제로 아버지를 찾았을 때 또다시 거부당할 위험을 감수해야 한다.

어떤 남성은 고등학교 때 어머니에게 부탁해서 아버지의 전화번호를 알아냈다. 3살 이후로 만난 적 없는 아버지였다. 그는 아버지가 거주하는 지역까지 찾아간 뒤, 전화를 걸어 집을 방문해도 되겠냐고 물었다. 아버지는 현재 아내에게 아이 이야기를 한 적이 없기 때문에 이 시점에 그가 방문하는 것을 원치 않았다. 두 사람은 식당에서 만났고, 그걸로 끝이었다. 그 뒤로 10년 동안 두 사람은 다시 연락하지 않았다. 그러나 그는 이렇게 말했다. "적어도 내가 아버지와 얼마나 닮았는지는 알 수 있었어요."

남자아이들은 함께 무언가를 하고, 남자의 인생이 무엇인지 배우고, 부딪치면서 자기 한계를 시험하기 위해 아버지를 필요로 한다. 아버지란 바깥세상, 사회, 규칙, 기대의 상징이다. 아버지는 아들에게 욕구에 굴복해서는 안 되며, 본능을 극복하고 스스로를 다스리고 책임을 져야 한다고 가르친다. 두려움과 의존성을 극복하라고 가르치기도 한다. 엄하고 매정할 수도 있지만, 남자아이들은 자신을 아끼는 아버지의 권위를 갈망한다. 이런 존재가 없으면 스스로가 자신의 아버지가 되어야 한다. 아버지에 대한 감정을 미처 정리하지 못한 상태에서 자식을 낳으면 문제가 생긴다. 아버지는 남자아이의 자아 감각에 큰 영향을 미친다. 그는 자기가 아버지와 같거나 다르다고 규정한다. 결국 아버지가 기준인 것이다. 준거점이 없으면 자기가 누군지 확신하지 못한다.

아버지와 긍정적인 관계를 갖지 못한 남자아이들은 영혼 속에 아직 완성되지 못했다고 느끼는 무언가를 가진 채로 어른이 된다. 언젠가는 화해해야 한다. 이왕이면 아버지가 돌아가시기 전에. 아버지의 죽음은 성인 남성에게도 중대한 영향을 끼친다. 부자 관계는 아들뿐 아니라 아버지에게도 중요하다.

아버지가 부재하는 여자아이

이야기의 배경인 중세에는 여자아이들이 기사인 아버지와 가깝게 지내지 않는 것이 일반적이었다. 하지만 현대 사회에서는 부녀 관계가 중요하다. 여자아이들에게 아버지는 인생에서 만날 남자의 모범이다.

나는 아버지가 인생에서 사라지는 고통을 겪은 청소년 여자아이들을 정말 많이 만났다. 이 아이들은 아버지에 대한 기억을 미화하고, 언젠가 다시 만나 '아빠'라고 부를 수 있기를 갈망했다. 일이 잘 풀려서 평생 처음 아버지와 함께 살게 된 아이들이 여럿 있었지만, 결과는 대부분 실망스러웠다. 대개 아버지와 살기 위해 살던 지역을 떠나야 했는데 이는 다니던 학교와 친구를 포기해야 하는 것을 의미했다. 그래도 아버지와 살고 싶은 마음이 너무 커서 기꺼이 이사를 결정한다. 그리고 몇 달 뒤, 그들 중 다수가 아버지에 대한 환상이 깨진 채로 다시 돌아온다. 하지만 돌아온 그들은 앞으로 아버지에 연연하지 않고 인생을 의미 있게 살겠다고 다짐한다. 아버지와 관계를 재개하기 위해 떠나지 않았다면 계속 환상을 품은 채 살았을 것이다. 유쾌한 경험은 아니지만, 덕분에 환상에서 벗어나 자기 인생을 개척할 수 있었다.

여자아이들은 아버지가 자신을 부양하고 돌봐 주며, 보호하고 세상에 나가도록 도와줄 것을 기대한다. 아버지가 사라지면 버림받았다고 느끼며, 울타리 없이 허허벌판에 나앉은 느낌을 받는다. 독립심과 내면적 힘의 본보기를 보여 주는 강인한 어머니가 있는 여자아이들은 자립을 배울 수 있다. 그래도 버림받았다는 느낌은 쉽게 사라지지 않는다.

엘리스 워커맨Elyce Wakerman은 저서 『아버지의 부재Fatherloss』에서 아버지가 떠난 이유와 남성에 대한 태도를 중심으로 아버지의 부재가 여자아이들에게 미치는 영향을 추적한다. 나는 아이들이 내면의 무의식적 욕구를 인식하기를 기대하면서 아버지 없는 여자아이들에게 이 책을 많이 권해 왔다. 아버지가 부재한 이유는 다양하다. 이혼, 병이나 사고로 인한 사망, 가족을 버린 경우, 자살이 가장 대표적이다. 아버지를 전혀 모르는 아이들도 있다. 어머니가 한 번도 이야기하지 않았거나, 어머니 자신도 모르는 경우다.

아버지의 존재가 여자아이들의 성 역할 발달에 중요하다는 것은 널리 알려진 사실이다. 엘리스 워커맨은 저서에서 심리 치료사 마조리 레오나드Marjorie Leonard의 말을 인용한다.

> 어머니와 동질감을 느끼는 것만으로는 충분치 않다.
> 여자아이들은 아버지가 자신을 피어나는 여성으로 봐 준다는
> 확신을 필요로 한다. 그래야 또래 남자들도 그 사실을 받아들일
> 거라는 자신감을 가질 수 있다... 아버지가 딸에게 애정의

대상이었는지 여부와 아버지가 딸에게 애정을 주었는지 여부는 여자아이의 발달에서 결정적인 역할을 한다.

아버지가 부재하는 여자아이들에게는 다음과 같은 문제가 발생할 수 있다.

- 사람들이 아버지가 누군지, 어떤 일을 하는지, 어디 사는지를 물을 때 아이가 느끼는 불편함
- 자신에게 잘못이나 문제가 있다는 느낌. 먹구름이 집주변을 감돈다.
- 아버지와 자신이 대단히 친밀했을지도 모른다는 느낌
- 남자 없이 혼자 힘으로 해낼 수 있음을 증명하려는 태도
- 아버지처럼 돌봐 줄 남자를 원함
- 아버지가 떠났기 때문에 거부당했다는 느낌
- 아버지가 자신을 충분히 사랑하지 않은 것이 틀림없다는 느낌

이런 감정을 남자친구나 남편에게 투사할 수 있다. 이들에게 남자는 가정에서 가장 중요한 인물이다. 신에 가까운 존재다. 이들은 의지할 수 있는 나이 많은 남자를 찾는다. 그 남자도 사라질 거라 생각한다. 온전히 마음을 내주기 두렵다. 두 마음이 공존한다. 그를 갈망하고, 무슨 수를 써서라도 붙잡기를 원하면서도 완전히 신뢰하지 못한다.

워커맨은 아버지가 떠난 시점과 딸의 발달 단계의 상관관계를

탐구하면서 여자아이의 삶에 다른 남자들이 미치는 영향에 대해서도 언급한다.

> 아버지 역할의 대리자가 여자아이의 삶에서 생물학적 아버지의 부재를 완화하는 데 큰 도움이 된다고 사람들 대부분이 믿고 있지만, 우리 연구에 참여한 여성들은 아버지 역할을 대리한 남자들에게 놀라울 정도로 무관심했고, 별 영향을 받지 않았다. 하지만 할아버지만큼은 예외였다! 할아버지들만이 아버지가 부재한 손녀의 삶에 긍정적인 기여를 할 수 있었다. 할아버지가 양육에 참여한 여성들은 아버지 없이 자란 여성들 중에 비교적 자신감 있고 자기주장이 분명했다.

남자 형제가 있으면 심리적 상처가 적다. 남자와 상호 작용하면서 보호받는다는 느낌과 함께, 남자의 존재 양식을 근거리에서 관찰할 수 있기 때문일 것이다. 남자 형제의 동성 친구들도 만날 수 있기 때문에 여자들 사이에서만 자라지 않는다.

아버지 없이 자란 여자아이들은 불안정성, 삶에 대한 적개심, 불안, 경계심, 자신을 증명하려는 욕구 같은 특성을 보이기도 한다.

청소년을 만나는 직업을 가진 성인이나 청소년 자녀를 둔 부모들은 아버지의 부재가 아이들에게 미치는 영향을 분명히 알고 있어야 한다. 이는 현대 미국 사회에서 흔한 풍경이 되었고, 양육 태도뿐 아니라 배우자를 선택할 때도 영향을 미치고 있다.

이슬람교와 그리스도교를 잇는 형제애

이슬람교 기사들과 그리스도교 기사들의 상호 연결성은 가흐무렛이 세상에서 가장 강력한 지도자인 바그다드의 바루크를 섬기기로 결심하는 장면에서 이미 언급한 바 있다. 파르치팔의 저자 볼프람은 그리스도 교인이 아닌 모든 사람을 이교도라 칭하면서도 이슬람교인들의 정중한 행동거지와 용기, 재력을 존중했다. 이야기에서 묘사하는 그리스도교 기사와 이슬람교 기사의 차이는 거의 없다. 양쪽 모두 기사다운 태도와 고귀한 사랑을 지녔다. 이런 특성이 그들을 하나로 묶고, 형제애를 형성한다. '이교도'라는 단어는 여러 신과 여신을 믿는 사람들을 가리킨다. 파이레피스는 이런 의미에서 이교도다.

이야기 배경이 9세기라는 점을 고려할 때, 이는 특히 흥미로운 측면이다. 스페인은 수백 년 동안 그리스도교인과 이슬람교인, 유대인이 어울려 살며 교류했던, 유럽의 문화 중심지였다. 스페인의 대학과 대대로 내려온 학문에서 수많은 지식, 특히 과학과 수학의 지식이 유럽으로 유입됐고, 유럽 문화에 영향을 미쳤다. 하지만 이슬람의 영향은 종교적 분열과 내부 분쟁으로 약화되었다. 그리스도 교인이

스페인을 재정복하면서 교류의 시대는 끝나고, 유대인들과 이슬람교인들 모두 종교 재판에서 극심한 박해를 받는다.

그런데 트레프리첸트는 파르치팔에게 성배에 관한 앎은 학식 높은 이슬람 학자인 플레게타니스에게서 왔다고 말한다. 키요트는 플레게타니스의 책에서 처음 성배를 알게 된다. 플레게타니스가 실존 인물인지와 상관없이, 볼프람이 그를 언급했다는 것은 중세 그리스도교 사회가 이슬람 학문에 진 빚이 컸음을 인정한 것이라 볼 수 있다.

중세에는 아프리카와 아시아 모두를 동방 세계로 지칭했다. 파이레피스와 파르치팔은 동과 서, 남과 북의 이복형제다. 두 사람은 두 가지 학문 전통과 관습을 하나로 통합한다. 유럽적 특성을 더 많이 지닌 가반으로 세 번째 요소가 추가된다. 그는 다양한 인종과 종교가 유기적 전체를 구성하는 여러 부분으로 공존할 미래를 선포한다.

역사적 맥락에서 파르치팔 전설을 살펴보면 청소년이 역사를 올바로 이해하는 힘을 키우는 것이 왜 중요한지 알 수 있다. 각 세대의 과제는 미래에 대한 결정을 내리는 것이다. 역사를 보는 관점이 없으면 폭넓은 시야를 갖기가 대단히 어렵다. 다음 질문들을 생각해보자. 행동 양식이란 무엇인가? 국가 간 관계란 무엇인가? 한 민족의 역사란 무엇인가? 서로 다른 가치란 무엇인가?

역사를 공부할 때 청소년은 시간의 흐름 속에서 자기 위치를 인식할 수 있다. 소로가 말했듯이 “시간은 물을 마시러 들어가는 시냇물이다.” 다른 말로, 우리는 살아가는 시간, 시절에 영향을 받는다.

우리는 현재뿐 아니라 과거에도 참여한다. 우리의 판단과 결정, 태도 안에는 이제까지 살면서 습득한 경험이 녹아 있다. 마찬가지로 한 지역이나 국가 사람들의 행동에도 과거가 담겨 있다. 그 민족의 정신적 삶, 종교, 관습, 취향, 두려움, 꿈을 이해한다면 그들의 정치적 결정을 완전히 다른 눈으로 이해할 수 있다.

역사를 깊이 이해하는 눈을 키우려면 학교 수업 외에도, 모의 유엔, 청소년을 위한 행정부 체험 프로그램, 국제 사면 기구 같은 교외 활동에 참여하는 것이 좋다. 지방 정부에서 인턴 활동을 하거나, 폭스파이어 같은 살아 있는 역사 프로젝트, 지역민의 구술 역사 프로젝트에 참여하는 것도 좋은 방법이다. 신문과 잡지를 꾸준히 읽고, 인터넷을 통해 정보를 수집하고, 역사적 맥락을 다룬 영화를 보는 것도 과거와 현재를 만나는 중요한 수단이다. 역사를 생동감 있게 느끼는 가장 신나는 방법 중 하나는 여행이다. 국토 종주나 국내외 봉사 활동, 교환 학생 프로그램, 배낭 여행 등 가능한 모든 방법을 활용해서 역사, 지리, 인류학, 예술을 직접 체험하기를 권한다. 무엇보다 중요한 것은 남이 요약해 놓은 단편적 지식을 피하고, 느낌과 사고가 결합한 진정한 이해를 위해 깊이 들어가야 한다는 점이다. 파이레피스의 등장은 우리에게 청소년과 아버지의 관계, 그리고 역사를 보는 관점이라는 중요한 두 주제를 일깨워 준다.

16

모든 인간에게는
남성성과 여성성이 있다

제16권

파르치팔, 성배의 왕이 되다

행성들이 나란히 늘어서는 합의 자리가 돌아오자 안포르타스의 고통은 최고조에 이른다. 안포르타스는 극도의 고통이 줄어들 기미 없이 지속되자, 차라리 죽음으로 고통에서 해방되기를 빌 뿐이었다. 돌보는 사람들이 안포르타스를 성배 앞에 두었기 때문에 생존을 이어가고 있었다. 그러나 안포르타스는 자기를 죽게 놔두지 않는다고 심하게 화를 내며, 자신은 속죄했으며, 자기를 죽도록 내버려 둘 만큼의 동정심을 갖지 않은 것에 대해 나중에 후회하게 될 거라고 한다. 성배의 기사들은 지난 번 방문 때 질문을 하지 않았던 기사가 다시 찾아와 주기를 고대하고 있다. 그들이 안포르타스의 생명을 계속 유지시키는 이유는 그 기사가 다시 오리라는 것을 트레프리첸트가 성배에서 읽었기 때문이다. 그들은 안포르타스의 고통을 덜고, 상처의 악취를 환기시키기 위해 갖은 노력을 기울인다.
파르치팔, 파이레피스, 쿤드리는 오는 길에 위험을 겪고 공격을 받기도 했으나 잘 피하면서 성배의 성 근처까지 왔다. 성전 기사단은 낯선 사람들이 다가오자 성배의 성을 보호하기 위해 말을 타고 달려 나온다. 쿤드리의 망토에 새겨진 멧비둘기를 본 그들은 투구를 벗고, 파르치팔과 그의 형 파이레피스에게 경의를 표한다. 기사들은 그들을 대회당으로 안내하여 정중하게 접대하고, 호화로운 옷과 함께 원기를 북돋아 줄 음료를 내온다.
그런 다음 파르치팔과 파이레피스는 안포르타스에게로 건너간다. 안포르타스는 정교하게 장식된 안락의자에 앉아 극심한 고통 속에서 일말의 기쁨을 안고 쉬고 있다. 안포르타스는 파르치팔에게 자기가 죽을 수 있도록 간병인들이 자기를 내버려 두게 해 달라고 부탁하며, 혹시 그가 파르치팔이 맞다면, 자신이 죽을 수 있게 일곱 밤 일곱 낮을 성배를 보지 않게 해 달라고 간청한다. 파르치팔은 안포르타스가 겪는 고통에 눈물을 흘리며 묻는다. "성배가 어디 있는지 말씀해 주십시오." 그는 성배가 있는 방향으로 세 번 절하고 일어서서, 다시 안포르타스에게 묻는다. "숙부님께서는 무엇 때문에 이토록 고통스러운가요?"
이 질문에 안포르타스는 치유되고 건강을 회복한다. 안포르타스가 다시 생명력을 얻자, 어떤 기사도 그의 아름다움에 비할 바가 아니었다. 그리고 파르치팔은 성배의 주인이자 왕으로 공표된다.
콘드비라무어스는 긴 기다림의 시간이 끝났다는 전갈을 받는다. 그녀는 안내를 받아 성배의 성으로 이어진 숲으로 들어간다.

한편, 파르치팔은 성배의 기사들을 대동하고 트레프리첸트를 만나러 간다. 트레프리첸트는 이제 안포르타스가 치유되었다는 사실에 안도하고 행복해하면서 말한다. "이보다 더 큰 기적은 여간해선 일어나기 어렵다네. 그대는 신에게 반항하면서 신의 무한한 삼위일체가 그대의 의지를 허락하시도록 밀어붙였군 그래. 나는 그대를 성배에서 떼어놓기 위해 거짓말을 했지, 그대가 포기하지 않고 계속 시도하는 것이 가슴이 아팠기 때문이네. 싸움으로 성배에 이르는 길을 찾는 일은 아무에게도 일어난 적이 없으니까."

파르치팔은 콘드비라무어스를 만나러 떠나기 위해 트레프리첸트의 조언과 허락을 구했다. 트레프레첸트는 그런 그를 축복했다. 다음 날 아침 파르치팔은 자기 왕국의 백성임을 표시한 수많은 천막이 세워진 곳에 이른다. 카타라니아의 키요트 공작이 멧비둘기 휘장을 알아보고 파르치팔과 일행을 정중히 환영한다. 그는 하인들에게 기사들을 잘 돌보도록 지시한 뒤, 파르치팔을 여왕의 숙소로 안내한다. 그곳에는 파르치팔의 쌍둥이 아들들이 엄마와 함께 누워 있었다. 잠에서 깨어 난 여왕은 남편을 보고 벌떡 일어나 포옹한다. 아이들이 깨자 파르치팔은 다정히 키스한다. 잠시 후 키요트가 아이들을 데리고 나가라고 지시하고 다른 사람들도 다 내보낸다. 파르치팔과 아내는 둘만의 오붓한 시간을 가진다.
두 사람이 침소에서 일어나자 사제는 미사를 드린다. 한때 클라미데와 싸웠던 위대한 군대가 파르치팔을 환영한다. 파르치팔은 어린 아들 카르다이스가 자신의 모든 영토를 다스리게 될 것이라고 선언한다.

그리고 성인이 되어 왕위에 오를 때까지 그 아이를 도와줄 것을
당부한다.
훌륭한 식사를 마친 군대는 어린 왕과 함께 고국으로 출발한다. 작별
인사가 끝난 후, 성배의 기사들인 성전 기사단은 파르치팔과
콘드비라무어스, 로에란그린을 수행하여 성배의 성을 향해 떠난다.
파르치팔은 개울이 통과하는 곳에 지어진, 은자가 거하는 암자가 어디
있는지 성배의 기사들에게 묻는다. 기사들은 그를 그곳으로 안내한다.
암자에 도착한 그들은 지구네가 기도하는 자세로 죽어 있는 것을
발견한다. 그들은 관을 누른 돌을 들어 올려 그녀를 쉬오나툴란더의
곁에 눕히고 뚜껑을 닫는다. 지구네의 사촌이자 어릴 적 친구였던
콘드비라무어스는 크게 고통스러워한다.
성배의 성에 당도하자 파이레피스가 그들을 기다리고 있다. 그는 세
개의 큰 화롯불이 타오르는 대회당으로 콘드비라무어스를 인도하고,
로에란그린을 팔에 안는다. 그러나 아이는 그의 검고 흰 피부색 때문에
미덥지 않은지 그에게 키스하지 않는다. 파이레피스는 이에 웃음을
터트린다. 주변에 많은 처녀가 서 있었으나, 파이레피스는
콘드비라무어스 여왕을 알아보고 그녀에게 걸어간다. 그녀는 그에게
키스하고, 안포르타스에게도 키스한다. 모두가 즐거워한다.
이 특별한 자리를 위해 모든 촛불을 켜 놓았기 때문에 대회당은
환하게 빛났다. 만찬 전에 성배의 행진이 있었다. 파르치팔과
파이레피스, 안포르타스가 나란히 앉았다. 아름다운 처녀 스물다섯
명이 파르치팔 앞으로 걸어 나왔다. 파이레피스는 아름다운
처녀들에게, 그중에서도 성배를 운반하도록 허락 받은 유일한 처녀인

리판세 드 쇼이에에게 넋을 잃는다. 파이레피스는 성배를 볼 수 없기 때문에 접시와 잔이 계속 채워지는 이유를 이해하지 못하는 것이 분명했고, 그의 마음은 리판세 드 쇼이에에게 사로잡혀 있었다. 안쪽 성에 있는 백발 노인은 파이레피스가 성배를 볼 수 없는 것은 세례를 받지 않았기 때문이라고 추측한다. 그가 볼 수 있는 것은 리판세 드 쇼이에의 아름다움뿐이었다. 그녀의 아름다움이라는 마법에 걸려, 아내를 향한 파이레피스의 사랑은 사라져 버린다. 그는 리판세에게 완전히 마음을 빼앗겼다. 그는 자기가 섬기는 신인 주피터에게 그녀의 사랑을 얻도록 도와 달라고 기도한다. 아침이 되어, 파르치팔과 안포르타스는 파이레피스와 함께 성배의 성당 안으로 들어가, 세례반 앞으로 걸어간다. 파르치팔은 파이레피스에게 세례를 받으려면 지금까지 믿던 신과 여신들을 다 포기해야 하며, 아내 제쿤딜레가 세례를 받지 않았기 때문에 그녀도 포기해야 한다고 말한다. 파이레피스는 단 한 가지 이유 때문에 세례를 받기로 동의한다. 세례를 받으면 리판세가 자신을 봐 줄 것이라 여긴 것이다. 그녀의 사랑을 얻기 위해 무슨 일이든 할 생각이었기에 세례를 받는다. 세례를 받은 파이레피스는 성배를 볼 수 있게 되었다. 성배에는 다음과 같은 글귀가 있었다. 이국의 지배자로 신이 임명한 성전 기사는 누구든 백성들이 자기 권리를 얻도록 도와줄 수 있지만, 백성들은 기사에게 어떤 질문도 할 수 없다. 질문을 하면 그 기사는 떠나야 하며, 그것으로 그가 백성에게 줄 수 있는 도움은 끝나는 것이다. 에센바흐는 우리에게 성전 기사단이 질문을 좋아하지 않는 이유는 안포르타스가 누군가 질문해 주기를 그토록 오랫동안 기다려야 했기 때문이라고 말한다.

파이레피스는 안포르타스에게 함께 모험을 떠나자고 제안하지만, 안포르타스는 이미 그런 생활은 끝났다고 답한다. "부와 여자에 대한 사랑은 이제 내 마음에서 멀어지고 있다네." 그는 파이레피스에게 성배를 섬기기 위한 전쟁에는 나가겠지만 여자를 위해서는 아니라고 말한다. 파이레피스가 로에란그린을 데려가고 싶어 하지만, 콘드비라무어스는 허락하지 않는다.

열하루 동안 축제가 이어졌다. 열이틀째 날, 파이레피스는 새 아내 리판세 드 쇼이에와 함께 항구에 주둔해 있는 자기 군대를 만나러 떠난다. 파르치팔은 그들이 안전하게 가도록 안포르타스와 병사들을 함께 보낸다. 그들이 극진한 예우를 받으며 안전하게 항구에 잘 도착하도록 마법사 쿤드리도 함께 파견된다. 그들이 시야에서 사라져 갈 때 많은 사람이 눈물을 흘린다. 항구에 도착한 그들은 제쿤딜레 여왕이 죽었다는 소식을 접한다. 파이레피스는 이 소식을 듣고 슬퍼하지만, 리판세 드 쇼이에에게는 동방으로 떠나는 부담이 한결 덜해졌다.

행복에 겨운 두 사람은 동방으로 간다. 인도에서 리판세는 아들 요하네스를 낳는다. 그는 사제 요하네스라고 불렸고, 그 이후로 모든 왕은 사제 요하네스라고 불리게 되었다. 파이레피스는 그리스도교에 대한 칙서를 동방 세계 전체에 보낸다. 그리고 쿤드리를 통해 파르치팔에게 안부를 전한다.

로에란그린은 용감한 성인으로 자라 성배를 진실로 섬기는 사람이 된다. 그는 순수하고 고귀한 여인인 브라반트의 공주의 배필로 선택된다. 그는 백조의 안내에 따라 어느 호숫가로 간다. 공주는 그가 누구인지 결코 묻지 않을 것이며, 만약 질문할 경우 그의 사랑을 잃는다는 조건 아래 그와 결혼한다. 그러나 결국 공주는 로에란그린에게 질문을 하고 만다. 그러자 백조가 돌아와 로에란그린에게 배를 가져다준다. 그는 배를 타고 성배의 성으로 돌아간다. 로에란그린은 검과 뿔피리와 반지를 기념으로 남긴다. 이것은 처녀가 질문하는 것이 금지된 경우의 이야기다.

무수한 하나

파르치팔 이야기에 나오는 모든 등장인물은 사실 한 사람의 여러 측면으로 볼 수 있다. 어떤 측면은 남성적 특성이 더 많고, 어떤 측면은 여성적 특성이 강하다. 그러나 모든 인간은 그 특성들을 영혼 속에 모두 지니고 있다. 어떤 면은 처음부터 밖으로 드러나지만, 어떤 면은 어둠 속에 감추어져 있다가 특정 조건이 갖추어지면 튀어나온다.

남성적 특성

모험을 갈망하며 가만히 있지 못한다 가흐무렛은 방패에 새길 문양으로 닻을 선택한다. 이는 가슴 뛰는 흥분을 향한 청소년의 욕망과 새로운 영역을 개척하고 낯선 곳을 방문하고 새로운 경험을 시도하면서 때로는 위험을 감수하는 일에 기꺼이 참여할 의지에 대한 좋은 상징이다. 여기서 핵심 단어는 가슴 뛰는 흥분이다. 어떤 12학년 학생이 쓴 글을 보자.

> 인간의 어떤 면이 위대함, 지식, 통찰, 이해, 자유를 추구하도록 만들까? 왜 인간은 인생에서 의미를 발견하려고 그다지도 애쓸까? 왜 인간은 생존의 기본 욕구를 충족하며 살아가는 데 만족하지 못할까? 왜 인간은 자신을 표현하려고 노력할까? 음악과 예술은 왜 존재하는가? 자기표현과 같은 욕구는 왜 존재하는가? 인간 내면에서, 인간의 저 깊은 영역 어딘가에서 작용하는 우주의 힘이 무엇이길래, 인간을 이토록 애쓰게 만드는가? 인간 정신의 근저에 있는 것은 무엇인가?... 나는 인생을 온 힘을 다해 충실히 살고, 가능한 한 많이 경험을 할 각오가 되어 있다. 나는 지상에서의 나의 역할을 최고의 인간이 되는 것, 즉 인생을 최선을 다해 사는 것으로 본다.

욕정 클린쇼어. 이 측면은 상상이나 공상 차원에서라도 수많은 청소년에게 존재하고, 모두 경험한다. 하지만 상상에 그치지 않고, 욕망에 사로잡혀 쾌락 충족에 다른 아이들을 이용하는 경우도 있다. 그들에게 필요한 것은 몸이기 때문에 상대를 가리지 않는다. 후배 여학생을 바라보는 남자 선배일 수도 있고, 후배 남학생을 지배하는 여자 선배일 수도 있다. 여기서 핵심 단어는 힘(권력)이다. 섹스와 폭력을 연결하는 수많은 노래 가사와 텔레비전, 영화 같은 영상들이 인간 영혼에 존재하는 욕정을 끊임없이 자극한다. 데이트 강간이 증가하는 현실이 이를 반영한다.

<u>사고</u> 파르치팔은 세상을 이해하고자 노력하는 영혼의 측면을 상징한다. 파르치팔은 여정 중에 만난 성에서의 활동에는 별 관심이 없다. 그에겐 명확한 목표가 있다. 바로 성배를 다시 찾는 것이다. 사실 목표 자체도 중요하지 않다. 그가 트레프리첸트의 기르침을 통해 깨달음에 이르렀다는 것이 중요하다. 그에게는 아직도 전사의 피가 흐르기에, 싸움을 통해 성배에 닿으려 한다. 그러나 그는 깨달음을 통해 자기 운명과 가족의 내력, 그리고 미래를 알아본다. 한 12학년 학생은 이렇게 표현했다. "나는 궁극의 진리가 개인의 내면에 존재한다고 느낀다... 미래는 우리에게 많은 것을 가르쳐 줄 것이다. 어쩌면 인생의 의미까지도."

<u>고통</u> 부상당한 안포르타스 왕. 이는 청소년의 영혼에서 상처받았다고 여기는 측면을 상징한다. 신체적 상처일 수도 있지만 대개는 영혼의 상처다. 그 범위는 부모에게 버림받은 것부터 친구가 등을 돌린 것까지 다양하고, 청소년이 혼자 힘으로 치유할 수 없는 경우가 많다. 현명한 어른이나 전문가의 도움을 받을 때 상처의 원인을 이해하고 해결책을 찾을 수 있다. 그의 인생에 중요한 누군가가 "무엇이 너를 아프게 하니?"라고 물어야 한다.

<u>묵상</u> 트레프리첸트. 청소년에게는 내면으로 들어가 생각에 몰두할 수 있는 고독한 시간이 필요하다. 이 정신적 작업을 통해 삶의 우선 순위를 가리고, 내면의 힘을 키운다. 이 시간을 통해 대부분의 시간을 세상에서 활동하며 보내는 사람이 균형을 찾을 수 있다.

순진함 졸타네 숲의 어린 파르치팔. 이것은 청소년이 아직도 지니고 있는 내면의 어린아이이다. 성장을 직시할 마음의 준비가 안 된 아이들은 성장하지 않거나 어리고 순진한 상태에 머물러 있기를 원한다. 파르치팔이 초반에 광대 같은 차림으로 집을 떠난 것이나, '어머니께서 가르쳐 주신 바에 따르면'이라고 사람들에게 이야기하는, 세상물정 모르는 어리숙한 면으로 표현된다.

다정함 가반은 조화와 화해를 위해 손을 내미는 청소년의 영혼을 상징한다. 친구의 고민에 귀를 기울이고, 힘들 때 옆에서 돕고, 무엇이 필요하고 무엇을 원하는지 알아봐 주는 것이다. 가끔씩 자신에게 집중하고 싶어 하는 시기에는 이 특성이 감소한다. 주변에 사랑을 퍼뜨리는 자질이다.

매력 파이레피스는 유쾌한 인물이다. 그는 직설적이고 명예로우며, 생기 넘치는 청소년기 영혼의 상징이다. 낙천성과 경쾌함 덕분에 그가 등장하는 장면은 밝고 가볍다. 그의 행동에는 관대함과 기쁨이 있다. 함께 있는 공간을 흥분과 즐거움으로 진동하게 하는 사람들이 여기에 속한다. 그들의 매력을 즐기기 위해 주변에 친구가 모여든다. 이런 반응은 청소년들의 생명감각을 강화시켜 준다.

아버지의 보호 아서는 규칙을 제정하고 관리하는 인물로, 청소년 내면의 아버지 같은 측면이다. 이 특성은 청소년이 동생들을 보호하고 안내하는 역할을 맡을 때 드러난다. 청소년이 합법적이고 정당한 방식으로 행동하도록 자신을 다스리기 시작할 때의 내면 태도이기도 하다.

여성성

비탄 지구네는 청소년의 내면에서 인생의 상실을 경험하는 측면을 상징한다. 청소년들에게 부모나 조부모, 첫사랑, 혹은 반려동물을 잃는 경험은 깊은 영향을 준다. 부모가 이혼하면 큰 슬픔에 빠져 가족이 온전하던 과거에 집착하고, 심지어 자기 때문에 부모가 이혼했다고 자책하기도 한다. 지구네는 목숨이 위태로워질 정도로 극단적인 슬픔에 빠진 상태를 보여 준다. 지나치게 비통해하는 청소년은 지구네가 세상을 떠난 쉬오나툴란더에 대한 신의에 갇혀 한 발짝도 나가지 못한 것과 같은 상태로, 이후의 인생을 더 이상 살아나가기 어렵다. 특히 극복하기 어려운 상황은 부모의 자살이다. 이 경우에 청소년은 "날 사랑하는 마음이 충분하지 않으니까 떠난 거야."라는 생각을 떨쳐 버리기 어렵다.

보호 헤르체로이데. 청소년의 어떤 부분이 보호의 특성으로 드러날까? 학대나 상실로 상처 받은 아이는 두 번 다시 상처 받지 않으려고 방어막을 세운다. 자기 보호를 위해 타인이 상처 주기 전에 먼저 공격하기도 한다. 집 밖에 나가 세상을 마주하지 않으려고 병으로 앓아 눕거나, 아무도 다가오지 못하도록 단단한 요새 안에 자기를 가두기도 한다. 더 이상 방어할 수 없는 상황이 되면 견디지 못하고 자기 파괴적 행동을 하거나, 헤르체로이데처럼 마음의 상처로 생명을 놓아 버리기도 한다. 폭식이나 거식증 같은 섭식 장애는 헤르체로이데적 태도와 관계된다.

이상적 사랑 콘드비라무어스는 이상적 사랑을 갈망하는 청소년의 영혼을 상징한다. 파르치팔과 그녀의 관계는 정신적이다. 사흘 밤 동안 두 사람은 성적 접촉을 하지 않는다. 사흘이 지나고 나서야 여자를 안아 주라는 어머니의 조언을 기억해 내고, 실행에 옮긴다. 콘드비라무어스는 파르치팔의 영혼 속에 살면서 그의 여정에서 닻의 역할을 한다. 그녀는 완벽한 여성성의 상징이다. 이것이 파르치팔의 남성성과 결합하면서 온전한 하나가 된다. 파르치팔의 여정이 끝났을 때, 콘드비라무어스는 그의 곁에서 운명의 성취를 함께한다. 첫눈에 반한 사랑이나 숭배의 대상을 상징한다고도 볼 수 있다.

내면세계와 외부 세계 사이의 전령 쿤드리는 청소년 영혼의 어둠 속에 존재하며, 마음에 들지 않는 자기 모습을 직면하게 만드는 부분을 상징한다. 자기 내면의 어둠을 인식하게 해 주는 내면의 스승이다. 그녀는 청소년을 아프게 찔러서 가시적이며 명백한 영역을 초월해 감추어진 운명의 과제를 향해 나아가게 한다.

유혹하는 자 안티코니에는 청소년의 영혼에서 이성을 유혹하고 꼬드기는 부분이다. 대놓고 추파를 던지며 누가 보든, 뭐라 하든 개의치 않는다. 무모하면서 활기차다. 영혼의 이런 측면이 발현될 때 청소년들은 대담하고 관능적으로 자신을 표현한다. 공공연하며 건전한 방식이다. 안티코니에는 어두운 곳에서 몰래 움직이지 않고, 햇빛 아래서 당당하게 행동한다. 그러나 위험한 상황을 자초하고, 권위에 반항하는 경향이 있고, 원하는 바를 눈치 보지 않고 행한다.

신의 베네는 다른 사람에게 헌신하는 영혼의 측면이다. 타인의 기쁨과 행복, 그들이 필요로 하는 바를 위해 기꺼이 자신을 희생한다. 그녀는 감정을 깊이 느낀다. 여러 아이들 사이를 오가며, 누가 누구를 좋아하는지 알아내서 상대에게 메시지를 전달해 준다. 그러면서 정작 자신의 감정에는 별 주의를 기울이지 않는다.

심술궂음과 시험 오르겔루제는 관심을 기울일 만한 사람인지 알아보기 위해 타인을 시험하는 청소년의 모습을 대변한다. 거만하게 굴 때도 있고, 슬픔에 잠길 때도 있다. 상대가 가치 있는 존재인지 알아보기 위해 기꺼이 시간과 노력을 기울인다. 책략을 꾸미거나 남을 조종하려 들기도 하지만, 밑바닥에는 상처 입은 연약한 마음이 숨어 있다. 자신의 가치를 확신할 때는 강함과 우아함이 다른 특성을 압도하며, 법을 제정하고 수행하는 아서 왕 같은 태도를 보이기도 한다.

신성한 여정

청소년기 여정 중에 아이들은 과거의 장소에서 새로운 장소로, 같은 공동체 안에서도 새로운 위치로 이동한다. 적절한 시련과 통과 의례는 새로운 지위나 새로운 인식의 획득을 공표하고 공고히 하면서, 변화 과정을 돕는다. 과거 전통 사회에서 연장자들은 청년에게 무엇을 가르쳐야 하는지 알고 있었다. 오늘날에는 여러 상황이 달라졌다. 연장자들 역시 사회 변화에 적응 중이고, 청소년의 개별성은 과거에 비해 훨씬 강화되었다. 대부분의 사회에서 인종과 문화가 뒤섞이면서 연속성과 동질감을 느끼기가 어려워졌다. 이런 요소들이 인생을 흥미진진하게 만들어 주기도 하지만, 불안정성을 강화하는 것도 사실이다. 안정감을 느끼며 의지할 만한 요소가 매우 드물어졌다. 그렇잖아도 내면의 모든 요소가 혼란스럽게 뒤섞이는 청소년기에는 더욱 그렇다. 여자아이들에게는 곁에서 안내해 주는 여성 연장자와 든든하게 받쳐 주는 남성 연장자가 필요하다. 남자아이들은 어머니 곁을 떠나 남성 집단에서 자기 자리를 찾아야 한다. 여성 어른인 어머니의 지지가 계속 필요하지만, 남자들 사회에서 관계 맺는 법을 알아야 한다.

통과 의례는 이 전환 과정에 도움을 준다. 그 안에 세대 간 연결이 들어 있기 때문이다. 중요한 통과 의례에서는 지금까지 성장을 뒷받침한 사람들에게 감사를 표한다. 이를 통해 젊은이들은 공동체에서 새로운 지위를 얻고, 어른들도 새로운 역할을 부여받는다. 더 많은 책임과 자유를 얻은 청소년은 세상 속으로 들어가는 탐험과 모험을 시작한다. 구불구불한 인생 여정을 거치면서 아이들은 사랑과 지혜 사이의 연결 고리를 발견하게 될 것이다.

가족을 떠나고(초기 사춘기) 친구들을 거쳐서(중기 사춘기), 고차 자아(후기 사춘기)를 만나는 여정에 나서라는 부름을 들은 청소년이 그 길에서 누구를, 무엇을 만나느냐에 따라 모든 것이 달라진다. 무엇이 물의 시련, 불의 시련, 흙의 시련, 공기의 시련으로 다가올까? 언제가 되었건 여정을 마친 청년이 가족에게 돌아올 때, 그는 다른 사람이 되어 있을 것이다. 어떻게 달라질지는 그동안 겪은 경험의 성격과 습득한 교훈, 인생에 관해 깨달은 바에 달려 있다. 온전함을 향한 이 여정에서 청소년의 영혼과 정신적 '나' 혹은 고자 차아는 세상적 자아를 만난다. 그 만남은 때로 생명을 위협할 정도로 큰 정신적 외상을 남길 수도 있고, 순탄한 과정일 수도 있다. 이후 수십 년의 삶은 이 과정을 어떻게 지냈느냐에 따라 달라진다.

신성한 여정을 통한 남자아이의 성장

가반의 특성 내면화 가반은 남자의 성장 과정에서 감정 영역의 발달을 상징한다. 그는 감정의 균형을 찾고, 욕망과 욕구, 충동을 길들이며, 인생에서 만난 여성들뿐 아니라 자기 안의 여성성과 올바르게 관계 맺는 법을 배워야 한다. 그때 비로소 참된 사랑을 할 수 있다. 마법의 성은 가반의 통과 의례다. 그 여정에서 그는 다음과 같은 과제들을 만난다.

1. 반듯하고 명확한 태도로 여성과 상호 존중하는 균형 잡힌 관계 찾기
2. 도전자와 경쟁하여 이기려는 욕망의 균형점 찾기
3. 혀 통제하기
4. 욕망 다스리기
5. 환상과 실재 구분하기
6. 가족과 새로운 관계 모색하기_ 아버지의 명예를 지키고, 어머니, 누이, 할머니를 마법(경직된 상태)에서 해방시켜서 다시 자신의 인생에 통합하기
7. 스승이자 조언자인 아서 왕의 지지 얻기. 그는 그라모플란츠와의 대결을 참관하러 온다.
8. 여동생을 지키는 것과 아버지를 명예롭게 기억되게 하는 것이 대립할 때 어느 쪽도 훼손되지 않게 해결할 방법 찾기
9. 차이점이 많은 사람들을 화해시키기
10. 순수한 태도로 사랑에 헌신하기
11. 정중하고 섬세한 태도로 상황에 대처하기
12. 자신과 평화롭게 지내기

위에 언급한 감정의 변형과 관계된 단어들을 보면 균형 찾기, 욕망과 말 다스리기, 분별하기, 화해하기, 사랑하기, 예의, 섬세함, 평화가 있다. 이런 감정을 다스릴 힘을 가진 남자는 감정 영역의 변형을 위한 첫 단계를 통과한 것이다. 이제 그는 세상에 나갈 준비가 되었다. 그렇다. 이는 첫 단계에 불과하다. 성인으로 살아가는 동안 이 과제를 여러 차원에서 다시 겪게 될 것이다.

파르치팔 내면화하기 파르치팔은 남자의 발달에서 사고 영역을 대변한다. 자기가 누구인지, 어떤 배경에서 왔는지를 이해하고, 운명의 방향을 인식할 수 있어야 한다. 배우고 활용할 준비가 된 시기에 적절하게 인생에 나타나 그에게 삶의 기술들을 가르쳐 줄 훌륭한 스승들이 필요하다. 이런 경험을 통해 그는 명확한 사고를 갖고, 목표를 향해 행동을 이끌어 가는 사람이 된다. 성배의 성을 발견했다가 잃어버리고 다시 찾는 일련의 과정이 파르치팔의 통과 의례다. 파르치팔은 다음의 과제들을 만난다.

1. 조언 뒤에 숨은 의미를 이해하고, 글자 그대로의 의미에 갇히지 않기
2. 그 행위를 왜 하는지 알기. 행동하기 전에 생각하기
3. 언제 말을 삼가야 하는지, 언제 질문해야 하는지 알기
4. 싸움에 따라 그 싸움에 참가할지, 그냥 지나쳐야 할지 알기
5. 진정한 스승을 찾고 그들의 지혜에 귀 기울이기
6. 연민과 관심을 갖고 타인에게 다가가기

7. 신의 있는 사랑
8. 목표를 정하고, 완수할 때까지 끈기 있게 노력하기
9. 고차 자아의 목소리에 귀 기울이기. 고통스러운 진실이라도 받아들이기
10. 상황에 반사적으로 반응하지 않고 의식적으로 행동하기
11. 살아 계시거나 돌아가신 부모와 관계 맺기
12. 기분이 나쁘더라도 성장에 도움을 준 사람들을 인정하고 그들에게 감사하기

사고 변형의 첫 단계 과제를 표현하는 단어들은 이해하기, 알기, 구하기, 다가가기, 신의, 목표 설정, 끈기 있게 노력하기, 귀 기울이기, 의식하기, 관계 맺기, 인정하기다. 이 과정을 시작하려고 애쓰고 있다면, 어른이 되어가는 여정을 시작할 도구를 손에 얻은 것이다.

파이레피스 내면화하기 파이레피스는 남자의 성장에서 의지 영역을 상징한다. 그는 만나는 사람들을 개방적인 태도로 대하고, 여정을 함께하는 동료들에게 자신의 힘과 활력을 나누며, 공동체에 관대하고, 자기 직관을 믿는다. 그는 진정한 친구다. 파이레피스의 과제는 다음과 같다.

1. 자신감 갖기, 아버지의 기대에 부응하는 가치 있는 존재라고 느끼기
2. 용감히 싸우고, 많은 땅 정복하기

3. 친구와 적에게 관대하기
4. 병사들에게 훌륭한 지휘관 되기
5. 예리한 판단력으로 싸움에 뛰어들 때와 휴전을 외칠 때 알기
6. 고지식함과 어리숙함 극복하기
7. 깊이 숙고하여 충동적인 행동 조절하기
8. 의미 있는 인간관계에 헌신하기
9. 솔직 담백함을 보이기
10. 친구에게 힘이 되기
11. 타인에게 봉사하기
12. 어린아이들을 자상하게 대하고 사랑하기

의지 변형에 관한 핵심 단어를 살펴보자. 자신감 갖기, 가치 있는 존재로 여기기, 용감하게 행동하기, 관대하게 대하기, 훌륭한 통솔자 되기, 분별력 갖추기, 봉사하기, 사랑으로 부드럽게 대하기 등이다. 이를 기준으로 삼아 행동할 때 평정과 균형, 적절한 비율을 배울 수 있다. 이제 그의 행동은 세상을 이롭게 할 것이다.

남자의 발달은 여성 등장인물들의 여성적 자질을 내면화하지 않고는 완료될 수 없다. 모든 등장인물이 한 사람의 전체성을 이루는 일부이기 때문이다.

신성한 여정을 통한 여자아이의 발달

여자아이의 여정은 상대적으로 수평적이다. 여자는 훨씬 더 많은 인물의 자질을 수집해서 자신의 전체성을 구축한다. 파르치팔 전설에 나오는 여성 등장인물 중 한 명을 자세히 따라가는 대신, 각각이 상징하는 특성을 전체적으로 살펴보자. 여자의 과제는 다음과 같다.

1. 여러 남자가 구애할 때 상황을 잘 살피면서 신중하게 남자친구 선택하기. 그 관계에서 좋은 결과가 나올 수도 있지만, 예상치 못한 상황에 처할 수도 있다.(벨라카네)
2. 자기를 보호할 수단으로 사람들 조종하지 않기. 다른 사람을 통해서가 아니라 자기 의지로 살아가기(헤르체로이데)
3. 파트너에게 신의를 지키며 지지하기. 그가 자기 운명을 따르도록 허용할 때를 알기(콘드비라무어스)
4. 자기 존중 배우기. 인생에서 만난 남자들이 자신을 함부로 대하는 것을 허용하지 않기(예슈테)
5. 관계의 정신적 의미 이해하기(지구네)
6. 힘든 시기를 굳은 마음으로 인내심을 갖고 견디기(지구네)
7. 타인의 겉모습이 아닌 내면에 간직한 고결함 알아보기(쿤네바레 부인)
8. 영혼의 순수함 간직하기(리판세 드 쇼이에)
9. 상대가 환영하지 않아도 진실 밝히기. 시간이 지나면 선한 의도가 드러난다.(쿤드리)

10. 과거의 상처를 극복하기 위해 다른 사람 상처 주지 않기 (오르겔루제)

11. 오만한 태도가 열린 마음과 연약함을 가로막지 않게 하기 (오르겔루제)

12. 품위 있게 행동하고, 인생을 함께하는 남자 이해하기(기노버)

여자아이의 여정과 관련한 단어들을 보자. 신중한 선택, 사람들을 조종하지 않기, 자기 의지로 살기, 자존감 키우기, 이해하기, 인내하기, 겉모습 너머를 보기, 영혼에 순수함 갖기, 진실 밝히기, 상처 주지 않기, 오만함 버리기, 우아한 태도 갖기.

그 밖에도 여자아이는 남자아이의 여정에서 소개한 남성적 요소들 역시 자기 안에 통합한다. 그녀는 자신의 과거, 현재의 고난, 미래의 운명을 명확한 사고와 깊은 이해를 통해 이해하려 애쓰는 파르치팔이다. 그녀는 깨어나야 한다. 그녀는 가반이다. 서로 오해하는 사람들을 화해시키고, 감정의 진흙탕에서 사람들을 해방시키며, 욕망과 말을 다스릴 줄 알고, 환상과 실재를 구분하려 노력한다. 그녀는 파이레피스다. 진정한 동반자, 관대하고 열린 마음, 선의로 가득 찬 존재다. 파르치팔 이야기에 나오는 수많은 인물이 상징하는 특성들을 통합하는 것이 성숙에 이르는 길이다.

맺는글

친애하는 독자에게,

파르치팔과 친구들이 걸어간 길과 현대 청소년이 걷는 길을 나란히 놓고 함께 따라간 긴 여정이 이제 끝났습니다. 상처받기 쉬운 7, 8년의 기간 동안 걸어가는 이 여정(혹은 길)은 성인기 삶을 위한 바탕이 되고, 그 과정에서 일어나는 모든 일은 새로운 가능성을 여는 문이 됩니다. 청소년은 갈림길에 섰을 때 어떤 길을 택할까요? 어떤 길은 심오하지만 어려운 배움의 경험으로 안내할 것입니다. 어떤 길은 깊은 의미를 지닌 관계로 이끌어 줄 것입니다. 유혹으로 이끄는 길도 있고, 한참을 돌고 헤맨 뒤에야 종착지가 시야에 들어오는 길도 있을 것입니다. 한 가지 사실만큼은 분명히 말할 수 있습니다. 어떤 길을 택하든 청소년들은 책임감과 봉사, 사랑에 눈뜰 기회를 만날 것입니다. 물론 그러기를 선택하는 것은 그들의 몫입니다.

우리 어른들은 아이들 각자의 여정이 어떻게 펼쳐질지 판단할 수 없습니다. 하지만 한 가지는 확실합니다. 그들이 청소년기를 거치는 동안 우리가 하는 모든 행동이, 그들을 지지하고, 필요할 때 곁에 있어 주고, 어른으로서 자기 행동을 정돈하고, 진실한 존재로 살려는 우리의 모든 노력이 불안정하고 불확실한 시기를 겪는 청소년들에게 값진 선물이 될 거라는 점입니다. 당장은 우리 노력을 인정하거나 고마워하지 않을지도 모릅니다. 그런 인식은 시간이 지난 뒤에나 찾아오기 때문입니다. 지금 우리는 그저 지켜보고, 관계 맺고, 행동할 뿐입니다.

이 책을 시작할 때 두 편의 시를 인용했습니다. 청소년기 여정을 함께 걸어 본 지금, 다시 한번 그 시들을 떠올려 봅시다. 윌리엄 블레이크의 다음 네 문장은 청소년기의 양극성을 잘 보여 줍니다.

> 기쁨의 씨실과 슬픔의 날실이 잘 짜여
> 신성한 영혼을 위한 옷이 된다:
> 비애와 시름 밑에는 언제나
> 기쁨의 두 겹 비단 실이 깔려 있다.

청소년을 만나는 일에서 우리가 겪는 어려움 중 하나는 그들이 기쁨과 비탄의 긴장 속에 산다는 점입니다. 청소년기는 영혼이 확장되는 시기입니다. 그렇기 때문에 한 번에 두 종류의 의식 상태를 지닌 것처럼 보일 때가 많습니다. 한편으로는 비현실적이도록 아름다운 꿈을 꾸고, 인류에 대한 지고한 희망을 가진 모습을 보입니다. 열대 우림을 아끼고, 동물과 어린아이들을 사랑하고, 다정하고 살갑게 굴고, 순수함을 보호하고 싶어 합니다. 하지만 다음 순간 환경 같은 건 아랑곳하지 않고 도시락을 담아 온 비닐봉지와 스티로폼 컵을 아무 데나 버리고, 불필요한 공회전으로 공기 중에 매연을 내뿜습니다. 인스턴트 음식을 탐닉하고, 담배, 마약, 술로 신체를 학대합니다. 시끄러운 음악으로 고막을 혹사합니다. 영화나 비디오 게임 속 조악한 표상으로 영혼을 채웁니다.

그런데 신비롭게도 높은 이상과 고통, 다정함과 학대, 기쁨과 비통의 이중성 속에서 무언가가 뚫고 나옵니다. 신성하다고 부를 수밖에 없는 무언가가 깨어납니다. 위험이 없는 것은 아닙니다. 우리 시대 청년들은 어둠과 폭력, 고통을 온몸으로 경험하기를 원하는 것 같습니다. 그 속에 직접 손을 담그고, 정면으로 마주보면서 도망가거나 회피하지 않으려는 것처럼 보입니다. 반면에 텔레비전과 영화의 무수한 폭력과 고통의 이미지 속에서, 비디오 게임에서 적을 향해 무참히 난사하는 행위 속에서, 그들은 진짜 인간들의 진짜 고통에 둔감해지고 도움의 손길을 내밀지 못하는 상태에 빠질 위험이 있습니다. 몸이 망가져서 이상과 의도를 펼칠 수 없는 상태가 되거나, 재활 시설에서 여러 해를 보내야 할 수도 있습니다. 하지만 인격의 바탕이 건강하고 튼튼하다면, 무슨 일이 벌어지고 있는지 인식하는 순간이 올 것입니다. 그러면 자기 의지에 따라 삶을 달리 살기로 마음먹고, 그간의 습관과 행동 패턴을 거부하며 자신을 재정립할 것입니다. 나는 20, 30대 청년들을 만나면서 이런 이야기를 무수히 들어왔습니다. 신성함이 기쁨과 슬픔, 비탄과 고통의 장막을 뚫고 빛을 발하는 순간인 것입니다. 그들도 그 사실을 압니다. 이 경험은 다음 단계 여정을 지날 때 그들을 지탱하는 힘이 되어 줍니다.

라이너 마리아 릴케의 시 한 편을 소개합니다. 이 시는 청소년이 목적의식을 갖고 건강하게 이 여정을 통과하도록 내면에 힘의 핵심을 구축할 방법을 보여 줍니다.

한때 날개 달린 기쁨의 활력이
그대를 어린 시절의 어두운 심연 너머로 건네 주었듯,
이제는 그대의 인생 위로
상상을 초월한 거대한 아치 모양 다리를 놓으라,
경이로운 일이 일어나리라, 우리가
가장 가혹한 위험을 통과할 수만 있다면,
하지만 오직 밝고 순수하게 획득한 성취에서만
우리는 경이를 깨달을 수 있으리.
형언할 수 없는 관계 속에서 사물과 함께
일하는 것은 우리에게 그리 어려운 일이 아니다.
문양은 더욱 정교하고 섬세해지리니,
그리고 쓸려 나가는 것으로는 충분치 않다.
숙달된 힘을 갖춰라, 그리고 그 힘을 펼쳐라
그것이 두 모순 사이
간극을 가로지를 때까지... 신은
그대 안에 있는 자신을 알고 싶어 하기 때문에

앞서 언급한 것처럼 사춘기는 큰 위험입니다. 거대한 위기, 요동치는 불안정한 시기입니다. 자기 정체성을 받아들이는 것은 위태로운 경험이기 때문입니다. 나는 누구인가? 이 두려운 모험을 통과하는 과정에서 나는 무엇을 가지고 가야 할까? 험한 파도 속에서 배의 방향을 잡아 줄 방향타는 어디에 있지?

질문에 대한 답으로 이 시에서 제시하는 첫 번째 단서는 날개 달린 기쁨의 활력입니다. 릴케의 상상에 감히 말을 덧붙이고 싶지는 않지만 몇 가지 떠오르는 생각이 있습니다. 청소년들은 어린 시절에서 날개 달린 기쁨의 활력이라 부를 만한 어떤 경험들을 가지고 올까요? 그것은 너무도 달콤해서 다른 세상에서 왔음을 알게 되는 종류의 기쁨입니다. 청소년들은 그것을 귀중한 보물로 가슴에 소중히 간직합니다. 추어이 수놓아진 기억을 돌아볼 때면 미소가 떠오릅니다. 그 기억은 동생이 태어난 아침일 수 있고, 키우던 강아지와 마음으로 나눈 대화일 수도, 천둥 치는 폭풍우의 두근거림, 엄마나 아빠 무릎에 앉았을 때의 포근한 느낌, 이불 속에서 들었던 자장가일 수도 있습니다. 이런 유년기의 보물은 새로운 의식을 지어 올릴 기초 재료가 됩니다. 이 보물이 없는 청소년의 마음에는 지지대가 없습니다. 그럴 때 세상은 너무나 외로운 곳이 됩니다. 좋은 추억 하나가 생명줄 역할을 할 수 있습니다.

두 번째 단서는 릴케가 청소년들에게 직접 말합니다.

> 이제는 그대의 인생 위로
> 상상을 초월한 거대한 아치 모양 다리를 놓으라,

가능해 보이는 영역을 훨씬 넘어선 목표를 설정하라. 그렇게 하라! 네가 건너갈 거대한 아치를 놓아라. 그 아래에 길이 있다. 그것이 너의 길, 네가 짓고 있는 길이다. 큰 꿈을 품어라!

> 하지만 오직 밝고 순수하게 획득한 성취에서만
> 우리는 경이를 깨달을 수 있으리.
> 형언할 수 없는 관계 속에서 사물과 함께
> 일하는 것은 우리에게 그리 어려운 일이 아니다.

꿈꾸는 것만으로는 충분치 않습니다. 릴케는 꿈에 노력을 추가합니다. 그는 '하지만'이란 단어를 덧붙입니다. 의지에 활력을 불어넣어야 합니다. 성취를 이루어야 합니다. 사물과 일하되, 아무렇게나 대충 해서는 안 됩니다. 그렇게 해서는 사건이 일어나지 않기 때문입니다. 말로 표현할 수 없는 관계 속에서 일해야 합니다. 상대편, 나-너 관계를 찾아야 합니다. 그것은 그리 어려운 일이 아닙니다. 그 힘을 이해하면 충분히 할 수 있는 일입니다. 어떻게 사물과 함께 일해야 할까요? 관심을 갖고, 주의를 기울이고, 알아차리고, 헌신해야 합니다. 이것이 약물이 아닌 경이로운 내면의 빛에서 오는 진짜 황홀경입니다.

> 문양은 더욱 정교하고 섬세해지리니,
> 그리고 쓸려 나가는 것으로는 충분치 않다.

일단 이 관계에서 오는 힘을 깨달으면 자연에서, 인간관계에서, 타인에 대한 봉사에서 미묘한 힘을 알아볼 수 있습니다. 그리고 사람들이 각자의 인생에서 무엇을 하는지에 따라 그 힘이 달라진다는 것을 깨닫게 됩니다. 모든 일이 상호 연결되어 있음을 알면, 지금까지 해 오던 모든 일을 더 이상 지속하고 싶지 않게 됩니다. 왜 그럴까요? 모든 사람의 행동이 중요하기 때문입니다. 내 행동은 다른 사람에게 영향을 주고, 다른 사람의 행동이 나에게 영향을 줍니다. 내가 아무 짓을 하지 않는 것 역시 나름의 파장을 일으킵니다. 우리 모두는 지구의 모든 생명에 영향을 끼칩니다. 이 점을 깨달으면 내적 변화가 일어납니다. 과거의 의식으로 되돌아갈 수는 없습니다. 당신의 이상은 실재이자 가능한 것이 됩니다. 한 번 이런 체험을 해 본 사람에게는

(모든 청소년이 다 이런 경험을 하는 것은 아닙니다. 청소년기 이후에 경험할 수도 있습니다) 활용할 수 있는 숙련된 능력이 생깁니다.

릴케는 이제 어떤 조언을 줄까요?

숙달된 힘을 갖춰라, 그리고 그 힘을 펼쳐라
그것이 두 모순 사이
간극을 가로지를 때까지...

다시 기쁨과 비통, 즐거움과 고통, 아름다움과 추함으로 돌아갑니다. 하지만 더 이상 분리된 감정이 아닙니다. 새로 얻은 능력 덕분에 기쁨과 비통 모두, 인간이라는 경험을 구성하는 일부임을 알아볼 수 있습니다. 세상 만물의 상호 연결성이 과거에는 세상의 모순과 위선, 불완전성으로 보였던 것의 간극을 연결해 줍니다.

그리고 가장 강력한 진술이 이어집니다. 일단 이런 능력을 키우면 정신세계가 말을 겁니다. 말만 하는 것도 아닙니다. 정신세계는 한 명의 인간인 당신의 노력을 통해 자신을 인식합니다.

왜냐하면 신은
네 안에 있는 자신을 알고 싶어 하기 때문에

그 인식에 이르면 더 이상 당신은 혼자가 아닙니다. 당신은 세상 만물과 연결됩니다. 그뿐만 아니라 당신의 인생과 노력을 통해 정신세계가 자신을 의식합니다. 정신세계는 당신을 필요로 합니다. 그대는 소중한 존재입니다.

파르치팔은 트레프리첸트와 대화하면서 이를 체험합니다. 트레프리첸트는 파르치팔에게 관심을 기울였습니다. 그는 과오를 범한 청년 안에 있는 존재를 보았습니다. 파르치팔은 그 사랑을 느꼈고, 그것이 세상을 사랑하고, 신을 사랑하고, 과거의 행동에 책임을 질 능력을 일깨웁니다. 그는 비탄에 잠긴 안포르타스에게 "숙부님, 무엇 때문에 아프십니까?"라고 질문할 수 있는 각성 능력을 경험합니다.

이 경험이 신성한 길입니다. 언제든 가능하지만, 대개는 16~17세 시기 이후에 일어납니다. 청소년은 다가오는 '자아' 경험을 위한 그릇이 되고, '자아'라는 인식을 얻은 청소년은 좁은 자신을 벗어나 세상을 새로운 눈으로 볼 수 있게 됩니다.

이것은 강력하다. 이것은 두렵다. 그리고 신성하다.

파르치팔 이야기

전체 줄거리

파르치팔의 배경과 어린 시절

파르치팔의 아버지 가흐무렛은 용감한 기사였다. 동방으로 모험을 찾아 떠난 그는 이슬람교와 그리스도교를 믿는 사람들 사이에서 큰 명성을 얻었고, 아프리카 출신 여왕인 벨라카네와 결혼한다.
벨라카네가 아이를 가졌지만, 가흐무렛은 방랑벽이 도져 모험을 찾아 떠난다. 프랑스에서 결투에 승리하여 여왕 헤르체로이데를 다시 아내로 맞이한다. 처음에는 이미 결혼한 몸이라고 거부하였으나, 벨라카네가 이교도이기 때문에 이전 결혼이 무효가 된 것이다. 가흐무렛은 헤르체로이데를 사랑하게 되었지만, 그녀가 임신하자 또다시 몸이 근질근질해짐을 느끼더니 모험을 찾아 길을 떠난다. 임신 중이던 헤르체로이데는 가흐무렛이 결투에서 전사했다는 소식을 듣는다. 얼마 후 아들을 낳고 파르치팔이라고 이름 짓는다. 헤르체로이데는 갓난아기를 안고 졸타네 숲으로 숨어들어 가, 바깥세상과의 모든 접촉을 끊고 자연 속에서 아이를 키운다.

파르치팔은 자연 속에서 아무 걱정 없이, 어머니의 보호 아래 단순하고 소박한 어린 시절을 보낸다. 어느 날 "신이 무엇인가요?"라고 묻는 파르치팔에게 어머니는 "신은 대낮보다 더 밝으시지만 인간의 모습을 입으셨단다."고 대답해 주었다. 어느 날 숲에서 놀던 파르치팔은 아서 왕의 기사들을 만난다. 그들은 눈부신 갑옷을 입고 있었다. 그 빛나는 모습을 보고 신이 틀림없다고 생각한 파르치팔은 그들 앞에 무릎을 꿇는다. 신이 아니라 아서 왕의 신하라는 기사들의 말을 들은 파르치팔은 아서 왕의 궁정으로 가서 기사가 되기로 결심한다. 아들의 계획을 알게 된 헤르체로이데는 그가 금방 집으로 돌아오기를 바라는 마음에서, 바보처럼 보이는 우스꽝스러운 누더기를 입히고 세상에 나갈 때 필요한 몇 가지 조언을 해 준다. 그러나 아들이 떠난 것이 견딜 수 없이 고통스러웠던 헤르체로이데는 정신을 잃고 쓰러지고는 이내 세상을 떠난다.

아서 왕의 궁정을 찾아 길을 나서다

아서 왕의 궁정을 향해 여행하던 파르치팔은 예슈테를 만난다.
어머니의 충고를 떠올린 파르치팔은 천막 안에서 자고 있는 예슈테에게 키스를 하고 반지와 브로치를 빼앗은 후, 다시 길을 떠난다. 집에 돌아온 예슈테의 남편은 아내가 젊은이에게 추파를 던진 것이 틀림없다고 오해한다. 화가 난 그는 아내의 옷을 찢고 헐렁한 겉옷만 입힌 채, 비루한 말에 태워 끌고 다니며 모욕을 준다.
파르치팔은 어머니가 돌아가신 일이나 예슈테가 겪는 고통은 까맣게 모른 채, 계속 길을 간다. 그러다 죽은 기사를 품에 안고 울고 있는 젊은 여인을 만난다. 지구네라는 그 여인은 사실 파르치팔의 사촌이었다. 지구네는 파르치팔을 알아보고, 아직 자기 이름조차 모르는 그에게 파르치팔이라는 본명을 알려 준다. 지구네는 자기가 안고 있는 죽은 기사는 쉬오나툴란더이며, 파르치팔의 영토를 지키다가 죽었다고 알려 준다. 파르치팔이 복수를 하겠다고 나서자 지구네는 그를 보호하려고 일부러 잘못된 방향으로 길을 가르쳐 준다.
파르치팔이 아서 왕의 궁정에 도착했을 때, 쿤네바레 부인이 파르치팔을 보고 웃음을 터트린다. 그 웃음의 의미는 비록 지금은 바보처럼 보이지만 높은 영예를 얻을 것이라는 의미였다. 카이에 경은 이 일로 기분이 상해 부인을 때린다. 파르치팔은 자기 때문에 부인이 맞은 것을 알게 된다.
파르치팔은 붉은 기사라고 불리는 명성 높은 영웅, 이터에게 겁 없이 도전한다. 기사도의 규칙을 배워 본 적이 없는 그는 눈을 겨냥해 창을 던진다. 창은 눈을 뚫고 머리에 박히고 붉은 기사는 목숨을 잃는다.
파르치팔은 죽은 기사의 갑옷을 벗기는 데만 관심이 있다. 그런데 어떻게 벗겨야 할지는 몰랐다. 젊은 견습 기사가 그를 도와 죽은 기사의 갑옷을 벗겨서 입히고, 붉은 기사의 말에도 태워 준다.
파르치팔은 자신이 임무를 완수했음을 아서 왕에게 알려 달라고, 쿤네바레 부인에게도 자기 때문에 맞은 것을 미안해한다는 말을 전해 달라고 그 기사에게 부탁한다.

기사도를 배우고 사랑과 왕국을 얻다

파르치팔은 늙은 기사 구르네만츠의 성에 당도한다. 구르네만츠는 젊은이가 고귀한 태생임을 알아보고 기사 훈련을 시킨다. 여러 가지 가르침과 함께 특히 질문을 너무 많이 하지 말아야 한다고 조언한다. 그리고 구르네만츠의 친아들들은 모두 전쟁터에서 죽었기 때문에 성에 머물면서 아들이 되어 달라고 요청한다. 또한 딸인 리아세와 결혼하여 자신의 후계자가 되어 달라고도 한다. 하지만 파르치팔은 아직 정착할 준비가 되어 있지 않음을 깨닫고 다시 모험을 떠난다.

파르치팔의 다음 모험은 콘드비라무어스 여왕을 섬기는 것이었다. 파르치팔은 결혼을 강요하며 무력을 행사하는 클라미데로부터 콘드비라무어스 여왕이 다스리는 도시 펠라파이레를 지키기 위해 싸운다. 파르치팔은 상대를 물리치고, 관습에 따라 여왕과 결혼한다. 파르치팔은 사흘을 기다려 여왕과 진정한 부부가 되고 그녀를 향한 깊은 사랑을 키운다. 이제 파르치팔은 여왕의 영토 전체를 통치하게 되었다. 하지만 어머니의 안부를 확인해야겠다는 생각이 들어 다시 길을 나선다.

성배의 성에 당도하지만 질문을 하지 않는다

우연히 보게 된 도개교를 건너 웅장한 성에 들어간 파르치팔은, 수많은 경이로운 광경을 목격한다. 성의 주인인 안포르타스는 극심한 고통을 겪고 있었다. 그러나 파르치팔은 구르네만츠의 충고를 떠올리면서 아무런 질문도 하지 않는다. 안포르타스는 파르치팔에게 특별한 검을 선물하면서, 그 검이 항상 보호해 줄 거라고 말한다. 아침에 일어나 보니 주위에는 아무도 없다. 다시 도개교를 건너 성을 나가는데, 다리에서 마지막 한 발을 떼는 순간 급히 다리가 올라간다. 그리고 누군가 고함치는 소리가 들린다. "가 버려라, 태양의 저주가 있으리라. 이 거위 같은 놈아."

자기 행동의 결과에 눈뜨기 시작하다

파르치팔은 무언가 잘못되었다는 것을 느낀다. 무엇지는 모르지만 실패했다. 다시 성배의 성으로 돌아가려 했지만 길을 찾을 수가 없었다. 파르치팔은 방부 처리를 한 죽은 기사를 안고 있는 여인, 지구네와 다시 마주친다. 그가 성배의 성에 다녀왔고 고통받는 왕 안포르타스가 선물한 특별한 검을 갖고 있는 걸 알게 된 지구네는 파르치팔이 당연히 왕에게 고통 받는 이유를 물어봤을 거라 생각한다. 하지만 그가 질문하지 않았음을 알고, 분노하며 저주한다. 파르치팔은 사랑하는 아내와 왕국을 얻는 데는 성공했지만, 더 깊은 차원에서는 실패했다는 것을 깨닫는다. 다시 성배의 성을 찾아내고야 말겠다고 결심한 파르치팔은 도중에 예슈테를 만나 남편 오릴루스에게 아내의 결백을 알리고 오해를 풀게 해 준다. 파르치팔은 오릴루스를 아서 왕에게 보내 쿤네바레 부인을 섬기게 한다.

가반과 만나다

파르치팔은 깊은 숲에 들어선다. 때는 봄이었지만 땅은 눈으로 덮여 있고, 다친 거위가 흘린 피 세 방울이 흰 눈 위에 떨어져 있다. 이 광경을 본 파르치팔은 홀린 듯한 상태에 빠진다. 그의 눈에 보이는 것은 흰 눈과 붉은 피, 어두운 숲밖에 없는데, 이는 아내인 콘드비라무어스의 흰 피부, 붉은 입술과 검은 머리카락을 떠오르게 했다. 파르치팔은 자기도 모르게 창을 곧추세운 채 걷는다. 이는 결투를 청한다는 표시였다. 아서 왕의 영토로 들어서자 젊은 기사인 제그라모어스가 도전해 왔고, 정신을 차린 파르치팔은 기사를 쳐서 말에서 떨어뜨린다. 그러자 카이에 경이 말을 타고 나와 파르치팔과 맞붙는다. 카이에 경은 제그라모어스보다 더 심한 공격을 받는다. 말은 죽고, 한쪽 팔과 다리가 부러지는 부상을 입는다. 다음 도전자는 가반이었다. 가반은 파르치팔이 어떤 상태인지 알아차리고 비단 스카프를 던져 눈 위에 떨어진 세 방울의 피를 가린다. 그러자 파르치팔은 정신을 차린다. 가반은 파르치팔을 아서 왕의 궁정으로 데려가 주겠다고 제안한다. 그 후로 둘은 절친한 사이가 된다.

쿤드리의 저주를 받고 수치스럽게 떠나다

아서 왕은 파르치팔을 원탁의 기사로 기꺼이 받아들인다. 그 순간 낯선 여인이 들어온다. 검은 머리는 돼지털처럼 뻣뻣하고, 눈썹은 너무 길어 엉켜 있었다. 개처럼 생긴 코, 털이 길게 자란 거친 피부, 흉측하게 튀어나온 앞니, 갈퀴 같은 손을 가진 추악하기 그지없는 용모였다. 여인은 값비싼 장신구를 주렁주렁 달고, 공작새 깃털이 달린 모자를 쓰고 있었다. 여인은 성배의 성에서 전령으로 온 마법사 쿤드리였다. 쿤드리는 파르치팔 같은 자를 궁정에 초대했다고 아서 왕을 날카롭게 비난하고, 파르치팔에게는 고통 받는 안포르타스 왕에게 아무런 질문도 하지 않았다며 저주를 퍼붓는다. 파르치팔에게 이복형제인 파이레피스가 있으며, 그가 파르치팔보다 훨씬 더 큰 명예를 얻었다고 말해 준다. 동방에서 온 손님은 파르치팔의 이복형제가 큰 재력을 소유한 강력한 왕이며, 피부는 까치의 깃털처럼 검은 색과 흰 색으로 빛난다고 알려 준다. 쿤드리는 마법의 성에 귀부인들과 4백 명의 처녀들이 사로잡혀 있다는 말도 한다. 쿤드리가 떠난 후 또 다른 이방인인 킹그리무르젤이 도착해 가반이 자기 주인을 죽였다고 비난한다. 가반은 결백했지만 기사도에 따라 킹그리무르젤과 싸워야만 했다. 가반은 도전에 응하기 위해 길을 떠나면서 파르치팔에게 신의 도움으로 언젠가 그를 도울 날이 오기를 바란다고 말한다. 그러나 파르치팔은 신이 자신과 가반에게 이런 수치를 안겨 주었다며 신을 비난한다. 파르치팔은 신을 믿느니 여자를 믿는 편이 낫겠다고 말한다.

가반, 유혹에 직면하다

여정 중에 가반은 여러 가지 모험을 겪는다. 첫 번째 모험은 제후 립파우트의 딸인 오비에로 인한 것이다. 그녀는 멜리안츠 왕의 청혼을 거절했다. 모욕을 느낀 멜리안츠는 복수를 결심하고, 오비에 아버지의 성을 공격해서 그녀를 납치할 계획을 세운다. 아직 어린아이인 오비에의 여동생 오빌로트는 가반이 자신을 섬기는 눈부신 기사이자 연인이라는 환상에 빠진다. 가반이 전투에서 아버지를 위해 싸웠기 때문에 오빌로트는 사랑의 증표로 비단 소맷자락을 선사한다. 가반은 전투에서 승리하고, 멜리안츠 왕은 포로가 된다. 가반은 현재 붉은 기사로 알려진 파르치팔이 상대편에서 싸우고 있으며, 포로로 잡았던 기사들을 본인 대신 성배를 찾도록 파견했다는 사실을 알게 된다. 성배를 찾는 일이 실패로 돌아가면, 그들은 콘드비라무어스 여왕을 찾아가 파르치팔의 변함없는 사랑을 전하기로 되어 있었다. 가반

덕분에 양측은 화해하고 전쟁은 끝난다. 가반은 오빌로트를 최고의 존중과 다정한 태도로 대한다. 하지만 오빌로트는 그가 떠난다는 사실에 크게 상심한다.

가반, 다음 여행에서 또 다른 오해에 말려들다

가반은 킹그리무르젤과 만나기로 한 성에 당도한다. 그곳에서 그는 킹그리무르젤의 성주를 죽였다는 누명을 벗고 명예를 회복할 예정이다. 가반과 성주의 여동생인 안티코니에는 첫눈에 서로에게 욕정을 느낀다. 그때 늙은 기사 한 사람이 두 사람을 목격하고 선왕을 살해한 이가 그의 딸을 유혹하고 있다고 다급히 알린다. 이 소식을 들은 왕의 군대가 가반을 잡으러 오자, 안티코니에는 그를 탑으로 데리고 올라간다. 무기가 없던 가반이 문에서 뜯어낸 큰 빗장으로 방어하는 사이에 안티코니에는 쫓아오는 군인들에게 무거운 체스 조각들을 던져 공격한다. 이런 난투극 속에 킹그리무르젤이 도착하고, 결투 전까지 가반의 안전을 보장하겠다는 약속이 깨졌다는 사실에 두려워하며 가반 편에서 싸운다. 많은 혼란 끝에 평화가 다시 찾아온다. 가반은 성배를 찾으라는 임무를 부여받는다.

파르치팔, 정신적 스승을 만나다

파르치팔은 여러 해 동안 세상을 돌아다니며 많은 전투에 참가한다. 안포르타스가 준 칼이 부러졌지만, 마법의 샘에서 다시 온전한 상태를 회복한다. 파르치팔은 길을 묻기 위해 은둔자의 거처로 다가갔을 때, 그곳에 사는 여인이 사촌인 지구네임을 알게 된다. 지구네는 파르치팔이 성배의 성에서 잘못된 행동을 한 것을 후회하고 있음을 알고 그를 돕기로 한다. 쿤드리가 성배의 성에서 음식을 가져다준다는 사실을 알려 주며, 그녀가 돌아갈 때 뒤를 밟으면 성을 찾을 수 있을 거라고 한다.

어느 화창한 금요일에 파르치팔은 성지 순례를 떠나는 한 기사와 그의 가족을 만난다. 파르치팔은 그들에게 자신은 신을 믿지 않는다고 고백한다. 기사는 신께서 돕고자 하시면 파르치팔의 말에게 길을 보여 주실 거라고 말한다. 파르치팔이 고삐를 놓고 말이 가는 대로 내버려 두었더니, 말은 트레프리첸트라는 은둔자가 살고 있는 거처로 간다. 파르치팔은 트레프리첸트에게 자신은 죄지은 자이니 가르침을 달라고 간청한다. 트레프리첸트는 그에게 카인과 아벨, 그리스도의 이야기를 들려주고, 성배가 무엇인지를 가르쳐 준다. 트레프리첸트의 형제인 안포르타스가 성배의 기사로서의 규율을 어기고 여자를 육체적으로 사랑했기 때문에 부상을 입었다는 이야기도 해 준다. 트레프리첸트는 안포르타스의 극심한 고통을 덜어 주고 형제의 죄를 대속하기 위해 은둔자가 된 것이었다. 그때부터 성배의 기사들은 언젠가 젊은 기사가 와서 안포르타스에게 질문을 할 거라는 예언에 희망을 걸고 살아왔지만, 아둔한 젊은이 한 명이 와서는 왕을 이렇게도 고통스럽게 만든 것이 무언인지 묻지도 않고 가 버렸다는 말을 한다.

파르치팔에게 가족 관계를 묻던 트레프리첸트는 이 젊은 기사가 성배의 가문 후손임을 알게 된다. 파르치팔이 집을 떠났을 때 어머니는 슬픔 때문에 죽었고, 죽여서 갑옷을 빼앗았던 붉은 기사가 혈연 관계임을 말해 주자 파르치팔은 죄책감을 느낀다. 잠시 후 파르치팔은 질문을 하지 않았던 어리석은 젊은이가 자신이라고 고백한다.
트레프리첸트는 파르치팔에게 성배는 오직 하느님께서 선택한 자만 만날 수 있는 것이니 찾으려 애쓰지 말고, 선량하고 정직한 기사가 되도록 힘쓰라고 타이른다. 트레프리첸트 곁에 15일 동안 머물면서, 파르치팔은 신에 대한 그의 가르침에 깊은 감명을 받는다. 파르치팔이 떠날 때 트레프리첸트는 모든 죄를 자기에게 주고 가라고 청한다.

가반, 커다란 도전을 맞이하다

이야기는 다시 가반에게 돌아간다. 부상당한 기사 옆에서 슬피 울고 있는 한 여인을 만났을 때, 가반은 능숙하게 기사의 상처를 지혈해 준다. 기사는 리쇼이스 그벨류스에게 공격받았으며, 자기 말도 빼앗겼다고 했다. 가반은 리쇼이스를 찾아 문제를 해결하기 위해 길을 떠난다. 가는 도중, 산꼭대기에 성이 있는 도시 로그로이스를 보게 된다. 도로가 산을 빙글빙글 감아 올라가는 모양이 빙글빙글 도는 팽이처럼 보였다. 그곳에서 로그로이스 공작 부인인 오르겔루제라는 아름다운 여인을 만난 그는 그녀를 섬기는 기사가 되고 싶다고 말한다. 하지만 공작 부인은 그를 깔보며 모욕을 퍼붓는다. 가반이 그녀가 내리는 어떤 처사도 감수하겠다고 하자, 부인은 몇 가지 과제를 준다. 하지만 그가 과제들을 완수해도, 더 심하게 비웃고 조롱할 뿐이었다. 공작 부인의 영지에서 만난 사람들 역시 가반을 무시하고 사기를 친다. 오르겔루제를 따라 밑에서 성을 올려다보니 창문가에 귀부인들이 앉아 있는 것이 보였다. 가반은 그들이 누구인지 궁금해 한다.
가반이 리쇼이스 그벨류스를 상대로 승리를 거두자, 사공은 가반에게 오두막에서 하룻밤 묵어가길 청한다. 사공은 클린쇼어가 그 땅의 주인이자 마법의 성 군주라고 말해 준다. 마법의 성에서 본 귀부인들에 대해 묻자, 사공은 매우 비통해하며 제발 묻지 말아 달라고 애원한다. 그는 가반에게 칼과 방패를 주며 성에 들어가는 방법을 알려 준다. 가반이 마법의 침대를 이겨 내고 죽음과 대면해서 승리를 거둔다면, 그 땅의 군주가 되고 많은 이에게 행복을 가져다줄 거라고 말한다. 가반은 파르치팔이 며칠 전 근처에 묵었다는 사실도 알게 된다. 가반은 사공이 알려 준 방법대로 성에 들어간다. 그곳에서 그는 어떤 방에 들어간다. 그 방바닥은 눈부실 정도로 반짝반짝 광이 났고, 보석으로 아름답게 치장한 침대에는 붉은 루비로 된 바퀴가 달려 있었다. 가반이 어렵사리 침대 한가운데로 올라타는 데 성공하자 침대는 벽에 이리저리 쿵쾅거리며 부딪쳤다. 바위가 우박처럼 그를 향해 쏟아지더니, 이어 화살들이 사방에서 날아왔다. 사공이 준 방패 덕분에 목숨을 부지할 수 있었다. 침대의 공격이 멈추자, 물고기 가죽을 입은 건장한 농부가 커다란 곤봉을 들고 달려들었다. 다음에는 거대한 사자가 날카로운 발톱을 세우고 덤벼들었다. 가반이 사자의 다리 하나를 베어 내자 바닥이 피로 흥건해졌다. 사자는 거듭해서 공격해 왔고, 간신히 사자의 심장에 칼을 꽂아 죽이는 데 성공한다. 나와서 이 싸움을 지켜보던 성의 귀부인들이 싸움이 끝나자 가반의 상처를 치료해 준다. 이 귀부인들은 클린쇼어의 마법에 걸려 인질로 잡혀 있던 아르니베 여왕(아서 왕의 어머니), 장기베(가반의 어머니), 그리고 이톤예와 쿤드리에(가반의 누이들)였다. 가반은 어린 나이에 견습 기사가 되기 위해 가족들 곁을 떠났기 때문에 이들을 알아보지 못한 것이었다.

오르겔루제를 향해 불타오르는 마음을 주체하지 못해 잠을 설친 가반은 성 주변을 돌아다니다가 탑 안에 있는 둥근 수정 기둥을 발견한다. 그것은 사방 10km 지역을 비춰 보여 주었다. 아르니베 여왕은 그 기둥이 클린쇼어가 동방의 제쿤딜레 여왕에게서 훔친 것이라고 알려 준다. 그것은 보고 싶은 것을 무엇이든 보여 주는 마법의 기둥이기도 했다. 수정 기둥에서 가반은 오르겔루제가 어떤 기사와 함께 오고 있는 것을 보게 된다. 부상당한 상태에도 불구하고 가반은 그 기사와 결투를 하겠다고 고집을 부린다. 사공이 준 창으로 투르코이테라고 불리는 그 기사를 무찔렀으나, 오르겔루제는 이전보다 더 심한 수모와 모욕을 퍼붓는다. 오르겔루제는 가반을 시험하기 위해 또 다른 임무를 준다. 이번에는 천길 협곡을 뛰어넘어 그라모플란츠 왕이 지키는 나무에서 나뭇가지를 꺾어 화관을 만들어 와야 하는 것이었다. 협곡에 도착한 가반은 말을 타고 높이 도약했으나, 건너편에 닿지 못하고 절벽 아래로 떨어진다. 말은 급류에 휩쓸려 떠내려간다. 마침내 오르겔루제는 가반의 용기와 그가 죽었을지도 모른다는 생각에 크게 동요하고 울음을 터뜨린다. 천만다행으로 가반은 절벽에 튀어나온 가지를 붙잡아 목숨을 건지고, 때마침 옆에 떠내려가던 창도 건지고, 말도 구한다.

강둑으로 기어올라온 가반은 화관을 만들 나뭇가지를 꺾는다. 그러자 그라모플란츠 왕이 나타나 오르겔루제가 자신에게 복수하기 위해 이번 임무를 가반에게 주었다는 것을 알려 주며 결투를 청한다.

그라모플란츠 왕은 오르겔루제의 남편을 죽이고 결혼을 강요하려

했지만, 오르겔루제가 무시하며 거절했다는 것이다. 그라모플란츠 왕은 나뭇가지를 꺾은 대가를 요구한다. 평소 그라모플란츠는 한 명의 적과는 싸우지 않기 때문에 가반에게 결투 대신 대가를 요구한 것이다. 한 번도 본 적 없는 이톤예와 사랑에 빠진 그라모플란츠 왕은 가반에게 둘의 사랑이 이루어지도록 도와 달라며 반지를 사랑의 정표로 전해 달라고 한다. 그라모플란츠 왕은 자신이 일대일로 결투를 할 유일한 기사는 가반뿐이며, 그 이유는 가반의 아버지인 로트 왕이 자기 아버지를 전투에서 죽였기 때문이라고 말한다. 가반이 자기 이름을 밝히자, 둘은 여드레 후에 다시 만나 결투하기로 정한다.

이제 오르겔루제는 가반에게 사랑을 보낸다. 가반은 화관을 주면서 오르겔루제에게 더 이상 기사들을 함부로 대하지 말라고 꾸짖는다. 오르겔루제는 그라모플란츠 왕이 사랑하는 남편을 죽였기 때문에 그런 태도를 갖게 되었다고 해명한다. 그라모플란츠에게 앙갚음을 하고 싶었던 그녀는 안포르타스에게 대신 복수를 부탁했다. 그녀의 영토와 성은 클린쇼어의 손에 넘어갔다. 클린쇼어가 흑마술을 써서 안포르타스에게 부상을 입혀, 끝없는 고통에 시달리게 만들었다는 이야기를 들려준다. 또한 최근에 왕국을 지나간 붉은 기사가 있었다고 했다. 그녀가 사랑을 주겠다고 했지만, 그는 사랑하는 아내가 있다고 거절했다는 것이다.

가반은 아서 왕에게 전령을 보내 그라모플란츠 왕과의 결투를 알리면서, 원탁의 궁정 사람들 모두를 데리고 와서 이 위험한 싸움에 참여한 자신을 응원해 달라고 청한다.

가반, 마법의 성 성주가 되다

시련과 과제를 성공적으로 수행한 가반은 클린쇼어의 마법을 풀고, 마법의 성과 로그로이스의 성주가 되고, 오르겔루제를 왕비로 맞는다. 이후 이어지는 사건들에는 음모가 가득하다. 가반은 이톤예에게 반지를 전달하지만, 자기가 오빠라는 사실을 밝히지 않는다. 아르니베로부터 클린쇼어가 시실리의 왕비와 불륜을 저지른 벌로 왕에게 거세를 당한 뒤 다른 사람을 조종하는 수단으로 흑마술을 사용한다는 것을 알게 된다. 가반은 지상에서 벌어지는 사건에 질서와 조화를 가져오는 것이 자신의 과제임을 자각하고, 그 일에 착수한다.

계속해서 더 많은 모략과 불가사의한 일들이 이어진다. 가반이 요청한 아서의 군대가 도착하지만, 오르겔루제의 군대는 이들이 누군지 알지 못한 채 공격해 패한다. 결투는 가반의 승리로 끝나고 마법이 풀린 귀부인들은 친척들과 재결합한다. 아서 왕이 어머니 아르니베, 여동생 장기베, 그리고 조카인 이톤예와 쿤드리에와 만난다. 아서 왕은 오르겔루제도 기꺼이 환영한다. 다음 날 가반은 큰 전투를 준비하러 아침 일찍 길을 나섰는데, 한 기사가 창을 곧게 세우고 다가왔다. 그 기사가 화관을 쓰고 있었기 때문에 가반은 그라모플란츠일 거라 짐작하고 곧바로 도전에 응한다. 한편, 아서 왕은 그라모플란츠에게 전령을 보내 마상 창 시합을 취소할 것을 요청했다. 하지만 이톤예 앞에서 용맹을 과시하고 싶은 그라모플란츠는 그 요청을 거절한다. 전령들은 돌아오는 길에 가반이 체력이 떨어져 큰 위험에 처한 것을 보고, 그의 이름을 부른다. 낯선 기사는 맞붙어 싸우던 기사가 가반이란 사실을 알고 큰소리로 “내가 물리친 자가 바로 나 자신이로구나."라고 외친 뒤 자신이 파르치팔이라고 밝힌다. 결투 장소에 도착한 그라모플란츠는 가반이 다시 싸울 상대가 될 수 있을 만큼 기력을 충분히 회복하도록 결투를 다음 날로 미룬다. 파르치팔은 자기가 대신 싸우겠다고 제안하지만, 가반은 거절한다. 파르치팔은 아서 왕의 사람들에게 따뜻한 환영을 받고 마음을 놓는다. 지난번에 그곳에서 쿤드리의 저주로 큰 망신을 당했기 때문이다.

다음 날 아침, 그라모플란츠는 일찍 말을 타고 나선다. 갑옷을 갖추고 싸울 준비가 된 기사가 나타났을 때, 그라모플란츠는 그를 가반이라고 생각했다. 하지만 가반은 아직 천막에서 미사를 드리며 결전을 준비하고 있었다. 가반이 결투할 들판에 도착했을 때 그라모플란츠는 이미 패색이 완연했다. 두 사람은 결투를 다음 날로 연기한다. 이톤예는 가반이 오빠라는 것을 알게 된다. 가반이 싸움에 이기건 연인이 이기건 그녀는 괴로울 수밖에 없는 상황이었다. 그녀는 아서 왕에게 결투를 취소해 달라고 간청한다. 오르겔루제는 설득 끝에 그라모플란츠에 대한 미움을 내려놓았고, 이톤예는 그라모플란츠에게 오빠를 죽인다면 그를 사랑하는 마음이 위태로워질 거라고 단호하게 말한다. 이로써 결투는 취소되고, 둘은 화해한다. 아서 왕은 이톤예를 그라모플란츠와 맺어 준다. 흥겨운 잔치가 벌어졌지만, 파르치팔은 자리를 뜬다. 그리고 성배를 찾는 여정을 계속하기 위해 홀로 길을 떠난다.

형제가 상봉하다

여정 중 파르치팔은 부유한 차림새의 기사를 만나 결투를 벌인다. 둘은 용감하게 싸웠으나 어느 쪽도 다른 편을 말에서 떨어트리지 못했다.

마침내 두 사람은 말에서 내려 칼을 들고 맞붙는다. 승기를 잡은 파르치팔이 상대방의 투구를 내리쳤는데 칼이 부러지고 만다. 동방에서 온 이교도인 이방인은 상대가 무기를 잃은 것을 보고는 휴전을 요청한다. 불공평하게 싸워 이기기를 원하지 않았던 것이다. 상대가 누구인지를 알게 된 두 사람은 서로가 이복형제임을 깨닫는다. 피부의 반은 검고 반은 흰 파이레피스는 아버지를 찾고 있었다. 파르치팔은 자기 아버지, 사실은 그들의 아버지가 돌아가셨다고 알린다. 둘은 남이 아니라 한 핏줄이다. 그들은 아서 왕의 텐트로 돌아가 큰 환대를 받는다. 이때 쿤드리가 나타나 파르치팔의 이름이 성배의 왕으로 드러났다고 알려 준다. 콘드비라무어스 여왕과 두 아들이 파르치팔을 만나러 오는 중이라고도 알려 준다. 쿤드리가 파르치팔에게 성배의 성까지 함께 갈 친구를 선택해야 한다고 했을 때, 그는 파이레피스를 택한다.

파르치팔, 성배의 왕이 되다

파르치팔과 파이레피스는 성배의 성을 향해 길을 떠난다. 성에 도착하여 파르치팔이 "숙부님, 무엇 때문에 아프십니까?"라고 묻자 안포르타스는 치유되어 다시 젊어지고, 파르치팔은 성배의 왕이 된다. 그는 트레프리첸트를 찾아가 안포르타스가 나았다는 소식을 전한다. 파르치팔은 콘드비라무어스 여왕과 재회하고 어린 두 아들을 품에 안는다. 나중에 큰 아들 카르다이스는 파르치팔 영토의 왕이 되고, 작은 아들 로에란그린은 성배의 왕이 된다.

파르치팔이 다시 한 번 지구네를 찾아갔지만 그녀는 이미 세상을 떠났다. 파르치팔은 지구네의 관을 연인 쉬오나툴란더의 관 옆에 나란히 안치한다. 파르치팔과 파이레피스는 저녁 무렵 성배의 성에 도착하여 연회를 연다. 하지만 파이레피스는 성배를 볼 수가 없다. 아직 세례를 받지 않았기 때문이다. 그러나 리판세 드 쇼이에의 아름다움에 마음을 빼앗긴 파이레피스는 그녀의 사랑을 얻기 위해 세례를 받는 데 동의한다. 결혼식이 거행된다. 파이레피스와 리판세는 배가 대기하고 있는 항구로 향하는 길에 파이레피스의 아내인 제쿤딜레 여왕이 세상을 떠났다는 소식을 듣고 안도한다. 파이레피스와 리판세는 이탈리아에서 아이를 하나 낳는데, 그 아이가 나중에 사제 요하네스라고 불리며 동방에서 그리스도교를 전파한다고 이야기는 전한다.

계속해서 파르치팔의 아들 로에란그린에 대한 설명으로 이야기는 끝을 맺는다. 백조의 인도를 받아 한 젊은 공주를 돕게 되어 그녀의 남편이 된 로에란그린에게는 단 하나의 조건이 있었다. 공주가 그의 정체를 결코 묻지 말아야 한다는 것이다. 불행히도 공주는 비밀을 말해 주기를 요구했다. 그러자 백조가 다시 나타나 로에란그린을 성배의 성으로 데리고 간다. 로에란그린은 칼과 뿔피리, 그리고 반지를 그곳에 남긴다. 이로써 그는 새로운 문화의 선구자가 된다.

참고 문헌

- Albert, B., S. Brown, C. Flanigan, eds. 『**14 and Younger: The Sexual Behavior of Young Adolescents**』 The National Campaign to Prevent Teen Pregnancy, 2003.
- Bergh Kirsten.『**She Would Draw Flowers: A Book of Poems**』 Linda Bergh, Minneapolis, 1997.
- Biddulph, Steve.『**Manhood: An Action Plan for Changing Men's Lives**』 Stroud, UK, Hawthorn Press, 1998.
- Biddulph, Steve and Shaaron.『**Raising Boys: Why Boys Are Different and How to Help Them Become Happy and Well-balanced Men**』 Berkeley, CA Celestial Arts, 1998.
- Caron, A. 『**Don't Stop Loving Me: A Reassuring Guide for Mothers of Adolescent Daughters**』 New York: HarperCollins, 1991.
- Elium, D & J. 『**Raising a Teenager: Parents and the Nurturing of a Responsible Teen**』 Berkeley, CA: Celestial Arts, 1999.

  『**Raising a Son: Parents and the Making of a Healthy Man**』 Beyond Words Pub. Co., Oregon, 1992.

  『**Raising a Daughter: Parents and the Awakening of a Healthy Woman**』 Berkeley, CA: Celestial Arts, 1994.
- Elkind, David. 『**The· Hurried Child: Growing Up Too Fast Too Soon**』 Reading, MA: Addison-Wesley, 1981. von Eschenbach, Wolfram. 『**Parzival: A Romance of the Middle Ages**』 translated by Helen M. Mustard and Charles E. Passage. New York: Vintage Books, 1961.
- Fryer, A., L. Knodle, and T. Slayton. 『**I Find My Star Curriculum: An Artful and Community Building Approach to the Inner and Outer Changes of Puberty and Adolescence**』 Manuscript

· Garbarino, J. 『**Lost Boys: Why Our Sons Turn Violent and How We Can Save Them**』 New York: Anchor Books, 2000.

· Gilligan, C. 『**In a Different Voice: Psychological Theory and Women's Development**』 Cambridge, MA: Harvard U. Press, 1982.

· Gilligan, C., N. Lyons, and ,T. Hanmer. 『**Making Connections: The Relational Worlds of Adolescent Girls at Emma Willard School**』 Cambridge, MA: Harvard U. Press, 1990.

· Gurian, M. 『**Boys and Girls Learn Differently**』 San Francisco: JosseyBass, 2001.

『**A Fine Young Man**』 New York: Jeremy Tarcher, 1998.

· Hawley, R. 『**The Big Issues in the Adolescent Journey**』 New York: Walker and Co., 1988.

· Kindlon, D., and M. Thompson. 『**Raising Cain: Protecting the Emotional Life of Boys**』 New York: Ballantine, 2000.

· Klagsbrun, F. 『**Too Young to Die: Youth and Suicide.**』 New York: PocketBooks, 1976.

· Luxford, M., ed. 『**Adolescence and its Significance for those with Special Needs**』 Great Britain: Camphill Books, TWT Publications, 1995.

· Mahdi, L., Christopher, N., and M. Meade, eds. 『**Crossroads: The Quest for Contemporary Rites of Passage**』 Chicago: Carus Publishing Company, 1996.

· Olivardia, Roberto, Katherine Phillips, and Harrison Pope, Jr. 『**The Adonis Complex: How to Identify, Treat and Prevent Body Obsession in Men and Boys**』 New Jersey: Free Press, 2002.

· Pipher, M. 『**Reviving Ophelia: Saving the Selves of Adolescent Girls**』 New York: Ballantine Books, 1994.

· Pollack, W. 『**Real Boys' Voices**』 New York: Random House, 2000.

· Pope, Harrison G., Katharine Phillips and Roberto Olivardia, 『**The Adonis Complex: The Secret Life of Obsession**』 New York: Simon & Schuster, 2000.

· Rideout, V., D. Roberts, and U. Foehr, eds. 『**Generation M: Media in the Lives of 8-18 Year-olds**』 A Kaiser Family Foundation Study, March 2005.

· Simpson, A. 『**Raising Teens: A Synthesis of Research and a Foundation for Action**』 Center for Health Communication, Harvard School of Public Health, 2001.

· Sirommin, M. 『**Five Cries of Youth: Issues that Trouble Young People Today**』 San Francisco: Harper, 1993.

· Sleigh, J. 『**Thirteen to Nineteen, Discovering the Light: Conversations with Parents**』 Edinburgh: Floris Books, 1990.

· Staley, B. 『**Between Form and Freedom: A Practical Guide to the Teenage Years**』 Stroud, Gloucestershire: Hawthorn Press, 1988.

· Steiner, Rudolf. 『**Education for Adolescents**』 Hudson, NY: Anthroposophic Press, 2001.

『**Observations on Adolescence: The Third Phase of Human Development**』 David Mitchell, ed. Fair Oaks, CA: Association of Waldorf Schools of North America, 2001.

· Van den Berg, A. et al. 『**Rock Bottom: Beyond Drug Addiction**』 Stroud, Gloucestershire: Hawthorn Press, 1987.

· Wakerman, Elyce. 『**Fatherloss: Daughters Discuss the Man that Got Away**』 New York: Henry Holt, 1987.

· Godwin, M. 『**The Holy Grail: Its Origins, Secrets and meaning Revealed**』 New York: Viking Penguin, 1994.

· Hutchins, E. 『**Parzival: An Introduction**』 London: Temple Lodge, 1979.

· Kovacs, Charles. 『**Parsifal and the Search for the Grail**』 Edinburgh: Floris Books, 2002.(『파르치팔과 성배 찾기』 푸른씨앗 2012)

· Matthews, John. 『**Sources of the Grail**』 Hudson, NY: Lindisfarne, 1996.

· Polikoff, Daniel J., ed. and trans. 『**Parzival, Gawain: Two plays Drawn from Der Grahl by A.. M. Miller**』 Fair Oaks, CA: Rudolf Steiner College Press, 2003.

· Querido, René.『**The Mystery of the Holy Grail: A Modern Path of Initiation**』 Fair Oaks, CA: Rudolf Steiner College Press, 1991.

· Stein, Walter Johannes. 『**History in Light of the Holy Grail: The Ninth Century**』 Written in London 1948. English typescript; translation assisted by Mrs. I. Groves, Miss D. Lenn, and Mrs. V. Plincke.

· Steiner, Rudolf. 『**The Holy Grail: The Quest for the Renewal of the Mysteries**』 Forest Row, east Sussex: Sophia Book Rudolf Steiner Press, 2001.

· Sussman, Linda. 『**Speech of the Grail: A Journey Toward Speaking that Heals and Transforms**』 New York: Lindisfarne, 1995.

· 『**파르치팔**』(한길사 2005) 파르치팔 이야기 속 인물의 이름은 이 책을 참고했다.

함께 읽으면 좋은 ——

푸른씨앗 책

인생의 씨실과 날실

베티 스텔리 지음 | **하주현** 옮김

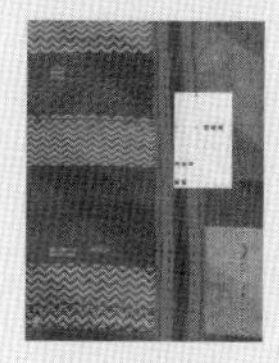

너의 참모습이 아닌 다른 존재가 되려고 애쓰지 마라. 한 인간의 개성을 구성하는 요소인 4가지 기질, 영혼 특성, 영혼 원형을 이해하고 인생 주기에서 나만의 문양으로 직조하는 방법을 모색해 본다. 미국 발도르프 교육 기관에서 30년 넘게 아이들을 만나 온 저자의 베스트셀러

150×193 | 336쪽 | 25,000원

파르치팔과 성배 찾기

찰스 코박스 지음 | **정홍섭** 옮김

18살 시절 나는 무엇을 하고 있었나? 내가 누구인지, 이 세상에서 해야 할 일이 무엇인지 알고자 나는 무엇을 하고 있었던가? 1960년대 중반 에든버러의 발도르프학교에서, 자아가 완성되어 가는 길목의 학생들에게 '파르치팔' 이야기를 문학 수업으로 재현한 이야기

150×220 | 232쪽 | 14,000원

푸른꽃

노발리스 지음 | **이용준** 옮김

유럽 문학사에 큰 영향을 준 이 작품은 음유시인 하인리히 폰 오프터딩겐이 시인이 되기까지의 여정을, 동화라는 형식을 통해 표현한 작품으로 시와 전래 동화의 초감각적 의미를 밝히고 있다. 세월을 뛰어넘는 상상력의 소유자, 노발리스 탄생 250주년에 『푸른꽃』 원전에 충실한 번역으로 펴냈다.

140×210 | 280쪽 | 16,000원

청소년을 위한 발도르프학교의 연극 수업

데이비드 슬론 지음 | 이은서·하주현 옮김

연극은 청소년들의 상상력을 살아 움직이게 한다. 또한 연극을 만드는 과정은 예술 작업인 동시에 진정한 공동체를 향한 사회성 훈련이기도 하다. 연극 수업뿐 아니라 다른 수업에서도 학생들이 수업에 몰입할 수 있도록 도와주는 교육 활동 73가지를 담았다.

150×193 | 308쪽 | 20,000원

발도르프학교의 미술 수업_ 1학년에서 12학년까지

마그리트 위네만 · 프리츠 바이트만 지음 | 하주현 옮김

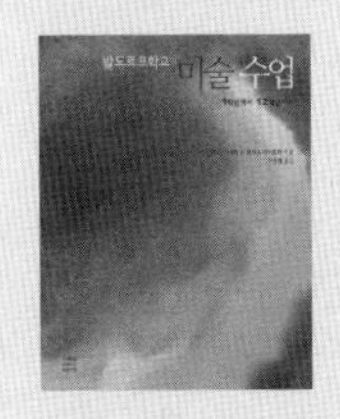

독일 발도르프학교 연합 미술 교사 세미나에서 30년에 걸쳐 연구한 교과 과정 안내서. 담임 과정(1~8학년)을 위한 회화와 조소, 상급 과정(9~12학년)을 위한 흑백 드로잉과 회화에 대한 설명과 예술 작품, 괴테의 색채론을 발전시킨 루돌프 슈타이너의 색채 연구를 만날 수 있다.

188×235 | 272쪽 | 30,000원

살아있는 지성을 키우는 발도르프학교의 공예 수업

패트리샤 리빙스턴 · 데이비드 미첼 지음 | 하주현 옮김

공예 수업은 '의지를 부드럽게 깨우는 교육'이다. '의지'는 사고와 연결된다. 공예 수업을 통해 아이들은 명확하면서 상상력이 풍부한 사고를 키울 수 있다.
30년 가까이 공예 수업을 한 교사의 통찰을 바탕으로 발도르프학교의 1~12학년 공예 수업을 만날 수 있는 책

150×193 | 308쪽 | 25,000원

12감각_ 루돌프 슈타이너의 인지학 입문

알베르트 수스만 강의 | **서유경** 옮김

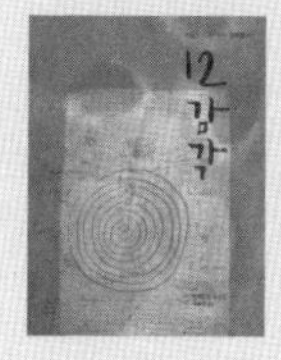

인간의 감각을 신체, 영혼, 정신 감각으로 나누고 12감각으로 분류한 루돌프 슈타이너의 감각론을 네덜란드 의사인 알베르트 수스만이 쉽게 설명한 6일 간의 강의. 감각을 건강하게 발달시키지 못한 오늘날 아이들과 알 수 없는 고통과 어려움에 시달리는 어른들을 위한 해답을 찾을 수 있다.

150×193 | 392쪽 | 28,000원  e북

청소년을 위한 교육 예술

루돌프 슈타이너 강의 | **최혜경** 옮김

모든 감각이 세상을 향해 열려 있는 청소년에게는, 의미 있고 삶을 제대로 파악할 수 있는 내용을 아이들 내면에 활기찬 느낌이 가득 차도록 수업을 해야 한다고 강조하고 있다.

127×188 | 268쪽 | 20,000원 e북

7~14세를 위한 교육 예술

루돌프 슈타이너 강의 | **최혜경** 옮김

루돌프 슈타이너의 생애 마지막 교육 강의. 최초의 발도르프학교 전반을 조망한 경험을 바탕으로, 7~14세 아이의 발달 변화에 맞춘 혁신적 수업 방법을 제시한다. 생생한 수업 예시와 다양한 방법으로 교육 예술의 개념을 발전시켰다. 전 세계 발도르프학교 교사들의 필독서이자 발도르프 교육에 대한 최고의 소개서

127×188 | 280쪽 | 20,000원  e북

하주현 옮김

[도서출판 푸른씨앗]의 번역기획팀장이며, 발도르프학교 도움수업 교사로 일하면서 WLS(www.waldorflearningsupport.org)와 함께 발도르프 도움수업 교사 양성 과정을 진행하고 있다. (한국 발도르프 도움수업 연구회 welg.korea@gmail.com)

주요 번역서_

『마음에 힘을 주는 치유동화』
『발도르프학교의 공예수업』
『발도르프학교의 미술수업』
『발도르프학교의 수학』
『발도르프학교의 아이관찰』
『발도르프학교의 연극 수업』
『배우, 말하기, 자유』
『오드리 맥앨런의 도움수업 이해』
『인생의 씨실과 날실』
『첫 1년 움직임의 비밀』
『청소년을 위한 발도르프학교의 문학 수업』 푸른씨앗
『TV 문제로 아이와 싸우지 않는 훈육법』 황금부엉이

푸른씨앗은 콩기름 잉크로 인쇄하여 책을 만듭니다.

겉지 한솔제지 인스퍼 에코 222g/m2
속지 전주 페이퍼 Green-Light 80g/m2
인쇄 (주) 도담프린팅 | 031-945-8894
글꼴 Sandoll 명조Neo1_10pt
책 크기 140×200

기사 그림 ©Designed by macrovector / Freepik

이 책의 표지에는 〈Yoon 윤고딕 700, Yoon 윤명조 700, DX시인과나, 강원교육모두, 서울한강체, 나눔바른고딕〉
내지에는 〈Yoon 윤고딕 700, Yoon 윤명조 700, DX경필명조, DX시인과나, Kim jung chul Gothic, Yoon 초록우산어린이, 마루 부리〉 서체를 사용했습니다.